KB147729

제3판

현직 커피헌터·프로듀서가 들려주는 **커피의 모든 것**

the Bean

Coffee Plex
커피플렉스

박창선(Sean Park)
(사)한국식음료외식조리교육협회

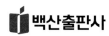
백산출판사

머리말

한국에 커피가 전래된 지 이미 백 년을 훌쩍 넘겼지만, 커피가 전문성을 가지고 학문적으로 체계화되기 시작한 지는 불과 20년도 안 되었다. 게다가 커피생산국이 아니라 커피소비국인 우리나라는 어떠한 검증적 절차도 없이 물 건너온 편협된 지식에 의존할 수밖에 없었고 이는 양적으로 팽창하는 커피산업의 전문성을 가로막는 큰 원인이 되어 왔다.

그러나 커피에 대한 열정만큼은 지구상 어느 나라에도 뒤지지 않아 수많은 커피 관련 산업이 성장하고 또 전문가들을 양성해 내었다. 지금도 많은 커피 전문인들이 커피향기의 한편에서 커피 관련 부가가치를 창출하기 위해 땀흘리고 있다.

단지 아쉬운 것은 폭넓고도 다양한 가치를 수용해 나가며 용광로와도 같이 자신의 것으로 녹여나가지 못하고, 한정된 지식의 채널로 인하여 비판 없는 수동적 교육에만 의존한다는 것이다.

강의를 다닐 때마다 항상 강조해 온 커피의 '기호성'과 문화산품으로의 '상대성'을 무시하는 많은 함량 미달의 동일한 자료들이 인터넷이나 전문매체를 타고 범람하는 가운데 이미 피교육자들은 필요한 정보의 채널 선택권이 없는 것처럼 보인다.

세계 각국의 커피 생산지를 직접 발로 뛰어다니며 많은 커피프로듀서들을 만나 그들과 땀을 섞고, 한편으로는 해외 석학들과 머리를 맞대고 고민해 온 시간이 십수 년이 넘는다. 또한 매년 연간 백여 톤의 커피를 대한민국의 커피시장에 공급해 오면서 체험한, 시장 속에서 살아 있는 지식을 체계화시킬 수 있는 계기가 있음은 필자에게도 무척 고무적인 일이다.

아득한 기억 속의 어느 날, 불모지인 한국에서 더 이상의 커피 관련 지식의 체득이 불가하다 판단하여 커피프로듀서의 타이틀을 달고 머나먼 이국땅에 발을 딛고 막막해 하던 기억이 새삼스럽다. 지금 커피전문가의 길에 첫걸음을 내딛는 독자들에게 그 같은 막막함 대신 조금이나마 도움이 될 수 있는 작은 지침을 제시하는 일이 그간의 노력을 보상하는 데 충분하다고 생각한다.

혹시나 내가 알고 있는 지식이 틀리지는 않을까 하는 우려에 몇 번씩 검증작업을 하느라 불 밝히며 새운 밤도 이제는 익숙하다.

이 책을 쓰기 위한 객관적인 통계자료는 가급적 공신력 있는 전문기관으로부터 발췌하려 노력했으며, 하루가 다르게 변모해 가는 커피시장의 현실에 발맞추어 가장 최근의 자료를 구하기 위해 심혈을 기울였다.

하루가 다르게 쏟아져 나오는 수많은 커피 관련 전문서 속에서, 전문지식과 함께 실제 경험에서 나온 자세한 설명을 곁들여 가장 진보된 최신의 지식을 독자 제위께 전할 수 있는 기회를 가짐은 큰 기쁨이라 하겠다.

물론 이 책이 커피에 관한 모든 것을 완벽하게 설명해 주지는 못하겠지만, 그래도 커피의 재배와 가공부터 로스팅과 커핑은 물론, 바리스타의 실무지침에 이르기까지 전문성을 가지고 충분한 설명과 함께 전반적인 커피지식을 모두 안내하고자 하였다.

이 책이 세상에 나와 빛을 보기까지 수고해 주신 백산출판사의 모든 관계자분께 감사드린다.

그리고 나의 경험을 통한 지식의 축적에 늘 도움을 주는 수많은 바리스타 후배 및 제자들, 나를 도와주는 세계 각국의 커피프로듀서나 커피 퀄리티 매니저들에게도 고개 숙여 감사를 표한다.

늘 나의 영감의 원천인 하늘에 계신 어머님과 아버님께도 지면을 빌려 감사의 마음이 전달되기를 바란다.

많은 시간 지구 반대편 비행기에 몸을 눕히는 나를 대한민국 땅 위에서 변함없이 지켜봐주는 은영이와 지민이에게도 항상 감사하다.

이 책을 통하여 커피바리스타의 길로 들어서는 독자들과 소통할 수 있는 장이 열릴 수 있기를 기대한다.

단순히 지식을 전달하고 마는 참고서적이 아니라 언제든 필요시 가장 먼저 꺼내 보는 전문서적이고자 한다. 서가에 꽂혀 있는 책이 아니라 커피전문가의 길로 들어서는 독자들의 손에 가장 가까이 위치하여 이 책을 통해 항상 대화할 수 있기를 바란다.

커피의 완성도를 높이고자 전문성을 가지고 커피를 만들며 이를 향유하는 이들을 가장 가까이에서 응원하고 싶다.

편협되지 않은 시각으로 나누는 풍부한 커피이야기는 늘 나를 숨 쉬게 한다. 또한 새로운 것을 배우고 또 이를 알리는 일은 항상 나의 심장을 뛰게 한다.

한정된 지면에서 못다 한 이야기를 더 듣고 싶거나 저자의 미천한 지식과 경험을 나누고 싶은 독자분이 있으면 언제든 저자의 문을 두드려주기를 간청한다. 완벽하지 못한 졸저에 대한 비판의 시선 또한 즐거움으로 받아들이고자 한다.

모쪼록 이 책이 커피에 관한 전문지식을 가장 효율적으로 전달하는 소임을 충실히 다할 수 있기를 바라며 남은 커피 한 모금을 마저 털어넣는다.

박창선(Sean Park) : kyobo24@naver.com

Contents

Ⅳ. 생두의 생산

I. 커피의 기초와 커피문화

1. 커피의 기원과 전파

1) 커피의 시작

커피의 시작에 대해 역사적 문헌으로 확립된 바는 없다. 단지 커피가 발견되고 음용되기 시작한 시대와 배경에 대해 이해하는 것은 커피가 단순음료가 아닌 문화적 산물에 대한 가치를 이해하는 근원이 될 수 있기에 중요하다고 할 수 있다.

흔히들 서구 기독교권의 음료라 생각하기 쉬운 커피는 사실 이슬람문화권의 음료로 태동하기 시작했다. 커피의 시작에 대하여는 여러 가지 설이 존재한다.

그중 가장 유명한 것이 "칼디(Kaldi)의 전설"과 "오마르(Omar)의 전설"이다. 둘 다 시공간적 배경이 이슬람문화권이기에 이슬람의 음료로 시작되었다는 것에는 이견이 없다.

현재 커피의 원산지는 에티오피아로 인정되고 있다.

1. 칼디의 전설

칼디의 전설은 천 년 전 현재의 에티오피아인 아비시니아제국에서 시작한다.

학자에 따라 칼디 전설의 시발점을 7세기부터 11세기까지 다양하게 보고 있다.

아비시니아제국의 높은 고원지대에서 살던 목동인 칼디는 염소를 돌보다가 일부 염소 떼들이 사라진 것을 발견하고는 염소를 찾아나섰다. 이윽고 염소를 찾아낸 칼디는 염소들이 빨간 열매를 따먹는 것을 보았고, 이 염소들을 다시 몰아서 우리에 넣었다. 그런데 이 염소들이 밤에 잠을 이루지 못하고 계속 흥분해서 활동하는 모습을 보고 의아하게 여겨 그 의아한 붉은 열매를 채취하였다.

이를 당시 이슬람문화권의 정신적 지도자인 수도승들에게 가져다주었고, 수도승들은 이를 불길한 음료로 여겨 불에 태우고자 하였다. 불에 타던 이 커피콩들은 좋은 향미를 발하기 시작했고 이 좋은 향미에 취한 수도승들은 이를 음용하기에 이르렀다.

이렇게 하여 커피를 음용한 수도승들은 항상 밤에 기도하면서 피로와 졸음에 시달리던 문제들이 해결되고 보다 활기차게 맑은 정신으로 기도활동에 임하게 된 자신을 발견하였다. 그리고는 이를 다시 주변 수도승들에게도 알려 피로를 덜기 위해 직접 이 붉은 열매를 채취하여 달여 마시기 시작하였다.

이렇게 맑은 정신으로 기도에 정념하기 위한 목적으로 칼디가 발견한 붉은 열매인 커피는 이슬람 수도승들에게 빠르게 전파되어 비로소 커피음료가 탄생하게 되었다.

2. 오마르의 전설

칼디의 전설 다음으로 오마르의 전설이 유명하다.

예멘의 모카에는 세이크 오마르(Sheikh Omar)라는 유명한 승려가 살고 있었다. 그는 영험한 능력을 가지고 있어 많은 병자들을 기도로 치료하였다. 그의 유명세가 널리 퍼지자 이를 모함하는 자도 생겨났고, 모함하는 자들에 의해 아라비아 지역의 외지로 쫓겨나게 되었다. (공주와의 사랑으로 왕의 노여움을 샀다는 설도 있다.)

유배생활을 하던 중 한 마리의 새가 붉은 열매를 쪼아먹는 것을 보았고, 그 붉은 열매를 쪼아먹은 새가 활기차게 날아다니는 것을 보고 자신도 그 붉은 열매를 먹었더니 활기와 기운을 되찾게 되었다고 한다.

그 열매를 가지고 모카로 돌아오니 커피의 약리작용으로 인하여 많은 사람들이 환호하였고, 오마르는 다시금 옛 명성을 되찾고 왕으로부터 인정받게 되어 더욱 커피를 사랑하고 이를 음료로 발전시켰다.

오마르의 전설에는 그 시점에 대한 명기가 불분명하다. 다만 칼디의 전설보다는 늦은 시점에 시작된 것으로 알려져 있다.

그 외에도 많은 커피의 시작에 대한 전설이 존재하나 중요한 것은 커피의 발견 당시 모두들 이 커피의 각성효과에 주목하였다는 것이다. 당시 이슬람문화의 시공간적 배경에서 맑은 정신에 대한 요구는 커피음료를 가치 있는 인류의 음료로 받아들이는 데 가장 크게 공헌했다는 것이다.

2) 중세의 커피

지금으로부터 천 년 전 에티오피아의 이슬람 수도승을 시작으로 커피문화가 시작되었다는 것은 비교적 정설로 전해지고 있다. 아프리카에서 시작된 커피는 좁고 긴 홍해와 아덴만을 건너 아라비아반도의 남쪽에 위치한 예멘(Yemen)으로 13세기경부터 넘어오기 시작하였다.

당시 같은 이슬람문화권인 에티오피아와 아라비아반도는 많은 교류가 있었다. 정치적으로 통일되고 알라의 가르침인 이슬람교가 확립된 아라비아반도는 많은 문화와 교류의 중심지 역할을 하였다. 가장 먼저 고도의 문화가 발달한 곳은 남서부의 예멘으로 당시 상당히 진보된 건축양식이 성행했으며 메카에서는 세계 3대 종교 중 하나인 이슬람이 일어나 지구상의 문화발전에 일익을 담당해 왔다.

아라비아반도로 커피가 전파되던 것은 14, 15세기에 절정을 이루었으며, 에티오피아를 방문한 무슬림 순례자들은 오랜 여행길의 피로를 극복하기 위해 지속적으로 커피를 음용하며 본국으로 커피를 가져다 날랐다. 우리가 현재 커피를 볶아서 간 뒤 물로 추출하는 음용법이 시작된 것도 예멘의 순례자들로부터 기인한 것이다.

커피나무의 경작 역시 에티오피아에서 씨앗을 가져온 순례자들에 의해 최초로 예멘 지역에서 시작된 것으로 알려져 있다.

예멘의 커피는 당시 지역사회에서 너무도 귀하게 여겨 씨앗이나 나무의 타 지역 송출을 엄격히 금지했다. 커피의 송출 시마다 엄격하게 검사를 하였으며, 심지어 커피생두의 경우에는 살짝 열을 가해 절대로 타 지역에서는 발아가 안 되게끔 하여 송출했다는 이야기가 있을 정도이다.

예멘의 모카(Mocha)항은 커피무역의 가장 중요한 항구였다. 심지어는 모카 지역에서 만든 커피를 따로 이름지어 모카커피라 칭했으며, 이는 현재 이 항구도시의 이름을 딴

커피메뉴(모카커피)가 나오기에까지 이르렀다.

커피라는 말의 기원 역시 고대 아랍어인 카와(Qahwah 또는 Khawah)에서 유래했다. 이는 와인(Wine)을 뜻하는 말로 이슬람문화권에서는 와인이나 다를 바 없는 음료였다.

이슬람의 율법은 술을 엄하게 금지하고 있다. 그래서 술을 대체할 수 있고 일상에서 오는 스트레스나 피로를 극복할 수 있는 커피음료는 이슬람문화권에서는 가장 적합한 음료라 할 수 있었을 것이다.

커피의 어원에 대한 다른 설로는 에티오피아어인 카파(Kaffa)가 있다. 에티오피아어로 카파는 커피가 생산되는 지역의 이름인 동시에 힘(Power)을 의미하기도 한다.

커피의 전파는 에티오피아의 영향보다는 이슬람무역권의 교역에 의한 것이기에 어원에 있어서는 에티오피아어인 카파보다는 아랍어인 카와에 더 힘이 실리고 있다.

이슬람의 전파와 함께 주요 도시로 빠르게 전파되어 나가던 커피는 아라비아 전역에서 환영을 받았다. 수도승들은 사원에서 커피를 마셨으며, 최초의 커피숍이라 할 수 있는 카베카네(Kaveh kane)가 생겨났다. 카베(Kaveh)는 아랍어 카와(Qahwah)에서 건너온 터키의 커피에 대한 어원이다.

이러한 커피하우스는 15세기에는 당시 강성한 문화를 이루었던 페르시아에까지 유행하게 되었고 많은 사람들이 이러한 커피하우스에서 토론을 하거나 대화를 나누었다. 상업적으로 변모하기 시작한 이 커피하우스에서는 정치적 토론의 장이 열리거나, 뛰어난 화술을 지닌 자를 이야기꾼으로 고용하여 상업화를 꾀하기도 하였다.

이렇게 중세의 커피문화는 강성한 이슬람문화를 등에 업고 많은 사람들의 피곤한 삶의 무게를 덜어주는 데 일조해 왔다.

 참고

> 과거 동아프리카에서 지금처럼 커피를 마시는 전통이 없었던 것에서 기인하여 별도의 학설로 중세 이슬람 수도원에서 마시던 검은 음료는 커피가 아니라 "카프타"라는 현지의 토착나뭇잎으로 우려낸 "카트(Kat)"라는 음료이며 카페인이 들어 있어 커피와 비슷한 효과를 가져왔다는 견해도 있다.

3) 근세(16세기)의 커피

16세기에 들어서는 당시 최대 강국인 오스만제국이 아랍지역을 석권하면서 커피가 터키로 전파되었다.

오스만제국의 수도인 콘스탄티노플(지금의 터키 수도인 이스탄불)에 터키 최초의 커피숍 카베카네를 열면서 오스만투르크 왕국의 커피문화가 장을 열었다.

그러나 커피하우스에서는 커피음료를 마시는 것 외에 사람이 모임으로써 생겨나는 여러 가지 병폐가 공존하기 시작했다. 때로는 이 이슬람의 와인을 마신 손님들은 과격한 언쟁이나 심지어는 정부에 대한 불만의 목소리를 내기도 하였다. 카페인으로 대변되는 커피를 마심으로써 생기는 "흥분"작용은 이슬람 수도승의 각성에 큰 도움이 되어 발견과 전파의 계기가 되었으나 또한 "악마의 음료"와 "알라의 선물"이라는 극단적 평을 동시에 받아야만 했다. 극단적인 토론과 언쟁 이외에도 음유시인, 댄서 등이 고용되며 심지어는 매춘, 도박 등이 병행되기까지 하였다.

따라서 터키 무라드 정권의 와지르인 케르베이 총독은 1630년에 커피를 불법으로 규정하고 모든 카베카네에 대한 폐쇄령과 함께 커피를 몰래 마시는 자에게는 심지어 사형에 이르는 엄한 형벌로 다스리며 코란의 이름으로 이를 합법화하였다.

그러나 이러한 폐쇄령이 시민들의 커피음용을 막을 수는 없었고 결국 곧 철회되고 말았다.

4) 근세(17세기) 이후 유럽대륙의 커피

17세기 초반에 들어서는 커피가 본격적으로 유럽대륙으로 전파되기에 이르렀다.

당시 이슬람권과 무역을 활발하게 진행하던 이탈리아 베니스의 상인들로부터 시작되었으며, 이러한 기원은 현대의 커피문화에 있어 많은 부분의 시조를 이탈리아에 두게 되는 연유가 된다.

처음에는 의약품으로 인정하여 약재로 쓰였던 것이 커피를 맛본 일반 시민들에 의해 빠른 속도로 유럽사회로 전파되었다.

1720년에 문을 연 이탈리아 베니스의 산마르코광장에 위치한 카페 플로리안(Caffe Florian)은 현존하는 가장 오래된 카페이기도 하다. 18, 19세기에 들어 이탈리아의 많은 도시에 카페가 들어서며 생활 속에서 커피문화가 꽃을 피우게 된다.

그러나 기독교문화권인 유럽에서 이슬람문화인 커피가 처음 받아들여지는 과정이 순탄했을 리는 만무하다.

참으로 커피만큼 유난히도 박해를 받아온 음식도 찾아보기 힘들다.

아라비아반도에서 유럽 기독교문화권으로 넘어온 커피는 처음에는 "이교도의 음료"라는 종교적 이유로 배척되었다. 커피의 각성효과는 종교적 대립상황에서 충분히 악마의 유혹으로 불릴 만도 했다.

그러나 이교도인 이슬람권에서 마시는 악마의 음료로 종교재판에까지 올라간 커피는 커피애호가였던 바티칸의 교황 클레멘테 8세(Pope Clenente VIII)에 의해 공식적으로 사면을 받고 이후 유럽 기독교 세계에 널리 퍼지게 되었다.

또 한 번의 박해는 근대 시민의식의 태동기인 17세기에 커피를 마시기 위해 사람들이 모여 담소를 나누면 왕권에 저항하게 된다는 정치적 이유로 다시 한 번 금기시된 것이었다.

지식인들이 토론을 벌이던 카페가 정치논쟁으로 곧잘 변질되자 영국은 1675년 런던의 모든 커피하우스를 폐쇄하였다. 그러나 이러한 정책적 제재는 많은 지식인들의 반감을 불러왔고 오히려 왕권약화를 촉발하는 계기가 되어 오래가지 못하고 정책이 취소되었다.

그 후 커피하우스는 더욱 성행하여 1700년대 초에는 런던에만 2000개 이상의 커피하우스가 문을 열었다.

프러시아(현재의 독일)에서도 이방인의 음료가 자국의 전통음료인 맥주를 위협할 정도로 성장하자 커피금지령을 발표하기도 하였으나, 오히려 밀거래만 양성하고 세금도 받을 수 없게 되자 역시 다시 철회하게 되었다.

사회적 지위고하를 막론하고 자유롭게 토론하고 대화하며 소통하는 근세의 민주적 분위기는 커피와 함께 현대 민주주의의 싹을 틔워나가게 되었다.

초기의 커피하우스는 귀족남성이 주류였으나 시민의식의 성장과 함께 사회 비주류층 또한 커피에 대한 욕구가 날로 증가되었다.

이때 나온 습관이 커피를 연속으로 주문할 형편이 못 되는 사람을 위해 쟁반에 커피와 함께 물이 담긴 유리잔을 내놓는 것이었다. 손님은 커피를 다 마시고도 오랜 시간 커피하우스에 머무를 수 있었다.

독일의 작곡가 바흐(Johann Sebastian Bach)의 그 유명한 커피칸타타(Coffee Cantata)는 커피를 마시고자 하는 딸을 못마땅해 하는 아버지(Schlendrian)와 커피를 마시게 해주는 신랑을 찾아 나서겠다는 딸(Lieschen)의 이야기를 담은 곡이다.

영국에는 페니유니버시티(Penny University)라는 강연도 성행하여 커피 한 잔 값인 1페니만 지불하면 일반대중들도 철학이나 과학, 수학 따위의 고급학문을 커피하우스에서 접할 수 있었다.

프랑스 역시 계몽주의의 영향을 받아 문학카페가 성행하였고, 점차로 커피하우스는 사회 주류층에서 소설가, 문학가, 예술가 등 중산층 이하의 사람들이 함께하고 오랜 시간을 보낼 수 있는 곳으로 자리매김해 나갔다.

5) 18세기 이후 신대륙의 커피

신대륙의 발견과 함께 찾아온 미국의 독립은 커피소비문화의 패턴을 바꾸었다. 당시 인도를 위시한 대부분의 식민지에서 차를 생산하던 영국은 자바(현재의 인도네시아)나 인도 일부 지역에서 커피를 생산하고 있던 경쟁국 네덜란드 등에 비하여 커피생산력이 현저히 떨어졌다. 따라서 자연스럽게 차에 대한 관심을 가지게 되었다.

1720년에 신대륙으로 전파된 커피나무는 중미를 비롯하여 프랑스나 스페인 식민지역으로 급격히 퍼져나갔고 커피농장의 노예들이 흘린 땀의 무게만큼이나 커피생산성 또한 급속도로 높아졌다.

이에 미국은 차에 독점권을 가지고 관세를 부과하는 영국에 대한 반발로 독립의 상징인 커피를 선택하며 역시 빠르게 수요를 늘려나갔다.

우리가 가장 즐겨 음용하는 아메리카노는 에스프레소로 추출된 진한 커피에 물을 부어 마시는 것으로 미국인의 캐주얼한 성향과 잘 맞아 가장 보편적인 커피음료로 자리매김하게 되었다.

미국은 2016년 현재 150만 톤의 커피를 소비하며 전 세계 커피소비량의 15% 이상을 차지하는 부동의 최대 소비국으로서의 위치를 확고히 하고 있다.

국제커피협회에 따르면, 현재 전 세계 40개국에서 900만 톤 이상(2016년 통계 기준 9,097,440톤)의 커피가 생산되고 있으며 이는 대륙과 문화를 막론하고 지구촌 모든 곳에서 소비가 이루어지고 있다.

6) 한국의 커피

얼마 전까지만 해도 최초의 한국커피에 대한 유력한 정설로는 1896년 고종 황제가 아관파천 당시 러시아공사관에서 처음 마셨다고 전해지고 있었다. 그리고 일반인에게는 1902년 러시아 공사인 베베르(Karl Ivanovich Veber)와 친척관계인 독일인 여성 손탁(Antoinette Sontag)에 의해 접하게 되었다고 알려져 있다.

초대 러시아 공사인 베베르와 함께 한국을 찾은 미스 손탁은 고종으로부터 정동에 있는 한 가옥을 하사받아 외국인 모임장소로 사용하였다. 그러다가 1902년에 2층의 서양식 건물을 새로 짓고 그 안에 정동구락부라는 이른바 커피숍을 만들었다.

당시 세련된 가옥이 없었던 서울 시내에서 이 호텔은 주목받는 사교의 장이었고 커피 또한 빼놓을 수 없는 음료였던 것이다.

그러나 구한말 선각자이자 최초의 미국유학생이었던 유길준의 서유견문에는 커피가 중국을 통해 1890년경 조선에 소개되었다는 기록이 있으며, 선교사 알렌을 비롯하여 개화기에 활동한 서양 학자들의 저서에는 조선에서 커피를 대접받았다는 기록이 있다. 선교사 아펜젤러의 선교단 보고서에는 1888년 인천의 서양식 호텔인 다이부츠호텔(대불호텔)에서 일반인에게 커피가 판매되었음을 나타내는 기록도 있다. 이것들은 모두 고종 황제의 아관파천보다 앞서는 시점이다.

과거에는 최초의 커피판매점으로 손탁호텔이 거론되었으나 대불호텔의 존재가 알려지며 최초라는 이름을 쓰기는 어색해졌으나 두 호텔 모두 커피판매에 대한 공식적인 기록은 없다.

커피의 명칭도 당시에는 한자음을 따온 "가배" 또는 "가비"로 불리거나 서양에서 온 음료라는 뜻의 "양탕국"이라 불리기도 했다.

최초의 커피음용자로 알려졌던 고종 황제는 아마도 최초의 커피애호가라는 말이 더 맞는 듯하다.

여하튼 우리나라에 커피가 선보인 것은 개화기인 1890년을 전후한 시점이고, 당시에 이 커피는 서구화의 상징이자 사교의 중요한 수단이었다.

우리나라 다방문화의 효시는 일본의 찻집에서 유래를 찾는다.

당시 서울의 중심가였던 진고개에 일본인에 의해 들어서기 시작한 깃사텐(Kissaten)은 개화기부터 커피문화를 우리 사회에 소개하기 시작했다.

처음에는 원두커피를 즐겨 마시던 한국사회는 남한만의 단독정부 수립 후 미군군정에 의해 이끌리고 연이은 6·25전쟁의 발발로 인해 미군의 사회영향력이 커지면서 그들의 인스턴트커피에 주목하게 되었다.

어려운 시대상황하에 서양문화에 대한 사대주의적 영향과 간편하다는 장점으로 미군들이 즐겨 마시던 인스턴트커피는 선망의 대상이었고, 미군부대를 통해 흘러나오는 인스턴트커피는 시장의 주요 거래품목이 되기도 하였다. 게다가 당시에는 커피가 수입금지품목이었기에 미군부대를 통해 흘러나온 암거래 품목이 주요 공급품이었다.

1968년부터 공식적으로 커피가 수입되었으나 관세가 높아 가격이 비싸져 호텔 등지에서만 제공되는 고급음료였으며, 귀한 손님에게 대접하거나, 귀한 분께 선물하는 물품의 대명사였다.

당시의 보건사회부 통계에 따르면 연간 약 500톤의 커피가 소비되었다.

국내기업인 동서식품은 1970년부터 인스턴트커피를 자체생산하기 시작하였고, 커피의 보급에 획기적인 역할을 하기 시작했다. 또한 1976년에는 세계 최초로 커피믹스(커피, 크림, 설탕 혼합)를 개발해 국민음료로써의 길을 열었다.

오랜 기간 인스턴트커피에 의해 이끌려진 한국의 커피시장은 국민소득이 높아지고 생활의 여유가 생기면서 고급커피에 대한 수요가 생겨나기 시작했다.

1990년대에 들어서 다시 고개를 들기 시작한 원두커피에 대한 소비욕구는 1999년 최초로 한국에 선보인 글로벌기업인 스타벅스에 의해 본격적으로 꽃을 피우기 시작했다.

이후 현재에는 다양한 메뉴가 개발되고 많은 전문기술인의 양성과 함께 시장 또한 그 규모가 커져 2017년도엔 최초로 10조원이 넘어선 11조 7천억원의 커피시장으로 자라났다. 생두수입만 14만 3천톤에 연간 소비된 커피잔수는 270억잔에 이르며 이중 원두커피 또한 48억잔에 이르는 거대시장(2017년 기준)이 형성되고 있다.

2. 커피문화의 이해

1) 문화산품

커피에 대한 전문적 지식을 처음 접하는 부분에서 가장 고려해야 할 부분이 커피라는 가치에 대하여 "어떤 견해로 접근할 것인가?"이다. 커피를 단순한 상품으로 보는 견해는 많은 오류를 범할 소지가 있다. 커피는 천 년을 넘게 인류와 함께해 왔다. 그것도 이슬람과 기독교 문화권을 넘나들고, 중세봉건과 근대 민주사회를 오가고,  수많은 문화 및 인종과 맞닥뜨리며 가장 보편적인 인류의 음료로 자리매김하였다. 이는 하나의 음료상품이라기보다는 문화상품으로 이해해야 할 것이다.

커피에 함축된 문화와 커피가 이야기하는 문화는 모두 커피를 구성하고 있는 요소로 작용하는 것이다. 예컨대 어떠한 브랜드의 커피음료가 선호도가 높다고 하면 단지 음료로써 맛만을 평가하는 것이 아니라 브랜드로써의 스토리도 그 커피음료의 구성항목에 포함되는 것이다. 커피를 같이 마시는 앞자리의 파트너도 커피 맛에 일조할 것이며 커피 숍의 인테리어 또한 커피 맛에 일조할 것이다.

결국 커피를 공급하는 그 모든 구성인자들이 한 잔의 음료로써의 커피 맛을 완성하는, 커피는 문화산품인 것이다.

2) 기호식품

커피만큼 강한 기호성을 가지고 있는 식품도 드물다.

커피의 품종에 따라, 가공방식에 따라, 원산지에 따라, 블렌딩에 따라 천의 맛이 구현되고 그보다 더 많은 커피수요자들은 각자의 입맛에 맞는 자신의 선호 기호가 존재한다. 따라서 세상에서 가장 맛있는 커피는 모두가 평가하는 좋은 커피가 아니라 커피수요자 당사자의 입맛에 맞는 커피가 가장 맛있는 커피인 것이다. 자신의 기호성이나 기술적 잣대에 맞추어 특정 산지나, 특정 블렌딩의 커피를 수요자에게 강요할 수는 없으며, 불과 동전 한 닢의 자판기 커피가 특정 수요자의 입맛에 맞는다면, 이 또한 그 수요자에게는 가장 좋은 커피가 될 수 있는 것이다.

결국 커피는 다수가 좋아하는 커피는 존재할지언정 절대적으로 좋은 커피는 존재할 수 없으며, 다양한 입맛의 니즈에 해당하는 다양한 종류의 기호성이 존재할 뿐이다.

3) 시공간적 예술

커피를 영화에 비유하기도 한다. 음악은 시간이 흐르면서 감상될 수 있는 시간예술, 그림이나 조각작품은 공간을 통하여 인식되는 공간예술, 그리고 종합예술인 영화는 시공간적 예술로 칭해진다. 커피 또한 시간을 두고 커피를 음미하는 그 공간적 배경도 무시할 수 없는 시공간적 예술이라 하겠다. 같은 커피라도 금색의 베리타스가 둘러진 어느 유럽 귀부인의 고풍스런 거실의 찻잔 속에서 흐르는 커피의 향미는 오늘날 바쁜 현대인의 손에 잡혀 있는 테이크아웃잔에서 풍겨 나오는 커피의 향미와는 사뭇 다를 것이다.

커피향의 한편에는 이를 음미하는 시공간이 존재하고 이를 통하여만 향유하는 커피는 시공간적 종합예술인 것이다.

4) 커피의 파생적 가치

커피는 그 자체로도 인류 보편의 음료로써 큰 가치를 갖는다.

미국의 경제전문지 포춘은 2015년도 세계에서 가장 존경받는 기업 순위 5위에 글로벌 커피그룹 스타벅스를 올려놓았다. 커피 자체의 상품가치만으로도 많은 부가가치가 나오고 있는 것이다. 그러나 여기서 커피는 또 다른 다양한 파생상품을 낳는다.

런던의 조너던스(Jonathan's)라는 커피하우스는 비즈니스맨들의 활동무대로 유명했는데 훗날 런던증권거래소로 발전하였다.

에드워드로이즈 커피하우스(Edward Lloyd's Coffee House)는 세계적 금융회사인 로이즈보험사의 시작점이었다. 과거 유럽에서 커피하우스는 우체국의 대용으로 활용되기도 하였다. 이렇듯 커피를 마시기 위하여 사람이 모이게 되고, 사람이 모이는 곳에서는 가치관과 함께 정보를 공유하게 된다. 이렇게 하여 파생된 가치들은 커피를 단순히 하나의 생명 없는 상품으로 간과하기에는 너무 아쉬운 부분이 많을 것이다. 커피를 통하여 많은 가치들이 재창출되어 왔고 이는 앞으로도 계속 그러할 것임에는 의심할 바 없다. 그러나 대한민국에서 커피를 학문으로 인지하고 전문대학에 관련 학과가 개설된 지는 이제 겨우 십 년이 조금 넘어가고 있다. 전 세계에서 가장 권위있는 커피전문단체는 미국스페셜티커피협회(SCAA-현재 SCAE(유럽스페셜티커피협회)와 SCA로 통합)이다.

빠른 속도로 급격한 기술의 정례화와 발전이 시도되고 있는 커피는 학문적으로는 아직 많은 허점을 내포하고 있다. 커피에 대한 이해의 폭을 넓혀가며 붉디붉은 저 남국의 과일 커피체리를 그윽한 향기와 함께 황금색 유분띠를 두른 검은 음료로 요리해 내는 그 멋진 시간의 선상에서는 현 문화사회의 다양한 가치와 소산을 다분히 발견할 수 있다.

커피를 단순 음료상품으로는 설명할 수 없는 많은 문화적 부분을 이해하는 것 또한 커피에 대한 학문적 지식의 습득만큼이나 중요하다고 하겠다.

3. 직업인으로서의 커피

1) 커피프로듀서(Coffee Producer)

커피산지의 농민이 수확한 커피는 여타 과일들처럼 그대로 소비자의 식탁에 올라오지는 않는다. 여러 기술적 공정들을 필요로 하며, 이에 따라 풀리워시드니 세미워시드니 허니 프로세싱이니 따위로 나뉘기도 하고, 커피의 품질과 가격이 결정되기도 한다. 이 역할을 맡은 업종이 바로 커피농민과는 구분되는 커피프로듀서이며 또한 커피헌터와도 구분되어야 한다. 커피프로듀서의 역할은 농민 또는 커피농장으로부터 커피체리나 파치먼트를 수매한 다음부터 시작되기에 커피프로세서(Coffee Processor)로 대변되기도 한다. 그린빈 상태까지 가공을 거쳐서 출하하는 농민이나 농장은 어느 정도 규모의 경제를 추구하는 조직이고, 커피생산국가의 대부분이 저개발 저소득국가이다 보니 어느 정도 자본집약과 기술을 필요로 하는 커피프로세싱 부분은 농민을 떠나 전문가집단의 손을 거치기도 한다.

커피프로듀서에서는 커피산지에서 공장의 형태를 띠며 펄핑, 건조, 훌링 등에 학문적 또는 경험적 지식을 갖고 있는 각국의 커피전문가들이 활동하고 있다. 생산기술자는 단

기간의 커피산지 방문이 아니라 기본적으로 커피철에는 커피생산지에서 지내야 하므로 그에 적합한 생활여건이나 환경이 형성되어 있어야 함이 기본이다. 그래서 일반적으로 커피소비국의 전문인이 접근하기에는 여러 가지 장벽이 있는 게 현실이다. 또한 이 직업군은 피고용인이 아닌 자기 계산하에 하게 되면 농부로부터 커피체리의 산지 수매 등을 위해 일정부분 축적된 자본이 필요하다. 농민들

을 상대로 외상거래를 한다는 것은 상상하기 어렵기 때문에 늘 수매자금이 준비되어 있어야 한다. 주로 해외활동에 의존하게 되므로 언어가 가장 큰 난제로 와닿는다. 기본적으로 해당국에서 활동할 수 있는 언어적 기반이 확립되어 있어야 한다. 가장 유용한 언어는 영어이며, 전 세계 커피생산량의 거의 절반에 육박하는 브라질에서 사용하는 포르투갈어, 남미 전역에서 사용하는 스페인어, 한국인 선호지역이자 세계 5위 생산국인 인도네시아어 등이 유용하다. 또한 외국생활을 감내할 수 있는 내성과 현지화 등도 중요한 요소이다.

커피생산자의 경우는 생산관련 기술은 물론이거니와 자신의 커피를 상품성 있게 평가할 수 있는 로스팅과 커핑능력까지 커버하는 커피의 모든 기술이 요구된다.

한국은 생산기술의 축적이 턱없이 모자란 나라이다. 이제 우리나라도 연간 커피소비량 1억kg시대에 살면서 소비뿐만 아니라 생산에 관여하여 관련 기술을 축적해 나가는 것에도 관심을 기울여야 할 것이다.

2) 커피헌터(Coffee Hunter)

방송 등을 통해 많이 익숙한 커피헌터(Coffee Hunter)라는 직업은 실제로 국제적으로는 결국 커피바이어(Coffee Buyer)로 통용된다. 커피생산 현지로 날아가서 품질을 평가하고 생산과정을 확인하며 본인의 선택으로 시장성과 가능성을 점쳐서 한국으로 수입해오는 것이 주된 업무이다.

커피프로듀서와의 가장 큰 구분은 헌터의 경우, 이미 생산이 완료된 커피를 평가하고 이를 취할 것이냐 말 것이냐만을 선택한다는 것이다. 물론 큰 규모의 커피헌터는 생산과

정에 본인의 영향력을 발휘하기도 하지만 근본적으로 커피생산자는 자기 책임하에 모든 공정을 마무리하고 그 결과물에 책임을 져야 하나, 커피헌터의 경우는 선택의 문제에만 직면하고, 또한 자신의 선택에 대한 책임만을 지는 것으로 차이가 있다.

대한민국은 커피생두 생산이 안 되는 나라이기에 프로듀서보다는 바이어인 커피헌터로 활동하는 것이 보다 더 용이하다. 커피헌터는 수매철 또는 커피 수입 필요시점에 단기간 커피생산국에 방문하는 것으로 해외활동이 일단락되기에 주로 국내활동에 중점을 두어 커퍼(Cupper)나 로스터(Roaster) 등으로 겸직활동을 하는 경우가 많다. 그리고 주로 FOB(커피가 송출되는 항구를 뜨면 바로 송금) 조건으로 결재를 하기에 몇 십 톤에 이르는 생두대금이 선지급되어야 하여 일정수준 이상의 자금유동성을 필요로 한다. 커피헌터나 커피프로듀서나 모두 해상운송을 위해 남태평양에 컨테이너만 몇 대 떠 있어도 이 커피가 소비시장에서 판매되어 현금으로 회수되기까지 막대한 자금이 묶여 있는 격이다. 커피프로듀서와 달리 커피헌터의 경우 언어적 요소는 상대적으로 중요성이 덜하다. 커피생산국은 내수보다도 주로 수출에 의존하기 때문에 커피헌터가 상대하는 농장의 경우 언어적 장벽은 거의 없다고 보면 된다. 수많은 외국인을 상대하므로 기본적인 외국어가 가능하고, 외국인의 성향과 코드도 맞추어주므로 보다 수월하게 업무를 수행할 수 있다. 기본적으로 커피헌터는 바이어이기에 어떠한 생산업체도 바이어를 소홀하게 대하지는 않는다. 그리고 커피산지에서의 체류기간이 길지는 않기에 해외활동이 부담스러운 사람도 가능한 활동영역이다.

커피헌터에게 요구되는 가장 큰 커피 관련 스킬은 커핑(Cupping: 커피맛의 평가) 능력이다. 정확하지 못한 판단은 결국 본인의 수익저하 또는 손실로 귀결되며 잘못 들어온 컨테이너 한 대는 수천만 원에서 수억 원까지의 손실로 귀결된다. 커피생산자는 최대한 원가코스트를 낮추어야만 하는 직업적 사명이 있지만 커피헌터는 정당한 가격을 지불하고 커피를 가져가면 된다. 적정한 품질을 평가하여 선택하고, 이에 합당한 정당한 가격을 지불하는 것이 바로 커피헌터의 핵심이다.

3) 로스터(Roaster)

커피의 원재료는 커피나무로부터 수확한 누 렇고 푸른빛이 감도는 곡물의 씨앗인 커피생 두(Green Bean)이고, 이를 강한 화력으로 익 히며 요리해 내는 과정이 바로 커피로스팅이 다. 커피프로듀서가 구현하여 커피생두 내에 잠재되어 있는 고유의 향미를 열로 조리하여 끄집어내는 것이 바로 이 로스터의 역할이다.

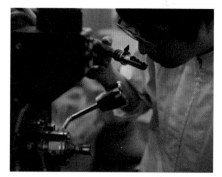

우리들의 눈에 익숙한 검은빛의 커피원두를 곱게 갈아 바리스타라는 직업군이 멋들어지 게 하트나 로제타가 들어간 다양한 메뉴의 커피 한 잔을 만들어내는 과정은 커피를 요리 하는 과정과 함께 이미 요리된 커피를 음용할 수 있도록 하는 푸드 데커레이션의 의미도 함께 가지고 있다. 물론 요리 또한 장식과 연출에 따라 그 맛을 달리하고 커피 역시 추출 방법에 따라 그 맛을 달리하는 것은 주지의 사실이다.

실질적으로 커피생두를 열로 조리하는 과정이 바로 이 로스팅 과정이며 로스터는 바 리스타를 위한 커피의 요리사라 할 수 있는 신흥 직업군이다.

커피나무 열매의 단단한 씨앗은 수용성이 아니다. 그렇기에 최소 200도 이상의 온도 로 가열하여 부피도 두 배가량 부풀려지고, 12% 정도 가지고 있던 수분도 2% 미만으로 줄어들게 되면 그제야 비로소 커피그라인더로 분쇄되어 물로 추출이 가능한 밀도의 바 삭한 검은 커피원두가 된다. 이때 화력을 어떻게 제어하고, 뜨거운 공기가 흐르는 배기 를 어떻게 제어하고, 어느 수준까지 배전도를 높이는가 등의 기술적 테크닉이 바로 커피 를 요리하고 맛을 제어하는 일련의 과정들인 것이다.

불과 10~15분에 불과한 한 배치의 커피로스팅 과정(경우에 따라 드물게는 30분 이상 배전하는 곳도 있음)에서 로스터는 오감을 동원해 커피콩이 익어가며 내는 소리, 색, 향 기 등의 반응을 주의 깊게 주시한다.

커피원두는 익어가며 점차로 푸른빛에서 누런빛 마침내 검은빛으로 변해가고, 자신의 상태에 대하여 끊임없는 이야기를 한다. 이 커피콩의 이야기를 이해하며 적절히 조치하 여 원하는 맛을 연출하는 것이 로스터의 기술적 능력이라 하겠다.

또한 로스터는 대류열, 전도열, 복사열 등 열의 특성에 대해 숙지하고, 이를 자신의 로스터기의 특징과 커피콩의 특성과 결합시켜 적절한 종류별 열량을 커피로스터기를 통해 커피에 전달하여 익히며 기대되는 커피맛을 창출해 나간다.

커피생두는 2000가지가 넘는 물질로 구성되어 있으며, 로스팅을 통하여 향미로 발현되는 물질은 500가지가 넘으니 이의 조화로운 구현은 요리사의 다양한 재료를 통한 맛의 창조와 비교해 보았을 때 전혀 다름이 없다.

신흥 직업군인 이 커피로스팅 분야는 최근 십수 년간의 급격한 성장으로 인하여 많은 교육기관이 생겨났고 SCAE(Specialty Coffee Association of Europe) 등의 유명 해외 커피 유관기관뿐 아니라 국내에서도 베노빅센(BENOVIXEN) 등에서 교육과 함께 로스팅기술자로서 인정해 주고는 있으나 아직은 모두 민간자격에 불과하고 공신력을 갖추고 있지는 않다.

로스터는 크게 두 가지 부류로 나눌 수 있다. 한 부류는 공장형 로스터로 식품제조업 인가가 난 커피원두 제조공장에서 일하는 경우이고, 하나는 카페형 로스터로 일반 로스터리카페에서 일하는 경우이다. 기본적으로 공장형 로스터의 경우 일의 강도는 더 고되지만 로스팅 기술의 연마에는 유리하고, 카페형 로스터의 경우는 근무환경에 있어서도 더 낫고, 로스팅 이외에 바리스타 영역인 음료추출에 대한 기술도 연마해 나갈 수 있지만 아무래도 전문성에 있어서는 현저히 떨어지게 된다.

전문직으로서의 로스터는 로스팅 능력 이외에도 자신이 로스팅한 커피를 정확히 평가할 수 있는 커핑(Cupping) 능력과 소비자에게 어떠한 맛으로 전달될 것인가를 가늠할 수 있는 바리스타의 추출능력도 필요하다. 각각의 커피생두는 생산지와 품종에 따라 그 특징을 달리하고, 해마다 바뀌는 자연 기후적 요소에 의해 그 맛을 달리한다. 이에 적절한 향미를 구현하기 위한 로스팅의 기술적 연구와 함께 더욱 까다로워지는 소비자의 미각과 니즈를 고려할 때 다양한 진보적 시도가 필요함은 말할 나위도 없겠다.

4) 커퍼(Cupper)

로스팅된 커피원두의 품질을 평가하는 직업군이 커퍼(Cupper)이다.

커피의 맛을 평가하는 행동을 컵(Cup: 동사로 사용)이라 하며, 이 행위 자체를 커핑(Cupping: 명사로 사용)이라 하고, 커핑 (Cupping)을 전문적으로 하는 사람을 커퍼 (Cupper)라 이른다. 수많은 종류와 가공법이 있는 커피의 향미를 정확하게 감정하기 위해서는 냄새를 맡고 맛을 보는 감각기관의 숙련된 센서리가 필요하다. 그렇지만 최우선적으로는 자신이 평가한 커피를 객관적으로 설명하고 도식화하여 자료의 축적과 공유가 가능하게 하기 위한 커피의 향미에 대한 전문지식이 필수적이

다. 커퍼가 향미평가를 하는 데 기본이 되는 관능평가를 위해서 혀나 코의 센서리가 뛰어나면 많은 유리한 면이 있다. 주로 남자보다는 여자가 중장년층의 나이보다는 젊은층의 나이대가 보편적으로 더 민감한 센서리를 가지고 있으나 반드시 일치하는 것은 아니다. 센서리에 대한 부족함은 커피에 대한 축적된 지식으로 커버하기도 한다. 커퍼는 한 잔의 컵 안에서 반복된 테이스팅을 한다. 그리고 많은 경험을 통해 숙련을 꾀하고 학습을 통해 이를 체계화시켜 간다. 그리고 이 경험적 가치와 접목시키는 일련의 과정을 통해 주관적일 수밖에 없는 커피의 향미를 객관화시키고 이를 하나의 정보로써 가치를 부여한다. 현재 커퍼로서 활동하기 위해서는 커피 관련 타 업종과 마찬가지로 특별한 자격요건이 필요하지는 않다.

다만 가장 인정받는 커피 관련기관 중 하나인 CQI(Coffee Quality Institute)에서 주관하는 국제커피감정사라고 하는 큐그레이더(Q-Grader)가 있다. 세계 최대의 커피유관기관인 SCA(Specialty Coffee Association)에서 주관하였으나 최근에는 CQI로 넘어갔다. CQI에서는 커피종의 하나인 로부스타를 평가하는 감정사를 큐그레이더와 별도로 구분하여 알그레이더(R-Grader)로 칭한다. 그러나 이의 수요가 그리 많지는 않다.

2019년 현재 전 세계에 약 7천명이 넘는 큐그레이더가 커피전문가로 활동하고 있다. 수천 달러에 이르는 시험비용에도 불구하고 대한민국의 경우는 과열의 양상을 면치 못하고 있는데, 전 세계 큐그레이더의 절반 가까운 숫자의 자격소지자가 있어 수요보다는 공급이 많은 것이 현실이다.

현실적으로 자격보다도 많은 현장경험이 필요한 업종이며 아직은 활동영역이 제한적이다.

해외에서는 전문 커퍼가 커피 퀄리티 매니저로 활동하는 모습을 자주 접하지만 우리나라에서는 독립적인 전문 커퍼보다는 바리스타나 로스터가 커퍼의 역할을 겸하고 있다. 바리스타가 추출한 음료를 정확히 평가하는 역할보다는 주로 로스터가 로스팅한 원두의 정확한 평가나 샘플링하는 생두의 정확한 평가업무를 주로 수행하고 있다. 커피의 문화적 가치와 기호성을 이해하고 충분한 경험적 가치와 지식을 축적하며 정밀한 커핑을 통해 커피의 품질에 객관성을 부여하는 커피 커퍼의 경우도 떠오르는 전문직의 하나라 할 수 있으나, 아직까지 대한민국의 커피시장에서는 수요의 부족으로 확고한 자리매김을 하고 있지는 아니하다.

5) 바리스타(Barista)

바리스타(Barista)의 어원은 바(Bar)에서 일하는 사람이란 뜻에서 비롯되었다.

치열한 커피업의 최전방에 위치하여 소비자와 직접 대면하는 그 접점에서 커피전도사의 역할을 수행하기도 하는 바리스타는 커피업의 꽃이라 일컬어지고 있다. 한 잔의 음용 가능한 음료가 최종적으로 수요자에게 전달되는 마지막 정점에서 그 역할을 수행하며 최종결과물에 1차적 책임을 지는 것은 말할 것도 없거니와 수요자의 니즈(Needs)와 요구를 직접적으로 전달받기도 한다. 한 잔의 커피를 만들기 위해 거쳐간 많은 전문가들의 결과물에 마지막 순간을 완성해 주는 마침표의 존재인 것이다.

이러한 중요성 때문에 로스터나 커퍼가 바리스타의 역할을 겸하며 음료에 대한 최종 완성도를 높이기도 하나, 로스터나 커퍼와는 별개로 바리스타는 독립된 직업군으로 존재한다. 에스프레소머신의 사용 외에도 다양한 추출법에 대한 습득을 요하며, 더 나아가 커피 전반에 걸친 전문적 지식의 습득을 통해 직접적으로 향미를 재창조해 내는 것까지도 요구되고 있다.

사실 유능한 바리스타에게 있어 선결되는 조건은 좋은 원두의 선택능력이다. 원두는 바리스타의 영역이 아닌, 생두프로듀서나 로스터의 영역에서 이미 맛이 결정되어 버린다. 그러나 훌륭한 바리스타는 커피산지의 특성이나 생두의 속성에 대한 지식을 숙지하고, 해당 원두의 로스팅 과정에 대한 이해도를 바탕으로 커피원두가 가진 본연의 맛을 훌륭히 이끌어내거나, 본인의 능력으로 맛을 재창조하기도 한다.

과거 커피숍에서 지정된 레시피로 음료를 만들던 커피업 종사자의 수준에서 탈피하여, 최근에는 이러한 전문성으로 무장한 바리스타들의 확대와 함께 이에 대한 관심 또한 비례하여 커지고 있다.

현재 가장 큰 바리스타대회인 WBC(World Barista Championship)는 1회 대회 개최지인 모나코 몬테카를로(2000년)를 시작으로 2016년 대회인 아일랜드 더블린과 2017년 개최지인 대한민국 서울에 이르기까지 매년 50개국 이상에서 수천 명이 실력을 겨루고 있다. 그리고 브랜드로도 유명한 폴바셋(Paul Bassett: 오스트리아, 2003년 미국 보스턴대회 우승) 등 수많은 스타 바리스타를 양성해 내고 있다. 에스프레소를 기반으로 하는 바리스타대회인 WBC 이외에도 에어로프레소대회, 브루잉대회, 라떼아트대회 등 많은 국내외의 바리스타 경연장이 최근에 증폭된 관심을 대변해 주고 있다.

대한민국에서 전문직업인으로서 바리스타의 미래가 그리 밝다고만 볼 수는 없다. 이유는 이미 양성된 수많은 바리스타와 바리스타에 대한 무분별한 관심의 집중 때문이다.

이러한 무분별한 관심의 집중은 전문성의 하락으로 이어져 오히려 전문성으로 무장한 바리스타들에게는 시장의 크기가 커지는 기회의 장으로 열릴 수도 있는 것이다.

바리스타로서의 직업의 세계는 진입장벽이 낮은 대신 초기엔 고된 업무와 낮은 임금으로 정평이 나 있다. 때문에 경쟁력을 갖추기도 전에 이직의 경우가 흔하고 고도의 전문성을 갖추어 나가는 경우는 흔치 않다. 그러나 스스로 전문지식과 경험적 가치, 그리고 타인과 구별되는 창의력으로 무장해 나간다면 분명 경쟁력 있는 직종이라 할 수 있다.

스스로의 몸값을 높이는 바리스타의 경우를 보면 추출에만 국한하지 않고 원두 자체에도 집중하여 지식과 경험을 넓혀나가고 있다. 심지어는 원두의 단계를 넘어 생두의 선별까지 관여하는 바리스타대회 수상자들도 나오고 있다.

커피에 대한 폭넓은 지식과 관심은 한정된 업무영역으로 비추어지는 바리스타의 성장에 밑거름이 될 것이며, 부단한 자기발전은 커피공화국의 주역으로 우뚝 설 수 있는 유일한 길이 될 것이다.

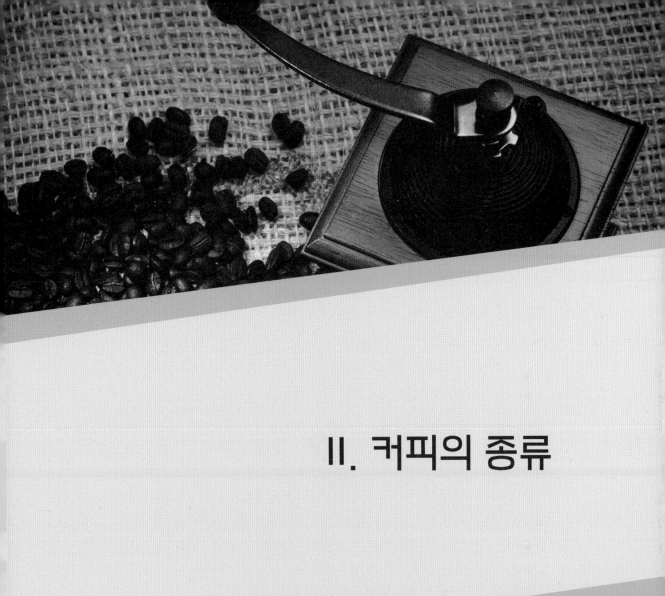

II. 커피의 종류

1. 커피의 종

1) 식물학적 관점의 커피

식물분류로 커피를 보게 되면 코페아속 꼭두서니과에 들어가는 쌍떡잎식물이다. 커피나무는 다음과 같은 린네의 분류체계와 학명을 가진다.

계(界)	Kingdom	식물계(Plantae)
문(門)	Division	피자식물문(Angiospermae)
강(綱)	Class	쌍떡잎식물강(Dicotyledoneae)
목(目)	Order	용담목(Gentianales)
과(科)	Family	꼭두서니과(Rubiaceae)
속(屬)	Genus	코페아속(Coffea)

종(種)	Species	• 아라비카종(Arabica) • 카네포라종(Canephora) • 리베리카종(Liberica)	
품종(品種)	Variety	아라비카 (Arabica)	티피카(Typica), 버본(Bourbon), 마라고지페(Maragogype), 켄트(Kent), 문도노보(Mundo Novo), 파카스(Pacas), 카투아이(Catuai), 카투라(Caturra), 카티모르(Catimor), 파카마라(Pacamara) H.D.T.(Hibrido de Timor), 아라부스타(Arabusta), SL34, SL28
		카네포라 (Canephora)	로부스타(Robusta), 코닐론(Conilon)
		리베리카 (Liberica)	리베리카(Liberica)

최초 식물계에서 시작하여 단일 계보로 피자식물문, 쌍떡잎식물강, 용담목, 꼭두서니과, 코페아속으로 분류되어온다.

특히 꼭두서니과의 식물들은 카페인을 포함하는 알칼로이드를 함유하고 있는 식물이 많은 것이 특징이다. 그중 코페아속만을 우리는 커피라 칭한다.

코페아속에는 다양한 종(Species)이 존재한다. 약 40여 개의 종이 존재하나 모두 학명만을 유지하고 있을 뿐이고 실제적으로는 3대 원종이라고 하는 코페아 아라비카(Coffea Arabica), 코페아 카네포라(Coffea Canephora), 코페아 리베리카(Coffea Liberica)만이 생산되고 있다. 그 외 참고로 Coffea stenophylla, Coffea mauritiana, Coffea racemosa 등이 있으나 커피학에서는 거의 다루어지지 않고 있다.

이 3대 원종 중에서 아라비카와 카네포라는 다양한 품종으로 나누어진다. 오늘날 리베리카종은 생산은 어렵고 품질은 떨어지기에 거의 생산이 이루어지지 않아 아라비카와 카네포라 두 개의 종만이 상업적 커피의 99.9%를 차지하고 있다. 아라비카는 전체 커피생산량의 60% 이상을 차지하며 고품질의 커피로 평가되고 있어 다양한 품종의 개발과 시도가 진행되고 있다. 또한 자연적 교배종과 돌연변이종도 계속 탄생하고 있어 많은 변형품종이 생겨나고 있다. 그중 대표적인 것으로는 티피카(Typica), 버본(Bourbon),

마라고지페(Maragogype), 켄트(Kent), 문도노보(Mundo Novo), 파카스(Pacas), 카투아이(Catuai), 카투라(Caturra), 카티모르(Catimor), 파카마라(Pacamara), H.D.T.(Hibrido de Timor), 아라부스타(Arabusta), SL34, SL28 등이 있다. 카네포라의 가장 대표적인 품종이 로부스타(Robusta)이다. 대부분의 카네포라가 로부스타이기에 카네포라와 로부스타는 같은 말로 쓰이기도 하며 로부스타의 대중성 때문에 오히려 카네포라라는 이름 대신 로부스타라는 이름으로 시장에서는 더 널리 쓰이고 있다. 로부스타는 주로 저가형 커피로 평가되고 있어 변형품종이나 품종 개량이 많이 이루어지고 있지는 않다. 특별히 브라질에서는 코닐론(Conilon)이라는 카네포라종을 주력으로 생산하고 있어 브라질리언 로부스타로 불리기도 한다.

2) 3대 원종

1. 코페아 아라비카(Coffea Arabica)

아라비카종은 최초로 에티오피아의 서남부 고원지대(아비시니아고원)에서 발견되었으며 또한 최초로 경작된 커피이기도 하다. 발견시기는 커피의 역사와 때를 같이한다.

로부스타와 비교하여 향미가 우수하며 다양하고도 복잡한 맛의 체계를 가지고 있어 로부스타보다는 상급의 품질로 시장에서 인식되고 있다. 또한 카페인의 함량은 로부스타의 절반밖에 되지 않는다. 해발 최소 700m 이상에서 3000m에 이르는 고지대에서 자라나며 주로 해발 1500m의 고도에서 많이 생산된다. 로부스타보다 병충해에 더 취약하며 일시적 저온이나 직사광선, 폭우 등에도 쉽게 피해를 입어 재배조건이 까다롭다.

커피나무는 로부스타보다 평균키가 크며 잎새는 더 얇다. 잎새는 얇은 반면 뿌리가 깊게 뻗어내리기 때문에 로부스타와 비교하여 가뭄에 강한 면도 있다. 생두의 모양은 각이 지고 길쭉한 타원형이며 한쪽 면은 편평한 형태이다. 생두 가운데의 센터컷이 S자 형태로 휘었으며 색상은 주로 그린색을 띤다.

대체로 시장의 기호에 맞아 로부스타 대비 아라비카의 생산비중이 늘어나고 있는 추세이다. 2013년 5,409,780톤(전 세계 생산량 9,127,800톤의 59.3%)에서 2017년 현재 5,930,580톤(전 세계 생산량 9,535,800톤의 62.2%)으로 시장경제에 맞추어 움직이고 있다. 맛에 있어서 가장 큰 특징은 산미와 향이 뛰어나다는 것이며, 로부스타보다 바디감은 떨어진다. 다양한 맛에 대한 프로파일링을 구현할 수 있어 많은 농장에서 선호되고 있으며 주된 생산방법은 주로 워시드(Washed)공법에 의존하고 있다.

주요 생산지로는 아프리카의 여러 국가들과 남태평양의 국가들, 그리고 중남미 국가들로 대부분의 커피생산국들이 아라비카 생산을 선호한다.

▲ 아라비카 나무 　　　　　 ▲ 아라비카 열매 　　　　　 ▲ 아라비카 군락

2. 코페아 카네포라(Coffea Canephora)

카네포라종은 로부스타종으로 대변된다.

로부스타종은 아프리카 콩고에서 처음으로 발견되었다. 발견시점도 커피가 인류의 생활 속에 이미 깊숙이 들어와서 많은 대체품을 찾아나서던 19세기경이다.

주로 해발고도가 낮은(1000m 이하) 고온다습한 지대에서 많이 자란다. 게다가 아라비카에 비하여 병충해에 대한 내성이 강해 과거 커피재배에 부적합했던 지역에서도 잘 자라는 특성이 있다. 과거 커피 관련 녹병이 전 세계를 휩쓸고 간 직후에는 한때 아라비카를 대체할 수 있는 커피로 평가받기도 하였으나 맛이 단조롭고 강한 쓴맛이 있어 주로 인스턴트커피의 원재료로 많이 쓰인다. 카페인 함량이 아라비카의 두 배에 이르며, 아라비카보다는 많은 여러 가지 항산화물질이 들어 있다. 대표적인 맛의 특징으로는 신맛이 거의 없으며, 바디감이 뛰어나고, 강배전 시 강한 쓴맛과 추출수율이 좋은 점을 꼽을 수 있다. 향은 다채롭지 않아서 아라비카 대비 현저하게 떨어진다. 한국인이 선호하는 인스턴트커피의 구수한 맛도 로부스타의 기본적인 맛에 기인한다. 커피나무는 주로 아라비카보다 작으며 잎새는 두툼하다. 원두모양은 둥글고 뭉특한 형상을 띠며 주로 생산공정에서 폴리싱(Polishing)을 하기에 윤기가 나기도 한다. 센터컷은 1자로 갈라져 있다.

생산방식은 주로 생산비용을 절감할 수 있는 내추럴(Natural)공법을 사용하고 있다. 가격이 아라비카에 비해 현저히 저렴하여 농장에서는 재배환경이 허락하는 한 좀 더 채산성이 좋은 아라비카를 재배하려 하므로 로부스타의 생산비중이 줄어드는 추세이다. 2013년 3,781,020톤(전 세계 생산량 9,127,800톤의 40.7%)에서 2016년 현재 3,385,140톤(전 세계 생산량 9,097,440톤의 37.2%)을 생산하고 있다.

주요 생산지로 베트남, 인도네시아, 인도, 브라질이 있다. 그중 베트남은 세계 최대의 로부스타 수출국으로 전 세계 로부스타의 40% 이상을 담당한다. 다음으로 브라질(25%)과 인도네시아(15%)가 뒤따르고 있다.

▲ 로부스타 나무　　　　▲ 로부스타 열매　　　　▲ 로부스타 군락

3. 코페아 리베리카(Coffea Liberica)

리베리카종은 이름의 유래처럼 서부 아프리카 리베리아를 원산지로 한다. 커피 향미가 다른 두 종에 비하여 현저히 부족한데다가 과육이 커 실제로 커피생두를 가공하는 데 실효성이 많이 떨어진다. 게다가 높게 자라는 나무의 특성상 수확도 어려우며 생산성도 떨어져 실제로 경작하는 경우는 거의 없고 자연적으로 자생하는 나무들이 가끔 서아프리카와 동남아시아에서 눈에 띄는 정도이다. 비교적 낮은 고도에서도 잘 자라난다.

생두의 모양새는 로부스타와 비슷하나 좀 더 누런 황색을 띠고 끝이 약간 뾰족하게 돋아나와 있다.

| ▲ 리베리카 나무 | ▲ 리베리카 열매 | ▲ 리베리카 군락 |

3) 아라비카 vs 로부스타

	아라비카	로부스타
원산지	아프리카 에티오피아	아프리카 콩고
발견시점	1천 년 전	19세기 후반
재배지역	해발 700~2500m	해발 1000m 이하
적정 고도	해발 1200~1500m	해발 500~700m
적정 강수량	연간 1500~3000mm	연간 2000~3000mm
적정 일조량	연간 2000시간	연간 2000시간
적정기온	연평균 15~25도	연평균 20~30도
병충해	취약	강함
1헥타르(ha)당 생산성 (재배밀도)	5000그루	3000그루
개화 후 체리 성숙기간	짧다(9개월가량)	길다(11개월가량)

잎새 모양	가늘고 길다	평평하고 두툼하다
생두 모양	한쪽 면이 납작한 타원형	둥글고 두툼
뿌리 길이	길다	짧다
카페인 함량	1~1.5%	2~2.5%
염색체 수	44(4n)	22(2n)
생식방법	자가수분	타가수분
맛의 특성	향미, 신맛, 복합적인 맛	쓴맛, 바디감
주요 생산방식	워시드(Washed)	내추럴(Natural)
주요 생산국	브라질, 콜롬비아, 에티오피아, 코스타리카, 과테말라, 케냐 등	베트남, 브리질, 인도네시아, 인도, 우간다 등
생산량(2017)	5,930,580톤	3,605,220톤
용도	원두커피	인스턴트커피
가격대	고가	저가

아라비카와 로부스타는 고품질과 저품질, 그리고 고가와 저가로 대변되고 있지만 반드시 일치하는 것은 아니다.

보편적으로 아라비카는 고가의 가격대를, 로부스타는 저급한 품질의 저가 가격대가 형성되는 것이 맞으나, 대체적으로 저렴한 브라질 대량생산 아라비카보다 개별 농장에서 잘 선별된 로부스타가 더 비싸게 거래되는 경우도 자주 볼 수 있다. 특히 인도나 인도네시아의 농장에서는 카피로얄, 카우베리 등 좋은 로부스타로 경쟁력을 높여가는 지역도 있다. 아라비카와 로부스타의 가장 극명한 차이는 염색체 개수에 있다. 같은 생물이라면 염색체 수와 이 염색체의 유전자 배열이 같아야만 한다. 염색체는 종마다 고유한 모양과 수를 가지고 있기 때문에 아라비카와 로부스타의 종이 분리되는 것은 당연한 이치이다.

같은 코페아속에서 배수체화 현상(식물의 경우 유전체가 배수로 늘어나 고유한 염색체가 배로 증가하는 현상)이 일어나 오랜 세월 이전에 이미 종의 분화가 이루어진 것이다.

19세기 서구 열강들의 식민정책에 힘입어 커피나 차와 같이 피지배국가에서 생산되는 작물의 소득에 강국의 점수를 매기던 시절 아프리카에서 발견된 로부스타는 사실 커피로 명명하기에는 여러 가지 사회적 배경이 작용하였다. 천년의 세월을 아라비카만을 커피로 여겨오다가 군이 염색체 수까지 상이한 다른 종의 식물을 뒤늦게 커피라 함은 당시에 우려되었던 커피녹병이나 사회적 커피수요 등도 무시할 수 없는 원인이라 하겠다.

여하튼 식물학적으로 보면 아라비카는 로부스타보다 더 진보된 생명체임은 분명하다 하겠다.

▲ 아라비카 원두(좌)와 생두(우)   ▲ 로부스타 원두(좌)와 생두(우)

Tip

워시드(Washed) 기법
수세식 또는 습식법이라고도 하며 커피체리를 수확한 후 껍질을 벗겨 과육을 물에 담가 펄핑하는 과정을 거친 후 말린 다음 탈각하는 기법이다. 좋은 아로마와 마일드함을 특징으로 하며 주로 고급커피의 생산법으로 쓰이기 때문에 핸드피킹이 선호된다.
주로 아라비카 생산에 쓰인다.

> **내추럴(Natural) 기법**
>
> 비수세식 또는 건식법이라고도 하며 때로는 선드라이 방식이라고도 한다.
>
> 커피체리를 수확 후 껍질째 그냥 그대로 태양 아래 충분히 말려 수분이 모두 빠져나가면 탈각하는 기법으로 깔끔하거나 향미는 고급스럽지 않더라도 단맛과 바디감이 좋고 마른 과육에서 오는 고유의 향이 배게 된다.
>
> 최근 기호성으로 내추럴 생산을 하기도 하나 아직 저급커피의 생산법으로 주로 쓰여 쉽게 수확할 수 있는 스트리핑이 선호된다.
>
> 일부 아라비카 생산과 로부스타 생산에 주로 쓰인다.

4) 아라비카 품종

아라비카의 다양한 품종들은 다음 세 가지 이유로 탄생된다.

자연 교배, 돌연변이, 인위적 교배

오랜 시간을 거쳐오면서 자연적으로 돌연변종이 나오게 되고 이 돌연변종은 교배를 통해 또 다른 품종을 낳기도 한다.

최근에는 커피나무의 생산성을 높이거나, 품질을 높이고자 하는 노력의 일환으로 여러 가지 인위적인 교배가 시도되고 있다. 특히 생산성을 높이기 위하여 병충해에 강한 품종을 인위적으로 만들어내기도 하고, 다양하게 변모하는 소비자들의 미각을 충족시키기 위해 색다른 맛과 향의 품종을 내놓기도 한다. 그리고 아라비카와 로부스타의 혼종도 존재한다. 동물의 배수체화현상은 생존이 불가하지만 식물의 경우는 상관없으며 짝수로 배수체화(커피의 경우는 2배수)가 나올 때에는 생식과 교배도 가능하다.

이 경우 유전적으로 염색체의 개수는 아라비카 유전자를 따라가게 되어 아라비카와 로부스타의 혼종인 품종도 아라비카로 취급한다. 이렇게 되면 아라비카의 향미에 로부스타처럼 병충해에 강하고 재배에 용이한 품종이 탄생하는 것이다.

1. 티피카(Typica)

영단어 Typical(전통적인)에서 유래된 티피카종은 가장 원종에 가까운 품종이라 할 수 있다. 품질이나 맛도 뛰어나 많은 농장에서 티피카의 재배를 선호하지만 특성상 재배가

까다롭고 환경의 영향을 많이 받는다. 다양하고 풍부한 맛을 가지고 있으나 생산성이 낮다. 환경의 영향을 많이 받기 때문에 수확량에 변동이 크고, 보관 시 온도나 병충해에 약한 단점도 있다.

아라비카의 여러 품종 중 고가의 가격대를 형성하는 품종이다.

키는 3~4m이며 잎새는 얇고 길쭉한 편이고 꽃잎장 역시 얇고 길쭉하다. 나뭇가지는 일자 형태로 곧게 자라며 꽃은 각 마디마다 나란히 핀다. 나무의 모양은 전형적인 아라비카 나무의 형상을 하며 콩의 모양 역시 약간 각(角)진 타원형으로 가장 보편적인 아라비카 콩의 모양을 가졌다. 바디감보다는 신맛과 단맛 그리고 향미를 특성으로 꼽는다.

대표적인 티피카 품종으로는 자메이카 블루마운틴, 하와이안 코나, 동티모르 에르메라, 파푸아뉴기니 마리와카 블루마운틴 등이 있다.

2. 버본(Bourbon)

버본종은 프랑스식 발음인 일명 부르봉으로 불리기도 한다.

티피카종의 돌연변이종으로 티피카보다는 생산성이 좋고 재배에 용이하지만 마찬가지로 다른 품종에 비해 생산량은 떨어진다.

나무 마디의 가지가 짧아 둥글고 단단한 체리가 가지 마디마디에 많이 열리는 편이지만 강한 비바람에 낙과가 많은 것으로 유명하다.

티피카보다는 조금 더 둥글게 생겼고 신맛과 단맛이 좋다. 체리가 붉은색을 띠는 레드 버본과 노란색을 띠는 옐로우 버본이 있다.

대표적으로 브라질의 옐로우 버본이 유명하며 케냐, 탄자니아, 콜롬비아, 엘살바도르, 온두라스, 니카라과, 부룬디 등지에서 재배되고 있다.

3. 마라고지페(Maragogype)

역시 티피카의 돌연변이종으로 생두의 크기가 매우 커서 코끼리콩으로 불리는 것으로 유명하다.

일반콩의 두 배가 넘어가는 크기로 외관상 뚜렷하게 구분된다.

생산성이 낮은데다 티피카보다 향미가 우수하지 않아 그다지 많이 보급되지는 않았다.

4. 카투라(Caturra)

티피카, 버본과 함께 아라비카의 대표적 3대 품종으로 불린다.

카투라 품종은 브라질에서 발견된 버본종의 돌연변이이다. 외관상으로는 버본종과 상당히 유사하다.

재배가 무난하고 버본보다 생산성이 좋아 브라질, 콜롬비아, 과테말라, 코스타리카 등 중남미의 많은 나라에서 재배된다. 이 품종은 생명력이 좋아 다른 대륙으로도 전파가 되었으며 특히 코스타리카는 카투라종의 특성인 밝은 신맛을 잘 구현하는 것으로 정평이 나 있다.

5. 파카스(Pacas)

버본의 돌연변이종으로 버본보다는 약간 상향된 생산성을 가지고 있다.

생두모양도 버본과 유사하나 크기가 약간 더 크다. 반면에 커피나무는 조금 더 작다.

엘살바도르에서 유래되었고 주로 엘살바도르를 비롯한 중미지역에서 재배된다.

중미커피치고는 독특한 산미와 과일향을 특징으로 한다.

6. 파카마라(Pacamara)

파카마라는 이름처럼 파카스와 마라고지페의 인위적인 교배종이다.

마라고지페의 특성대로 생두의 크기가 크고, 파카스의 특징인 산미와 과일향이 잘 살아난다.

역시 엘살바도르에서 유래되었고 주로 엘살바도르를 비롯한 중미지역에서 재배된다.

7. 문도노보(Mundo Novo)

티피카와 버본의 교배종으로 브라질에서 유래하였다.

버본종 중 특히 레드버본(Red Bourbon)과의 교배종인데 브라질은 레드버본의 산지로 유명세가 있다. 문도노보는 인위적 교배종이 아닌 자연교배종으로 브라질에서 주로 자라나고 있다. 티피카와 버본종이 모두 생산성이 좋지 않은지라 문도노보 역시 생산성이 그리 좋지는 않다.

발견 당시에는 버본보다 열매가 더 많이 열리고 맛이 티피카와 유사하여 브라질 커피산업계에서는 큰 희망을 걸었었다. 문도노보(Mundo Novo) 이름의 유래도 포르투갈어로 신세계(New World)라는 뜻이다. 그렇지만 생산성이 기대만큼 좋지는 않고 재배에 많은 손길이 가서 브라질 이외의 지역에서 보기는 좀 어렵다.

8. 카투아이(Catuai)

브라질에서 시작된 카투라와 문도노보의 인공교배종이다.

문도노보의 발견 당시 신세계라 환호했었으나 생산성이 떨어지는 단점을 카투라 품종의 무난한 생산성으로 커버하기 위하여 인위적인 교배를 시도했다. 그 결과 카투라처럼 조금 작기는 하나 카투라의 재배 생산성을 물려받고 맛 또한 뒤처지지 않은 품종이 나오게 되어 브라질을 비롯한 중남미 전역에서 재배되고 있다.

옐로우버본과 레드버본처럼 버본의 피를 물려받은 카투아이도 체리가 노란색인 품종과 붉은색인 품종이 있다.

9. H.D.T.(Hibrido de Timor)

포르투갈의 점령지였던 티모르섬에서 처음 발견된 아라비카와 로부스타의 자연교배종이다. 이름 또한 당시 지배국이었던 포르투갈어로 명명되었다.

H.D.T.종은 나무도 튼튼하며 뿌리도 강하다. 로부스타처럼 환경에 강하며 특히 커피녹병에 강한 내성을 가지고 있다.

발견 당시인 1900년대 초반의 식민지배국인 포르투갈은 커피보다도 백단목(Sandal Wood)에 더 주목하였기에 식민국 커피농장의 개간이나 식재에는 무관심했다. 따라서 현재 티모르섬에서 남아 있는 H.D.T.종을 찾아보기는 어렵고, 오히려 대부분 원종에 가까운 티피카종이 티모르섬에서 자라나고 있다.

현재 타 지역에도 H.D.T.종이 흔하지는 않고, 대신 H.D.T.종의 혼종인 카티모르가 널리 퍼져 그 자리를 대신하고 있다.

H.D.T.종이 티모르섬의 토착개발종이라거나 주력생산품이라는 일부의 자료는 이름에서만 유추한 잘못된 자료들이다.

10. 카티모르(Catimor)

티모르섬의 점령자였던 포르투갈에서 개발한 인위적 교배종으로 H.D.T.종과 Caturra

의 교배종이다. 무엇보다도 조밀하게 식재가 가능하고, 나무의 높이가 낮아 수확이 쉬우며, 커피녹병에 강해 재배가 용이하다는 큰 특징을 가지고 있다.

아시아지역에 널리 퍼져 베트남, 라오스, 인도네시아, 태국 등지에서 까띠모라는 품종으로 불리운다. 새로이 커피농장이 개척되는 지역에서도 카티모르로 비교적 용이하게 아라비카 나무를 재배할 수 있어 환영받으며, 카티모르에서 파생된 새로운 품종도 개발되고 있다. 많은 양의 수확은 가능하지만, 상대적으로 아라비카 중에서 저가의 가격대를 형성하며 약간의 발효취나 텁텁한 맛은 조금 부족한 부분으로 남고 있다.

일부 농장에서는 생산성을 위해서는 카티모르를 식재하고, 고수익성을 위해서는 티피카를 식재하는 경우도 있다.

11. 켄트(Kent)

인도에서 유래된 품종으로 티피카의 돌연변이 품종이다.

질병에 대한 저항성이 상당히 우수하고 생산성이 좋다. 아프리카 커피의 생산성을 높이기 위해 켄트종의 이식이 시도되었으나 그다지 성공하지는 못하였고 지금은 인도와 탄자니아 정도에서만 재배되고 있다.

12. 아라부스타(Arabusta)

22개(2n)인 로부스타의 염색체를 인위적으로 44개(4n)로 변이시킨 후 이를 아라비카와 교배시킨 품종이다. 이는 아라비카와 로부스타의 장점만을 취합하기 위한 시도로 아라비카의 복합적이면서도 고품격의 향미와 로부스타의 재배 용이성을 결합시키려 한 대표적인 시도이다. 커피나무의 외형은 로부스타와 비슷하지만 생두는 아라비카의 특성을 띤다.

실제로 커피녹병에 큰 저항을 갖게 되었고 열매의 밀집도도 높아져 생산성은 눈에 띄게 향상되었다. 그리고 생두에 함유된 카페인의 양도 기존 로부스타에 비해 현저하게 줄었으나 향미에 있어서는 순수 아라비카보다 낮은 평가를 받고 있다.

13. SL28

1930년대 케냐 나이로비의 품종연구소(Scott Lab, SL이라는 품종명도 연구소 이름에서

따옴)에서 인위적으로 변이를 유도한 버본의 변종이다.

생산성이 늘어났고, 가뭄과 질병에 대한 저항성이 높아졌으며, 맛 또한 인위적인 유도를 통하여 좋은 평을 받고 있다.

생두의 크기도 크고 신맛과 단맛이 잘 구현된다.

1980년대에는 지속적인 연구를 통해 케냐에서 SL28과 카티모르의 교배종인 루이루일레븐(Ruiru11)을 내놓기도 하였다.

14. SL34

1930년대 케냐에서 인위적으로 변이를 유도한 버본의 변종으로 SL28과 같이 개발되었다. SL28과 거의 유사하나, SL34는 SL28보다 낮은 고도에서 재배가 가능해졌다.

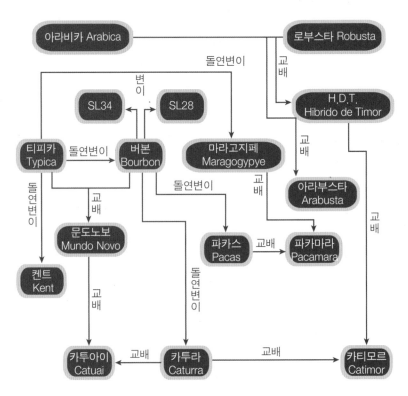

▲아라비카 품종계통도

2. 아시아 커피

1) 인도네시아

인도네시아 커피의 기원은 일찍이 17세기 유럽열강의 식민지 각축전에서 시작된다. 인도네시아 최초의 커피는 자바섬에서 자라났다. 당시 네덜란드는 자카르타에서 영국군을 물리치고 자바섬을 점령하며 자바섬에 최초로 1696년 아프리카에서 아라비카종을 가져다 심으면서 본격적으로 동남아시아 커피재배의 서막을 열었다.

▲ 인도네시아의 커피산지

그러나 불행히도 19세기 전 세계를 휩쓴 커피녹병에 의해 대다수의 아라비카 나무들은 고사하였고, 다시 아프리카 콩고로부터 병충해에 강한 로부스타 커피를 가져다가 재배하기 시작하였다. 그 후로 생산성이 강한 로부스타 나무가 자바섬을 위시한 인도네시아 북부에 널리 퍼졌고 한때는 전체 커피생산량의 90% 이상을 로부스타가 차지하기도 하였다. 그러나 최근 들어 품질 좋은 아라비카의 생산량을 꾸준히 늘려나가는 농장이 늘어나며 현재 로부스타 생산과 아라비카 생산비율은 8 : 2 정도가 되었다.

전 세계 4위, 아시아에서는 2위의 커피생산량이나 아시아 부동의 1위인 베트남이 거의 대부분 로부스타의 생산에 치중하는 것을 감안하면 아시아 최고의 생산국가라 함이 과언이 아니다.

커피나무에 이상적인 무기질의 화산지형과 함께 풍부한 인구는 인도네시아의 커피산업을 지속적인 성장으로 이끌었다. 또한 인구 2억 5천만 명의 대국답게 전체 60만 톤의 생산량 중 40%가량인 27만 톤을 자국 내에서 소비하는 소비대국이기도 하다.

보편적으로 인도네시아의 커피는 낮은 산미와 강한 바디감으로 인해 높은 산미를 보이는 아프리카 커피의 블렌딩 베이스로 많이 쓰인다. 남성적인 무게감과 흙향(Earthy)으로 대변되는 다크(Dark)함 역시 인도네시아커피의 한 특징이다.

특히 수마트라 지방에서 전래된 전통의 커피펄핑 방식인 길링바사(Giling Basah : Wet Hulling)는 생두의 깊은 맛을 더해준다. 현재도 인도네시아 외의 지방에서는 극히 일부지역에서만 시도되고 있는 고급 펄핑방법 중 하나이다. 일반적인 커피펄핑의 경우 펄핑 후에 커피파치먼트를 탈각기로 분쇄하기 쉽도록 12~13%의 함수율까지 태양열 아래 건조한 뒤 탈각하는데, 수마트라는 20~30%까지 건조한 후 탈각기로 분쇄한 뒤 다시 건조대에서 12~13%까지 건조하는 차이점이 있다.

이렇게 되면 프로세싱 기간이 길어지나 푸른 물이 뚝뚝 떨어질 듯한 맑고 깊은 빛깔의 생두가 탄생되어 소비자의 오감을 만족시키는 진일보된 커피콩으로 평가받는다.

그러나 최근에는 높아진 인기와 함께 생산량 증가를 위한 빠른 공정 때문에 길링바사의 장점을 충분히 살리지 못하는 저급한 콩들도 많이 양산되어 인도네시아 생두는 깨끗하지 못하다는 오명의 원인이 되기도 한다.

인도네시아커피의 등급은 G1부터 G6까지 결점두의 개수로 분류하여 등급을 나눈다. 타 국가에 비하여 결점두에 대한 허용치가 높은 편이다.

분류기준	결점두의 허용 개수(300g 기준)
Grade 1	11개 이하
Grade 2	12~25개 이하
Grade 3	26~44개 이하
Grade 4a	45~60개 이하
Grade 4b	61~80개 이하
Grade 5	81~150개 이하
Grade 6	151~225개 이하

수많은 섬으로 이루어져 넓은 영토를 소유한 인도네시아에서는 각 섬마다 그 지역의 풍토에 맞는 다양하고도 특색있는 커피가 자라난다. 인도네시아 전체의 커피생산량은 2019년도 기준 67만톤으로 전년대비 비슷한 수준이나 다양한 프로세싱 기법의 도입이나 고품질 커피생산의 증가로 위상은 계속 높아지고 있다.

1. 수마트라

인도네시아에서 가장 많은 커피가 생산되며 가장 주요한 커피산지이다.

섬 남동쪽 바리산 산맥(Pegunungan Barisan) 아래쪽인 람풍(Lampung) 지역은 거대한 로부스타의 생산지역이다. 수출도 60kg씩 담기는 Bag이 아니라 벌크로 1ton씩 담기는 대형마대로 대량 수출을 하는 지역이다. 이 지역의 로부스타는 콩의 크기가 큰 것으로도 유명하다. 아라비카 농장의 경우 개인소유의 작은 농장이 대부분이다.

아라비카의 종류로는 만델링(Mandheling), 가요(Gayo), 링톤(Lintong)이 유명세가 있다. 그중 만델링은 서구사회에도 잘 알려져 인도네시아를 대표하는 커피로 손꼽히기도 한다. 주로 길링바사공법으로 생산되어 생두가 맑은 청록빛을 띠는 것을 특징으로 하며 대표적으로 바디감이 좋은 콩으로 손꼽힌다.

수확시기	12~3월	
주요 생산지	만델링(Mandheling), 가요마운틴(Gayo Mountain), 링톤(Lintong), 아체(Ache)-따껭온(Takengon)	
주요 재배품종	로부스타, 티피카, 카투라, 버본, 카티모르 등	
주요 펄핑방식	내추럴(Natural), 길링바사(Giling Basah)	
커피의 특징	람풍 로부스타	콩이 크며 로부스타치고는 맛이 산뜻하다.
	만델링	신맛이 적고 남성적인 무거운 바디감으로 인기가 있다.
	가요마운틴	상대적으로 덜 가벼운 바디감과 함께 산미가 살아난다.
	링톤	상대적으로 덜 가벼운 바디감과 함께 향미가 살아난다.

2. 자바

인도네시아에서 최초로 커피가 재배된 지역이다. 수도인 자카르타가 위치한 섬이기에 많은 커피 가공시설이 들어서 있는 곳이기도 하다. 수마트라섬처럼 다채로운 커피를 생산하지는 못하지만 인도네시아 전체 커피생산량의 20% 가까이를 생산하는 주요 지역이다. 주로 정부 소유의 대형농장에서 기획 재배되는 곳이 많으며 유명한 커피로는 모카자바(Mocha Java)나 자바 말라바(Java Malabar)가 있다.

수확시기	1~3월
주요 생산지	• 섬 동쪽 지역(이젠고원(Ijen Plateau) 등) • 섬 서쪽 지역(말라바 마운틴(Malabar Mountain) 등)
주요 재배품종	로부스타, 카투라, 버본, 카티모르 등

주요 펄핑방식	워시드(Washed)
커피의 특징	• 수마트라와 마찬가지로 무거운 바디감과 초콜리티함을 가지고 있다. • 수마트라와는 달리 길링바사 펄핑을 하지 않기 때문에 외관이 구분된다.

3. 발리

섬 남쪽은 해발고도가 낮은 곳에서 관광객을 위한 소규모의 농장들이 성업하고 있으며 섬 북쪽의 킨타마니(Kintamani) 지역에는 대규모의 커피농장들이 자리하고 있다.

특히 킨타마니 지역은 서늘한 고원지대이며 거대한 분화구가 있는 화산토라 커피 생육에는 더할 나위 없이 좋은 지역이기도 하다.

수확시기	3~8월
주요 생산지	킨타마니(Kintamani)
주요 재배품종	카투라, 버본, 카티모르 등
주요 펄핑방식	워시드(Washed)
커피의 특징	• 달콤한 과일향과 함께 스모키함을 가지고 있다. • 인도네시아 북부지역섬과 남부지역섬의 특징을 같이 가지고 있다.

4. 술라웨시

술라웨시의 토라자 커피(Sulawesi Toraja)는 너무 유명하여 국가차원에서 관리하고 있다. 토라자는 술라웨시섬의 중부 산악지대에 위치한 지역명이다.

또한 죽은 자의 시신을 꾸미고 보존하는 기이한 산악장례 풍습을 지닌 그 지역의 민족명이기도 하다.

특히 해발고도가 높은 곳(1500m 이상)의 험준한 산악지대에서 자라니는 토리자거피는 외부와 단절되어 있었던 것이 나름대로 독특한 커피 향미 발현의 이유가 되었으며 초콜리티함과 스모키함은 많은 사랑을 받고 있다. 반면에 흙향과도 같은 독특한 고유의 향미는 대중화를 가로막고 있다.

18세기 네덜란드 식민지시절에는 유럽 왕족과 귀족에게 헌납하는 커피로 귀히 여겨지기도 하였고 지금도 수출품은 엄격하게 관리되고 있다.

수확시기	4~10월
주요 생산지	토라자(Toraja)
주요 재배품종	티피카, 카투라
주요 펄핑방식	길링바사(Giling Basah), 워시드(Washed)
커피의 특징	• 담배향과도 같은 독특한 향미를 가지고 있어 호불호가 갈린다. • 일반적으로 바디감이 좋고 산미와 단맛이 조화롭다.

5. 플로레스

인도네시아 남동쪽 끝자락에 위치한 플로레스는 좋은 향미의 커피로 유명하여 많은 스페셜티 커피농장들이 들어서 있다.

가장 인도네시아스럽지 않은 콩이기도 하며, 남태평양커피들의 특성에 상당히 가깝다. 플로레스 바자와(Flores Bajawa) 등이 유명하다.

수확시기	6~10월
주요 생산지	바자와(Bajawa)
주요 재배품종	티피카, 카투라
주요 펄핑방식	길링바사(Giling Basah), 워시드(Washed)
커피의 특징	• 꽃향과 함께 과일향이 좋다. • 상대적으로 바디감이 떨어지는 면이 있다.

2) 베트남

베트남은 브라질 다음으로 많은 양의 커피를 생산하는 커피대국이다.

그렇지만 전체 커피생산량의 97%가량이 저가의 로부스타로 고급 원두커피보다는 인스턴트커피의 원료나 저가의 블렌딩 베이스용으로 전 세계인에게 사랑받고 있다.

▲ 베트남의 커피산지

약 150년 전 아라비카로 시작된 커피산업은 베트남 전쟁을 겪으면서 프랑스 선교사들에 의해 전폭적으로 로부스타로 바뀌었다. 정부 또한 대규모로 산악지대를 개간하며 로부스타 나무를 재배하도록 지도하여 현재 극히 일부의 지역을 제외하고는 모두 로부스타 재배지역으로 남아 있다. 중부고원의 산악지대도 테라스형으로 개간하여 커피나무를 심도록 하였다.

아라비카가 재배되는 소수지역은 중부고원지대인 달랏(DakLak), 또는 서북국경지대인 디엔비엔(DienBien) 정도이다.

아라비카에 있어서도 대규모 재배로 인한 가격경쟁력을 가지고 세계무대로 나오려는 노력이 있으나 아직껏 베트남커피는 저급이라는 인식 때문에 그다지 성공적이지는 않다.

그렇지만 아라비카도 꾸준히 생산되고 있으며 많은 농장에서 시험적 재배가 시도되고 있다. 베트남 내에서의 커피소비는 거의 로부스타이다. 더운 날씨로 인하여 커피 자체의 향미를 즐긴다기보다는 한 잔의 음료로 생활 속에 녹아들어 얼음과 연유를 듬뿍 넣은 다디단 베트남커피 특유의 문화를 만들어내었다.

베트남커피의 분류기준은 로부스타를 기준하여 커피생두의 크기(Screen Size)와 결점두의 개수로 판단한다. 6단계로 분류되나 수출은 1등급과 2등급만 이루어진다.

스크린 사이즈12(커피생두의 가로폭이 약 5mm)만 되어도 2등급 내에 포함되기 때문에 90% 이상이 1등급과 2등급 내에 포함된다.

등급	생두크기(Screen Size)	결점두수(300g)
Grade 1A	16 이상	30개 이하
Grade 1	14 이상	60개 이하
Grade 2	12 이상	90개 이하

수확시기	11~4월
주요 생산지	• 중부고원지대 (DakLak, GiaLai, KonTum, LamDong, BuonMeThuot) • 남부지대 (DongNai, BaRiaVungTau, BinhPhuoc) • 가장 유명한 지역으로는 달랏(DakLak)과 동나이(DongNai)를 꼽는다.
주요 재배품종	로부스타, 카티모르
주요 펄핑방식	내추럴(Natural)
생산 고도	해발 500~700m
생산량 (2019년)	184만 톤

3) 태국

태국커피산업의 성공은 참으로 드라마틱하다. 태국의 가장 큰 커피비즈니스는 로열프로젝트(Royal Project)이다. 이름에서 알 수 있듯이 태국 왕실에 의해 이끌어지는 프로젝트로, 태국 전역에 있는 커피농가들과 계약을 맺어 좋은 가격에 수매를 해주고 전국에 약 2000개의 로열프로젝트 소유의 커피가공 스테이션을 만들어 커피를 가공 송출하는 시스템이다. 농민들은 특별히 가공스테이션을 만들지 않아도 되고, 왕실에서 나쁘지 않은 가격에 커피를 수매해 가니 좋은 평을 받으며 비즈니스는 제 궤도에 오를 수 있었다.

다음으로는 도이창 커피(Doi-Chaang Coffee)를
들 수 있다. 태국 남부의 한 부호가 태국 북부 치앙라이
의 도이창 지역을 방문해 아카족 족장을 만나면서 시작
된 커피비즈니스로 엄청난 마케팅 스토리가 확대 재생
산되면서 세계적인 베스트셀러 반열에 올려놓았다. 치
앙라이는 태국과 라오스, 미얀마 3국의 국경지대로
소수민족의 거주지로 중앙정부의 통제가 잘 이루어지
지 않아 예로부터 마약의 재배가 성행해 왔다. 이들
아카족과 카렌족을 설득하여 양귀비나 코카인 대신
커피를 재배하게 했고 국경지대의 문제를 해결하면서
중앙정부의 지원을 받을 수 있게 되었더니 커피의 품

▲ 태국의 커피산지

질이 더욱 향상되었다는 이야기는 여러 나라에서 귀감으로 삼기에도 충분했다.

어느 정도 실제를 바탕으로 한 마케팅 스토리인지라 지금도 도이창 커피의 로고는 아
카족 족장의 얼굴을 그대로 쓰고 있다. 이와 함께 도이퉁 커피(Doi-Tung Coffee)도 나
름 유명세를 떨치고 있다. Doi는 태국어로 산이라는 뜻이며 도이퉁이나 도이창은 모두
태국 북부의 산악지대 명칭이다.

태국커피의 발전은 치앙마이대학(Chiangmai University)과 함께해 왔다. 처음 커피
가 태국으로 전파된 시점은 불과 수십 년밖에 되지 않은 1970년대이다. 산업화에 뒤처지
고 소수민족으로서 중앙정부로부터의 혜택을 받지 못하는 태국 북부지방을 지원하기 위
해 UN의 주도하에 커피종자와 함께 기술이 지원되었다.

북부지역 교육과 리서치의 핵심인 치앙마이대학은 이때부터 커피에 관한 리서치센터
를 운영해 왔다. 네덜란드, 오스트리아, 독일에서 자금과 기술을 지원해 와 지금은 태국
커피기술의 메카로 자리매김하였다.

정부의 자국커피산업 보호정책에 의해 해외수입 생두에 대하여는 고율의 관세를 부과
하고, 자국의 커피에 대하여는 자국커피업계 사용을 독려하여 커피가격은 안정세를 보
이고 있다. 그러나 생산성이 떨어져 생산량은 그리 많지 않아 국경을 접하고 있는 라오
스의 커피가 태국으로 들어와 태국커피로 둔갑하는 상황이 공공연히 발생하고 있다.

커피맛은 주로 강배전에 어울리는 무게감 있는 쓴맛이 주류를 이룬다. 로부스타는 태

국 전역에서 잘 자라나며, 아라비카는 북부 산악지대에서 자란다.

펄핑방식도 과거 계속해 오던 로부스타의 내추럴과 아라비카의 워시드에서 탈피하여 여러 펄핑방법이 연구 및 시도되고 있다. 최근 치앙마이의 쿤창킨(Khun Chang Kin)마을 등에서는 허니 프로세싱을 시도하여 좋은 반응을 얻고 있다.

수확시기	11~2월	
주요 생산지	아라비카	치앙마이(Chiangmai), 치앙라이(Chianglai) 메홍손(Mehongson)
	로부스타	참폰(Chumphon), 수랏타니(Surat Thani), 나콘시타마랏(Nakhon Si Thammarat), 팡나(Phang Nga) 등
주요 재배품종	로부스타, 카티모르	
주요 펄핑방식	• 내추럴(Natural) • 고산지대에서는 워시드(Washed)	
생산 고도	해발 700~1500m	
생산량 (2019년)	3만 3천 톤	

4) 라오스

라오스커피의 대부분은 남부에 위치한 볼라벤고원(Bolaven Plateau)에서 생산된다. 프랑스 식민시절인 1900년대 초반에 심어진 커피나무는 현재 라오스에서 5번째로 주요한 수출품목이다.

로부스타도 해발 1000미터 이상의 서늘한 기온에서 자라나며, 타 국가들의 커피재배지인 산악지역은 험준한 데 반하여 볼라벤고원 지역은 대규모의 산악평지라 혜택받은 재배조건을 가지고 있다.

라오스 아라비카 커피는 중간 정도의 바디감에 초콜리티함과 과일향이 좋은 것으로 정평이 나 있다. 그러나 천혜의 재배조건에 반하여 재배기술은 아직 미진한지라 주로 내추럴로 가공되어 품질이 떨어지는 커피가 시장에 많이 나오고 있다.

라오스의 유명한 커피농장은 다오커피(Dao Coffee), 시눅커피(Sinouk Coffee), 쯩웬커피(Trung Nguyen : 라오스에 위치한 베트남 커피농장) 등이 있으나 이들은 좋은 품질로 시장에서 유명하다기보다는 대량생산으로 시장에서 유명세를 가지고 있다.

최근에는 세계적인 농업기업이 투자하는 농장도 생겨나고 있어 대량생산과 함께 품질의 향상도 기대되고 있다.

▲ 라오스의 커피산지

수확시기	11~2월
주요 생산지	볼라벤 고원(Bolaven Plateau) - 팍송(Paksong), 팍세(Pakse)
주요 재배품종	로부스타, 카티모르
주요 펄핑방식	내추럴(Natural), 일부 워시드(Washed)
생산 고도	해발 1000~1300m
생산량 (2019년)	3만 7천 톤

5) 인도

인도는 열대성기후인데다 넓은 국토에 많은 다양한 지역이 존재한다. 그중 커피재배에 유리한 강수량과 배수가 잘 되는 고원지대가 여러 곳에 있어 많은 양의 커피가 생산되고 있다.

주로 남쪽에 있는 3개 주(Karnataka, Kerala, Tamil Nadu)에서 대부분의 인도커피가 생산된다.

▲ 인도의 커피산지

주 명	아라비카	로부스타	Total
Karnataka	75,300톤	167,000톤	242,300톤
Kerala	1,900톤	67,900톤	69,800톤
Tamil Nadu	13,335톤	4,990톤	18,325톤

〈2020년 기준〉

이 3개 주는 열대계절풍 강우인 몬순(Monsoon)의 영향을 받고 있어 커피의 건조에 지대한 영향을 끼친다. 커피가 인도에서 처음 재배되던 16세기에는 유럽으로 수출하기 위해서는 오랜 항해를 거쳐야만 했고 이 기간 중에 소금기를 띤 습한 몬순 계절풍의 영향으로 커피가 숙성되어 누렇게 변하였다. 이렇게 변한 커피의 톡 쏘는 향미와 스파이시한 맛이 유럽인을 매료시켰고 지금은 인위적으로 몬순 계절풍에 긴 시간 노출시켜 말려서 몬순커피를 만들고 있다. 매년 세계 5~6위권의 생산실적을 보이고 있으나 유명한 인도 몬순커피(India Monsoon)를 제외하고는 한국시장에서는 이렇다 할 유명세를 보이고 있지는 않다. 그러나 유럽시장에서는 몬순말라바AA(Monsooned Malabar AA), 마이소르 너깃 엑스트라볼드(Mysore Nuggets Extra Bold), 로부스타인 카피로얄(Kaapi Royal)을 3대 인도커피로 꼽고 있다.

인도의 커피는 약간 스파이시한 향미를 띠고 있으며 이는 유럽인들에게 좋은 반응을 얻고 있다. 따라서 인도의 커피는 주로 유럽으로 수출되고 있으며 거의 대부분 수에즈운하를 통하여 유럽으로 운송된다. 특히 로부스타 중에서 가장 유명한 카피로얄(Kaapi Royal)은 로부스타의 특성과 함께 아라비카에서 나오는 복합적 향미를 같이 가지고 있어 이탈리아 유명커피 브랜드의 베이스로 많이 쓰이고 있다.

인도커피가 커피 관련 서적에 의해 익히 알려진 바로는 켄트(Kent)종이 주력이라고 하나 실제로 인도의 커피농장에서 켄트종을 찾아보기란 쉬운 일이 아니

다. 켄트종은 커피 녹병(Rust)에 약해 농민들은 더 이상 재배를 하고 있지 않다.

대신 품종에 대한 다양한 연구와 시도가 활발하여 CCRI(Central Coffee Research Institute) 등에서 205개 이상의 유전자를 수집하여 인도에 적합한 품종 개발에 힘썼다. 현재 실제 농장에서는 다양한 품종들이 지역성을 고려하여 식생되고 있다.

개량 품종인 찬드라기리(Chandragiri)는 난쟁이(Dwarf) 품종의 하나로, 자라봐야 사람 키에 불과해 식생 관리에 용이하나 15년만 지나도 수확량이 감소하는 단점이 있다. 켄트와 셀렉션795와의 교잡종인 셀렉션6(Selection6)는 중간키에 윗대를 잘라주지 않으면 사람 키 이상 자라 식생 관리에 좀 더 신경을 써야 하지만 40년까지도 수확이 가능하다. 그 밖에도 생두 스크린 사이즈가 큰 카우베리, 셀렉션7, 셀렉션5, 낮은 고도에서 잘 자라는 셀렉션9, 높은 고도에서 잘 자라는 셀렉션3, 등등, 인도는 각각의 농장에 최적화되어 가장 경제성이 높은 품종을 커스터마이징하기에 이르렀다.

또한 인도는 세계에서도 유래가 드문 혼합식재(Inter Crop)를 하는 나라이다. 이 혼합식재는 커피나무 사이로 주로 후추(Pepper)를 식재하는데, 이 후추나무는 덩굴의 형태라 지지목으로는 그래비티 로부스타(Gravettia Robusta)를 식재하는 방법을 쓴다. 이 후추나무는 그늘 재배를 위한 쉐이드트리(Shade Tree) 역할을 하여 커피 품질을 높이는 데에도 기여하지만, 농부들에게는 비즈니스로 추가 수익원이 된다.

아라비카(Washed) 등급	생두크기 (Screen Size)	로부스타(Washed) 등급	생두크기 (Screen Size)
MNEB	19 이상	KAAPI ROYALE	17 이상
Plantation AA	18 이상	Parchment A	17 이상
Plantation A	17 이상	Parchment AB	15 이상
Plantation B	15 이상	Parchment B	13 이상
Plantation C	14 이상	Parchment C	14 이상

아라비카(Natural) 등급	생두크기 (Screen Size)	로부스타 (Washed) 등급	생두크기 (Screen Size)
Cherry AA	18 이상	Cherry AA	18 이상
Cherry A	17 이상	Cherry A	17 이상
Cherry AB	15 이상	Cherry AB	15 이상
Cherry C	14 이상	Cherry C	14 이상
아라비카와 로부스타 모두 하등 등급으로 Blacks, Bits, Bulk가 있음. 몬순커피(Monsooned Malabar)는 별도 등급 : AAA, AA, A, RR			

수확시기	11~2월
주요 생산지	• Karnataka(아라비카, 로부스타) – 최대생산지 • Kerala(로부스타) • Tamil Nadu(아라비카)
주요 재배품종	로부스타, 찬드라기리(Chandragiri), 셀렉션6(Selection6), 셀렉션7, 셀렉션5, 셀렉션9, 셀렉션3, 셀렉션795, 카우베리
주요 펄핑방식	워시드 (Washed)
생산 고도	• 아라비카 – 해발 800~1500m • 로부스타 – 해발 400~1000m
생산량(2019년)	36만 톤
향미의 특징	• 아라비카 – 스파이시함과 초콜리티함을 특성으로 함 • 로부스타 – 다채로운 향미와 다크하면서도 부드러움

6) 예멘

예멘의 커피역사는 세계의 커피역사와 같이하기에 거의 천 년에 이른다. 에티오피아에서 발견된 커피가 처음으로 넘어간 곳이 홍해를 건너 마주보고 있는 예멘이며 그 후 현재까지도 전통적인 가공법에 의지해 커피를 생산하고 있다. 아라비아반도는 전통적으로 물이 귀해 워시드 공법 대신 아직까지 자연건조법인 내추럴(Natural)을 사용하고 있는데 이는 예멘의 커피콩이 균일하지 않은 색을 띠고 모양새도 깔끔하지 못한 원인이 된다.

▲ 예멘의 커피산지

과거 예멘의 모카(Mocha)항을 통해 커피가 유럽을 비롯한 타 지역으로 수출되었던 명성 때문에 예멘은 모카라 불리는 커피가 유명하다. 예멘 모카 마타리(Yemen Mocha Mattari)는 세계 3대 명품커피 중 하나로 꼽힌다. 콩의 크기가 작고 매우 못났으며 색깔도 불규칙하다. 그렇지만 풍부한 과일향이나 묵직한 바디감과 함께 느껴지는 초콜릿과 같은 단맛은 모카 마타리를 세계 3대 커피로 꼽게 만들고 있다.

커피숍에서 불리는 모카커피는 주로 초코시럽을 첨가한 커피를 뜻하는데 초콜릿향이 나는 모카커피에서 유래되었다. 마타리(Mattari)를 최고의 품질로 치고, 그 아래 커피를 샤르키(Sharki), 사나니(Sanani)라 칭하지만 이것이 분류의 등급은 아니며 따로이 등급 분류체계를 가지고 있지는 않다.

수확시기	10~12월
주요 생산지	모카 마타리의 생산지 – 베니 마타르(Bani Mattar)
주요 재배품종	티피카(Typica), 버본(Bourbon)
주요 펄핑방식	내추럴(Natural)
생산 고도	해발 1000~2000m
생산량 (2019년)	6천 톤
향미의 특징	신맛이 적고 초콜리티한 단맛과 풍부한 과일향

7) 중국

　전통적으로 차문화가 강세이던 중국은 최근 들어 서남부의 윈난(Yunnan)성을 중심으로 커피재배가 확산되고 있다. 과거의 차 재배지에서 기존의 차나무를 베어내고 조금 더 나은 수익성을 찾아 커피나무를 심으면서 점차로 재배지가 확대되고 있는 것이다.

　특히 과거 보이차의 재배지였던 푸얼지방과 시솽반나 그리고 바우산을 중심으로 하는 커피재배지에서는 급격한 연구개발과 함께 세계 유수의 커피공장들이 하나 둘 자리를 잡기 시작하면서 새로운 아시아의 신흥 커피재배국으로 떠오르고 있다.

　1900년을 전후해 프랑스 선교사로부터 따리 지방에 전래된 커피나무는 아라비카 버번과 티피카 품종으로 시작되었다. 그러나 커피가 중국 내에서 상업화되기 시작한 1990년대부터는 병충해에 강하고 다수확을 할 수 있는 카티모르를 주로 심기 시작해 현재는 해발 900~1500m 지역에서 주로 아라비카 카티모르품종을 식재하여 재배하며 1월에서 2월까지의 수확기를 갖는다.

　최근 들어 커피재배가 성행하기 시작한 만큼 주로 워시드 공법으로 가공하며, 여러 가지 시험적 프로세싱도 시도되고 있으며 대량생산으로 전 세계 커피관련 대기업의 블랜딩 베이스로도 좋은 반응을 얻고 있다.

　반면에 중국 농산물의 안좋은 인식과 함께 다른 커피재배지보다 상대적으로 높은 인건비는 중국 커피 발전의 걸림돌로 자리잡고 있다. 그렇지만 최근 활성화된 중국의 자본집약산업화의 영향으로 재배지역의 계속적인 확대(현재 120,000km²)와 여타 개발도상국가들에 비해 앞선 공업화로 인한 대량생산장비의 구비 등으로 계속적인 생산확대는 자명해 보인다.

　또한 생산국임에도 12억 인구로 인해 언제든 거대 소비국으로 탈바꿈할 수 있어 국제사회는 중국커피시장을 주목하고 있다.

수확시기	12~2월
주요 생산지	운남성 린창, 바오산, 시솽반나, 푸얼

주요 재배품종	카티모르(Catimor)
주요 펄핑방식	워시드(Washed)
생산 고도	해발 900~1500m
생산량 (2019년)	14만 톤(추정치)
향미의 특징	개성있는 향미보다는 쓴맛이 덜하고, 적절한 바디감으로 인해 블랜딩 용으로 적합

8) 캄보디아

주로 동부의 베트남과 접한 몬돌끼리(Mondol Kiri) 지역에서 그리 많지 않은 수량이 생산되고 있다. 품종도 거의 대부분 로부스타이거나 아라비카 카티모르종으로 저급한 내추럴로 생산되고 있어 그다지 수요가 많지는 않다. 11월에서 2월까지 수확기를 갖는다.

9) 미얀마

북부의 미얀마 제2의 도시인 만달레이에서 동쪽으로 67km 떨어진 삔우린(Pyin Oo Lwin) 지방에서 생산되고 있다. 과거 군사정부시절 커피경작이 가능한 넓은 토지가 대부분 압수 조치되어 많은 농부들이 경작할 땅을 잃었고 민간정부가 출범한 2011년부터 개인농장들이 경작을 시작하였으나 아직 이렇다 할 품질의 커피를 내놓고 있지는 않다.

그리 많지 않은 양이 생산되며 캄보디아와 마찬가지로 대부분 로부스타이거나 아라비카 카티모르종이다. 주로 내추럴로 생산되고 있으나 워시드로 가공된 아라비카의 경우는 라오스커피와 비슷한 성향을 보이며 괜찮은 반응을 얻고 있다. 11월에서 2월까지 수확기를 갖는다.

3. 태평양 지역의 커피

1) 동티모르

 남태평양의 작은 섬나라 동티모르는 400년 전 포르투갈 점령시절 그들이 약탈해 간 백단목을 베어낸 자리를 대신해 재배하기 시작한 것이 유래가 되어 오래된 커피역사를 가지고 있다.

에르메라　아일레우
아이나로
라테포호

TIMOR-LESTE

▲ 동티모르의 커피산지

 오래된 역사와 뛰어난 품종에도 불구하고 포르투갈의 식민지배가 끝나자마자 찾아온 인도네시아 식민지배의 영향으로 인지도는 낮았었다. 그러나 생산량의 많은 부분이 오래전부터 스타벅스를 위시한 글로벌 커피기업으로 송출되어 왔고 1999년 독립 이후에는 점차로 세계시장에 알려지게 되어 최근에는 글로벌 다국적기업의 투자도 잇따르고 있다.

 남태평양 열도상의 화산토에 뚜렷한 건기(6~11월)와 우기(12~5월), 그리고 산간지방의 풍부한 강수량(커피 주산지 에르메라의 강수량 3,000mm)과 바람으로 인하여 천혜의 커피생장조건이 갖추어져 있다.

야생상태에서 프렌들리 쉐이드(Friendly Shade)가 형성되어 인위적인 그늘막이 아닌 산 비탈길의 커피나무 사이에서 자생한 키 큰 수종의 나무들이 천연의 그늘막을 형성해 주고 있다. 프렌들리 쉐이드는 아래에서 자라는 키 작은 커피나무를 강한 햇살과 비바람 등으로부터 보호해 주며 이로운 미생물의 번식도 도와 각 수종 간에 이로움을 주며 수분조절의 효과와 함께 그 사이로 바람길도 열어 자연친화적 생태환경이 조성되고 있는 것이다.

내전과 학살의 아픔을 딛고 20세기 최후의 독립국으로 국제시장에 나선 후 세계 각국의 NGO들이 앞다투어 들어가, 동티모르는 공정무역과 천연야생커피로 유명하다.

세계 최빈국의 섬나라로 커피농장을 위한 물자가 절대적으로 부족하고, 독립 이후 아직 토지소유의 정비가 없어 사유재산으로서 농장을 경작하는 경우가 드물다. 그래서 포르투갈시절 심어진 커피나무가 동티모르 전역에서 자생되어 천연야생커피를 만들어내고 있다. 또한 2012년 UN의 단계적 철수 이후에도 아직 국제기구의 감시와 보호 아래 놓여 있는 관계로 농산물의 경우에 적정가격으로 시장유통이 가능하여 인증 없이 공정한 거래단계를 거친 것으로 추정된다. 야생상태의 채집과 대형농장이 아닌 소규모 마을 집단의 커뮤니티별 펄핑과정을 거치다 보니 균일성이 떨어지고 결점두도 좀 있는 편이다.

주요 품종은 전통적 고급 아라비카인 티피카(Typica)이다. 포르투갈 식민지시절 최초로 로부스타와 하이브리드종인 H.D.T.(Hibrido de Timor)종이 티모르섬에서 처음 발견된 것에 기인하여 티모르섬의 커피가 혼종인 티모르(Timor)품종으로 알려지기도 하였는데 이는 사실과 다르다.

가공방식은 식민지시절 유럽 귀부인들의 기호에 맞추어 워시드(Washed)로만 생산되던 전통으로 인하여 지금도 거의 대부분의 커피를 워시드로만 생산하고 있다. 그러나 물이 넉넉하지 않은 섬나라의 특성상 풀리워시드(Fully Washed)보다는 세미워시드(Semi Washed)로 생산하고 있다.

최근에는 계속된 해외 커피전문가들의 기술이전으로 길링바사(Giling Basah) 등도 생산되고 있다. 커피맛의 특징은 남태평양 열대 고도의 바람과 햇살의 맛을 그대로 담은 독특하고도 밝은 산미와 절제된 바디감이 어우러진 타협되지 않는 깔끔하면서도 부드러운 맛으로 표현된다. 또한 치우침 없는 균형감과 함께 뒤에 치고 올라오는 강한 단맛을 그 특징으로 한다.

유명한 커피로는 동티모르 에르메라(Timor-Leste Ermera) 등이 있다. 자국의 미비한 커피 관련 인프라로 인하여 아직 등급평가 시스템은 없다. 천연야생커피인 동티모르 커피는 항상 공급이 수요를 따라가지 못하고 있다. 최근 수년간의 강수기간 연장으로 인해 연간 생산량이 1만 톤에 채 못미치고 있다. 생산활동이 거의 전무하다시피 한 동티모르는 석유자원을 제외하고는 수출품목의 99%를 이 커피가 차지하고 있다. 우리나라에서도 커피 관련 대기업의 스페셜티로도 쓰이고 있다.

수확시기	6~9월
주요 생산지	• 동티모르 최대의 생산지 – 에르메라(Ermera) • 고급 품질의 생산지 – 아일레우(Aileu), 아이나로(Ainaro), 모비시(Maubisse) • 일본 NGO의 커피생산지역 – 라테포호(Latefoho) • 미국 NGO의 커피생산지역 – 마나뚜뚜(Manatutu) • 저급품질 또는 로부스타 생산지역 – 리퀴사(Liquica)
주요 재배품종	티피카(Typica)
주요 펄핑방식	워시드(Washed)~세미워시드(Semi Washed)가 많음
생산 고도	• 로부스타 : 해발 500~1000m • 아라비카 : 해발 1000~1800m
생산량 (2019년)	5,500톤
향미의 특징	단맛, 균형감, 부드러움으로 대변됨

2) 하와이

하와이 커피는 하와이안 코나(Hawaiian Kona)로 대변될 정도로 하와이안 코나는 유명세가 있으며 세계 3대 커피 중 하나로 꼽힌다. 미국의 50번째 주인 하와이는 8개의 큰 섬으로 이루어져 있다. 그중 가장 큰 섬인 빅아일랜드라 불리는 하와이섬(Hawaii Island)의 아스피테형 활화산인 마우나로아산과 마우나케아산의 서쪽 지역 경사지인 코나(Kona) 지역에서 재배되는 커피를 코나커피라 일컫는다. 하와이섬은 인구밀도가 희박하며, 대부분의 하와이 주민은

▲ 하와이 제도의 커피산지

호놀룰루(Honolulu), 와이키키(Waikiki) 등으로 잘 알려진 오아후(Oahu)섬에 살고 있다. 하와이는 산이 많고, 또 북동무역풍을 받기 때문에 바람받이인 북동쪽 사면과는 달리 바람의 그늘이 되는 남서쪽 사면은 강수량이 사바나 기후를 이루어 식물들이 잘 자란다. 특히 산이 험준해 해발고도가 높은 하와이섬의 남서사면에는 넓은 건조지역이 펼쳐져 마치 미국 본토와도 같이 대규모 초지가 펼쳐진다. 대부분의 자료에는 해발 4000미터의 고지에서 재배하는 것으로 알려져 있으나, 실제로는 산 아래쪽 경사초지에서 대부분 재배되어 재배고도가 타 생산지보다 오히려 낮다. 동티모르섬이 커피나무 사이로 천연의 쉐이드트리(Shade Tree)가 자라나 자연친화적 그늘막이 형성된다고 하면, 하와이는 무역풍이 몰고 오는 산악지대의 구름으로 인해 천연의 그늘막이 형성된다. 이곳에 미국은 200년 전부터 커피나무를 재배해 왔으며 미국의 경제력과 함께 인건비의 상승 등으로 상당히 고가의 커피가 생산되어 온 것이다. 하와이(Hawaii)섬 코나(Kona) 지역 이외에도 마우이(Maui)섬, 몰로카이(Molokai)섬, 카우아이(Kauai)섬 등지에서도 커피가 재배되며, 이들 지역커피가 코나커피의 명성에 힘입어 코나커피로 둔갑하기도 한다. 선진국답게 커피의 등급시스템도 잘 갖추어져 있어 스크린 사이즈(Screen Size)와 결점두의 수와 맛 등을 종합적으로 평가하여 등급을 매긴다.

등급	생두 크기(Screen Size)	결점두 개수 (1파운드(약 0.45kg당))
Extra Fancy	19 이상	10개 이하
Fancy	18 이상	16개 이하

Kona No.1	16 이상	20개 이하
Select Coffee	크기 상관 없음	5% 이하
Prime	크기 상관 없음	25% 이하

특징으로는 동티모르커피와 같은 티피카종으로 고급커피의 특징인 균형감이 상당히 뛰어나다. 동티모르커피보다는 좀더 산미가 강한 차이가 있다.

수확시기	9~2월
주요 생산지	• 가장 유명한 하와이안 코나 생산지 - 하와이(Hawaii)섬 코나(Kona) 지역 • 마우이(Maui)섬, 몰로카이(Molokai)섬, 카우아이(Kauai)섬
주요 재배품종	티피카(Typica)
주요 펄핑방식	워시드(Washed)
생산 고도	해발 600~1000m
생산량 (2019년)	2,320톤 그 중 코나(Kona) 인증커피는 900톤
향미의 특징	뛰어난 균형감과 고급스러운 산미

3) 파푸아뉴기니

태평양 일대에서 가장 큰 커피재배국인 파푸아뉴기니에서 커피는 팜유(Oil Palm) 다음으로 주요한 생산품목이다. 남태평양에 있는 세계에서 두 번째로 큰 섬인 파푸아뉴기니의 왼쪽 절반은 인도네시아령이며 오른쪽 절반만이 파푸아뉴기니독립국(Independent State of Papua New Guinea)이다. 섬의 왼쪽에서 생산된 커피는 인도네시아커피로 송출되나 그리 양이 많지는 않다. 파푸아뉴기니 커피라 함은 주로 이 섬의 오른쪽에서 재배되어 송출된 커피로

▲ 파푸아뉴기니의 커피산지

PNG라는 이름으로 세계시장에서 유통된다. 생산량의 거의 대부분은 아라비카종이다. 100년 전 지배국이었던 영국이 자메이카 블루마운틴 종자를 가져와 커피재배를 시작했으며 한때는 대량재배로 인하여 커피품질이 상당히 떨어지기도 하였으나, 최근 다시 품질향상에 노력을 기울여 좋은 품질의 자메이카 블루마운틴과 같은 티피카(Typica) 품종이 생산되는 지역으로 각광받고 있다. PNG고로카(Goroka), PNG시그리(Sigri), PNG아로나(Arona), PNG마라와카(Marawaka) 등이 유명하다. 파푸아뉴기니에서는 커피가 생산되는 고원지대를 하이랜드(Highland)라고 명명한다. 90% 이상의 커피가 이 하이랜드라고 불리는 고원지대에서 생산된다. 서부하이랜드(Western Highlands), 동부하이랜드(Eastern Highlands), 심부(Simbu), 모로베(Morobe), 이스트세픽(East Sepik) 이 5개의 하이랜드 중에서도 대부분 서부하이랜드와 동부하이랜드에서 생산이 이루어진다.

이 중 파푸아뉴기니 커피 문화의 중심이라 할 수 있는 곳은 동부하이랜드의 고로카(Goroka) 지역으로 매년 5월마다 파푸아뉴기니 유일이자 최대 규모의 커피축제를 여는 것으로 유명하다. 섬 전체가 넓어 집적도가 떨어지는데다 도로 사정이 열악하여 농약이나 비료의 사용이 어려워, 파푸아뉴기니 커피도 유기농커피 또는 천연야생커피로 이름이 나 있다.

분류기준은 품질로 결정한다.(등급 체계의 잦은 변경 있으며 최종 2020년 9월 변경)

등급	결점두 허용치(1kg당)
A	10개
B	30개
Y	70개
Y2	150개
Y3	30%

수확시기	4~8월
주요 생산지	• 서부하이랜드(Western Highlands) (45%) – 하겐(Mountain Hagen), 시그리(Sigri)

주요 생산지	• 동부하이랜드(Eastern Highlands) (37%) – 고로카(Goroka), 아로나(Arona), 심부(Simbu) (6%), 모로베(Morobe) (5%), 이스트세픽(East Sepik) (5%)
주요 재배품종	티피카(Typica), 카투라(Caturra), 문도노보(Mundo Novo), 아루샤(Arusha)
주요 펄핑방식	워시드(Washed)
생산 고도	해발 1200~2200m
생산량 (2019년)	45,000톤
향미의 특징	강렬한 산미보다는 좋은 단맛과 균형감을 앞세운다. 부드러운 산미와 절제된 바디감, 그래뉼한 단맛과 함께 동양적 고소함을 가지고 있다.

4) 바누아투

남태평양 오세아니아주에 속해 여러 개의 섬으로 이루어져 있고 인구밀도가 제곱킬로미터당 20명에 불과해 커피 재배에 적합하지는 않다. 그렇지만 13개의 주 중에서 타나(Tanna)주의 경우는 커피가 중요 생산품목으로 자리 잡고 있다. 생산량은 연간 수백 톤에 불과하고 그마저도 모두 호주와 뉴질랜드로 송출되어 버린다.

전통적으로 호주 자본과 기술에 의해 생산해 왔으나 최근 들어 뉴질랜드가 합류하였다. 그러나 기술의 이전보다는 1차산업 격인 재배와 기초 가공만 타나섬에서 이루어지고 모두 호주와 뉴질랜드 기업에 의해 기술과 판매가 핸들링되어 원주민들이 커피산업을 발전시킬 기회는 거의 없는 것이 문제로 대두되고 있다.

▲ 바누아투의 커피산지

수확시기	7~8월
주요 생산지	타나(Tanna)

주요 재배품종	티피카(Typica), 카투라(Caturra)
주요 펄핑방식	워시드(Washed)
생산 고도	해발 700~1200m
생산량 (2019년)	500톤 미만
향미의 특징	섬 고유의 특색을 가지고 있으며 산미와 단맛, 바디감 등이 적절히 조화롭다.

5) 호주

18세기 영국에 의해 브라질 커피재배로부터 시작된 호주 커피산업은 처음에는 신대륙에 눈을 돌리는 서구 열강에 의해 커피재배의 대안지로 떠올랐으나 이내 고산기후에 적합한 커피재배와 어울리지 않는 국토와, 동시에 인건비의 부담으로 그리 활성화되지는 못하였다. 자연여건상 해발고도가 낮은 곳에서 재배가 이루어지나, 온화한 기후조건과 선진국다운 발달된 농경기술로 이를 극복하고 있다.

수확시기	6~9월
주요 생산지	뉴사우스웨일스(New South Wales)주 동부, 퀸즐랜드(Queensland)주 동부
주요 재배품종	티피카(Typica), 카투라(Caturra), 버본(Bourbon), 문도노보(Mundo Novo)
주요 펄핑방식	워시드(Washed)
생산 고도	해발 100~800m
생산량 (2019년)	1000톤 미만
향미의 특징	산미와 함께 초콜리티함이 좋으나 파프리카계의 풋향 등도 내재되어 있다.

4. 중남미 커피

1) 브라질

브라질은 넓은 국토와 훼손되지 않은 환경, 그리고 저렴한 인건비와 공업화의 발달로 인한 기계화 이 4가지 요소로 인하여 부동의 커피생산 1위국을 지키고 있다. 전 세계 커피생산의 거의 40%를 브라질 단일국이 맡고 있다. 브라질에 가뭄이 들거나 홍수해가 났다는 국제뉴스는 공급의 부족을 우려해 그해의 전 세계 커피값을 들썩이게도 한다.

BRAZIL

미나스
제라이스
상파울루   에스피리토
산토

▲ 브라질의 커피산지

2017년 통계에 의하면 2,339,630ha(헥타르)에 이르는 방대한 경작지에서 커피경작이 이루어지나 이미 산업화에 성공한 브라질의 전체 수출액에는 5%에도 채 못 미치는 규모이다. 브라질 커피산업의 양적 확대는 이러한 국가적 산업화의 성공이 기인한 바가 크다.

아프리카의 커피생산국들에게는 커피수출이 전체 국가 수입의 대다수를 차지하는 것과는 대조적이다. 또한 동시에 커피소비대국으로 미국에 이어 연평균 120만 톤의 커피를 소비하며 부동의 세계 2위를 지키고 있다.

18세기 초에 처음으로 들여온 커피나무는 19세기에 들어서 본격적으로 생산에 들어갔다. 초기의 커피재배는 노예들에 의해 경작되어 큰 양적인 성장을 가져왔다. 그 후로는 1900년대를 전후하여 브라질의 대대적인 캠페인인 소위 Cafe com leite(Coffee with Milk)에 의해 상파울루와 미나스 제라이스(Minas Gerais)주에 대대적으로 커피산업의 양적인 성장을 가져왔다.

현재도 미나스 제라이스주는 100만 헥타르가 넘는 경작지로 브라질 커피의 절반을 생산하는 최대산지이다. 커피생산은 주로 브라질 동남부지역의 6개주에 집중되어 있다.

재배나 수확에 있어서 대규모의 경작지를 활용하고 주로 산간 고지대가 아닌 대규모 농원을 잘 가꾸어 기계수확을 하는 것으로도 유명하다.

20세기 초반에는 전 세계 커피공급의 3/4까지 맡았었으나 1950년대 이후로는 점차로 세계시장에서 그 비중이 감소하고 있다.

브라질커피의 양적인 증대는 커피품질에 있어서 중성화를 가져오는 결과를 초래했다. 특별한 향미를 갖춘 독특한 커피가 아니라 거칠고 진해 주로 블렌딩의 베이스로 쓰이는 중성적 커피로 많이 알려져 있다.

상대적으로 낮은 해발고도에서 커피를 재배하다 보니 산미가 현저히 떨어진다.

혀에서 느껴지는 거친 격자감과 브라질의 독특한 펄핑방식인 펄프드 내추럴(Pulped Natural : 워시드와 내추럴의 중간형태로 대량생산에 적합)로 인한 저급한 향미는 고급커피와는 거리가 있다.

로부스타 대신 재배하는 코닐론(Conilon)품종은 카네포라의 한 종류로 로부스타와 같이 취급받지만 로부스타보다는 조금 마일드한 면이 있다.

최근 들어서는 커피업계를 주도하는 미국 SCAA(Specialty Coffee Association of America 미국스페셜티커피협회)의 영향을 받아 품질향상을 위한 여러 가지 작업이 시행되고 있다.

일부의 농장에서는 농장이름을 내걸고 품질 좋은 커피를 생산하여 BSCA(Brazil Specialty Coffee Association 브라질스페셜티커피협회)를 통해 스페셜티급을 인증받기도 하고, COE(Cup of Excellence)대회를 개최하여 커피 퀄리티를 겨루고 상위 입상

농장들의 커피를 고가의 옥션을 통해 거래하며 동기의식을 고취하기도 한다.

대표적인 커피로는 브라질 산토스(Brazil Santos)와 브라질 세하도(Brazil Cerrado)가 있다. 브라질 산토스는 특정 산지나 품질을 이르는 게 아니고 커피가 수출되는 브라질의 유명 항구에서 비롯된 것으로 보통 이곳저곳에서 모여 산토스항을 통하여 수출되는 커피를 브라질 산토스로 명명한다.

브라질 세하도(또는 세라도로 발음)는 상파울루 남부에 위치한 브라질의 커피산지이름이다.

커피품질의 분류기준은 5등급(2~6등급)으로 결점두의 점수에 의하여 구분한다.

등급	결점두 점수(300g당)
No.2	4점 이하
No.3	12점 이하
No.4	26점 이하
No.5	46점 이하
No.6	86점 이하

이 방법은 브라질-뉴욕 분류법이라 불린다.

300g당 생두에 포함되어 있는 결점두를 그 결점두가 가진 결점의 종류에 따라 점수를 매기고 이렇게 매겨진 점수를 합산해 결점계수(Defects)를 산출해 등급을 정한다.

예를 들어 돌(Stone) 등은 1개가 5점으로 비중이 크며, 벌레 먹은 콩은 5개가 1점으로 비중이 작은 식으로 환산된 점수를 Defects라 한다. 이 점수로 등급을 매기게 된다. 또한 수확 이후의 품질관리에 따라 상위의 파인컵(Fine Cup)과 그 아래인 굿 컵(Good Cup)으로도 나눈다.

수확시기	5~9월
주요 생산지	• 최대의 생산지 – Minas Gerais(122만 hectares) • 로부스타 주요 생산지 – Espírito Santo(43만 hectares) • 모지아나(Mojiana) – San Paulo(22만 hectares) • Bahia(17만 hectares) • 로부스타 주요 생산지 – Rondônia(10만 hectares) • Paraná(5만 hectares)
주요 재배품종	• 로부스타 – 코닐론(Conilon) • 아라비카 – 레드버본(Red Bourbon), 옐로우버본(Yellow Bourbon), 카투라(Caturra), 카투아이(Catuai), 문도노보(Mundo Novo)
주요 펄핑방식	펄프드 내추럴(Pulped Natural)
생산 고도	200~1200m
생산량 (2019년)	384만 톤
향미의 특징	• 보편적으로 맛이 거칠고 진하며 잡향이 많이 스며 있다. • 긍정적인 면으로 견과류의 고소함과 초콜릿류의 단맛도 있다.

2) 콜롬비아

콜롬비아 커피는 워시드(Washed)커피를 일컫는 마일드(Mild)커피의 대명사이다. 국제 커피기구에서도 브라질리언 내추럴(Brazilian Natural)과 구분하여 콜롬비안 마일드(Colombian Mild)로 칭하고 별도의 통계수치를 구할 정도로 콜롬비아는 마일드한 워시드커피의 대명사이다. 거의 대부분의 농장에서 아라비카만을 재배하며 로부스타 재배시에는 여러 가지 제도적 제약이 따른다. 코스타리카처럼 엄하지는 않지만 여러 가지 불이익을 주어 로부스타 재배를 제한하고 있다.

18세기 말에 프랑스 선교사들에 의해 콜롬비아에 전래된 커피는 19세기 초에 본격적으로 재배가 시작되었다.

주로 중서부 산악지대에서 재배되며 마니살레스(Manizales), 아르메니아(Armenia), 메델린(Medellin)의 세 군데 산지에서 전체 콜롬비아 커피의 2/3가 생산된다. 안데스

(Andes) 산맥줄기가 연결되는 이곳은 해발고도 1400m
이상에 비옥한 화산토를 가지고 있고 일조량이나 강수량
이 적절하여 좋은 재배조건을 가지고 있다.

이곳 콜롬비아 서쪽의 안데스(Andes)산맥에 있는 18개
의 도시 지역을 포함한 6곳의 농경지는 콜롬비아 커피 문
화 경관(Coffee Cultural Landscape of Colombia)으로
유네스코 세계유산에 지정된 바도 있다. 커피재배 지역의
상징성과 독창성, 그리고 생산적이면서 지속가능한 문화
경관의 한 사례로 꼽는다.

▲ 브라질의 커피산지

콜롬비아국가 면적 전체가 커피벨트에 들어가 일 년에
두 번 수확기를 맞는다. 주 수확시기는 9월부터 1월로 이때 전체 생산량의 절반 이상이
수확되고 4월에서 6월 사이에는 부가적인 수확기를 갖는다.

콜롬비아 커피를 떠올릴 때 항상 먼저 떠오르는 당나귀와 함께 모자와 망토를 걸친 콧
수염의 사내가 있다. 항상 콜롬비아 커피의 전면에 인쇄되는 이 커피농부는 후안 발데즈
(Juan Valdez)라는 가공의 인물이다. 1958년부터 콜롬비아국립커피농부연합(National
Federation of Coffee Growers of Colombia)에서 광고용으로 사용하는 트레이드 마크
이며 가장 성공한 커피마케팅으로도 손꼽는다.

생산은 전적으로 워시드(Washed)로만 한다. 때문에 콜롬비안 마일드라는 단어가 생
겨났으며, 콩의 모양도 대표적으로 깨끗하고 날렵한 모양을 취한다. 적당한 산미와 함께
전체적으로 밝고 화사한 맛이 좋다. 이와 함께 바디감도 떨어지지 않고 가격권도 대중적
이라 블렌딩의 베이스로도 많이 선호된다. 콜롬비아
커피의 수출등급은 수프리모와 엑셀소로 나뉜다. 수
프리모와 엑셀소 사이에도 등급이 존재하며 엑셀소
아래에도 여러 등급이 있지만 수출이 불가하다.

대중에게 널리 알려진 유명한 콜롬비아 수프리모
(Colombia Supremo)는 바로 이 생두크기 17스크린
사이즈 이상의 콜롬비아 커피를 뜻한다.

등급	생두크기(Screen Size)
수프리모(Supremo)	17 이상
엑셀소(Excelso)	14 이상
U.G.Q(Usual Good Quality), Caracoli	–

실제로 수프리모와 엑셀소의 차이는 생두의 크기 이외에는 별 차이가 나지 않는다. 오히려 크게 자라지 못해 밀도가 높고 잘 여문 엑셀소의 경우 수프리모보다 커핑점수가 높게 나오기도 한다.

수확시기	• 9~1월(50% 이상) • 4~6월(50% 미만)
주요 생산지	마니살레스(Manizales), 아르메니아(Armenia), 메델린(Medellin), 우일라(Huila)
주요 재배품종	버본(Bourbon), 카투라(Caturra), 티피카(Typica)
주요 펄핑방식	워시드(Washed)
생산 고도	1000~2000m
생산량 (2019년)	84만 6천 톤
향미의 특징	향긋한 산미와 함께 중바디 이상의 무게감, 화사한 산미와 함께 부드러운 과일향 등으로 마일드한 커피향의 표준을 보여줌

3) 코스타리카

코스타리카의 커피에 대한 자부심은 실로 대단하다.

오직 워시드(Washed) 펄핑만을 사용하여 커피를 생산하며, 아예 로부스타종의 경작은 법으로 금지시켜 놓았다. 정부는 커피나무의 재배를 권장하고 국립커피연구소

(ICAFE : Institute del Cafe de Costa Rica)나 스페셜티커피협회 등이 설립되어 엄격하고도 철저한 품질관리와 함께 커피생산성과 커피기술의 발전에 힘을 쏟고 있다. 심지어 커피마을의 학교방학은 수확기를 이용하고 수확기에는 늘 일자리가 넘쳐난다.

▲ 코스타리카의 커피산지

전 세계 커피 생산국 중 단위면적당 커피생산량이 가장 많은 나라도 코스타리카이고 이곳에서는 최근 유행처럼 번져나가는 허니 프로세싱(Honey Processing)도 시작되었다.

특히 이 자부심은 따라주(Tarrazu) 지역에 이르러 그 절정을 이룬다.

수도인 산호세(San Jose) 남쪽의 고산 커피농장 밀집지역으로 이곳에서 생산된 콩은 크기는 작아도 산미가 강하고 아로마가 뛰어나며 과일향과 어우러진 초콜리티함으로 좋은 평을 받는다.

따라주 커피는 가장 이상적인 커피로 평가받기도 하고, 따라주 게이샤(Tarrazu Geisha)의 경우는 가장 비싼 값에 글로벌 커피기업에 팔려가기도 한다.

따라주 커피는 코스타리카 커피를 대표하고 전 세계적으로 커피 생육기술과 펄핑기술을 선도해 나간다.

코스타리카의 커피나무는 수명이 길어 30년까지도 수확이 가능하며 특히 쉐이드 트리로 과실수가 많다. 이 과실수로 태양볕을 피하는 것은 물론 과실을 찾아 모여드는 동물들의 산성 배변으로 인하여 커피나무가 서 있는 화산성의 토양은 더욱 비옥해지고 커피나무의 생장에 가장 좋은 약산성의 토양이 만들어진다.

이 토양은 코스타리카의 산악 고산기후와 어우러져 코스타리카 커피 특유의 과일향과 강한 산미를 만들어낸다.

등급		생산 고도
SHB	Strictly Hard Bean	1,200~1,650m
GHB	Good Hard Bean	1,100~1,250m
HB	Hard Bean	800~1,100m
MHB	Medium Hard Bean	500~1,200m
HGA	High Grown Atlantic	900~1,200m
MGA	Medium Grown Atlantic	600~900m
LGA	Low Grown Atlantic	200~600m
P	Pacific	400~1,000m

SHB(Strictly Hard Bean)가 가장 좋은 등급의 콩이긴 하지만 전체 생산량의 거의 절반에 이르는 것이 SHB이다. 그 외 HB가 20% 이상으로 대부분의 커피콩이 SHB거나 HB이다. HGA, MGA, LGA, P는 각각 동부해안(Atlantic)과 서부해안(Pacific)연안의 지역에서 자라나는 커피만을 위한 인위적 등급이다.

수확시기	• 1년 내내 수확시즌이 있음 • 동부 고지대 : 10~1월 • 동부 저지대 : 6~10월 • 서부 고지대 : 11~4월 • 서부 저지대 : 9~12월		
주요 생산지	생산지명	평균 생산 고도	수확시기
	West Valley	1500m	11~4월
	Tarrazu	1500m	12~4월

	Tres Ríos, Cartago	1500m	12~4월
	Orosí	1000m	9~1월
주요 생산지	Brunca	1000m	9~1월
	Turrialba	800m	7~12월
주요 재배품종	카투라(Caturra), 카투아이(Catuai), 티피카(Typica), 게이샤(Geisha)		
주요 펄핑방식	워시드(Washed)		
생산 고도	600~1800m		
생산량(2019년)	9만 톤		
향미의 특징	고급스러우면서도 인상적인 산미가 특징적이다. 중바디 이상의 바디감에 깔끔한 단맛은 신맛과 어울려 좋은 밸런스를 유지해 준다.		

4) 과테말라

과테말라의 커피는 18세기 중엽에 선교사들에 의해 소개되어 19세기 중반에는 산업으로 자리매김하게 되었다. 처음의 커피재배에는 대부분의 농민들이 커피경작에 대한 지식이 없는 데다 주로 부채에 의존하여 영세적으로 운영되어 더디기만 하였다. 그러다 외국자본의 투자가 시작되면서 커피산업은

GUATEMELA

▲ 과테말라의 커피산지

본격 궤도에 오르기 시작하여 19세기 후반에는 지금과도 같은 20만 톤 이상의 생산량으로 늘어났다.

그중에서도 대표적인 커피는 안티구아(Antigua)이다. 이 지역은 해발 1500m 이상의 화산토 지형이라 커피재배에 최적의 여건을 갖추고 있으며 인구의 집적도 좋은데다 우기와 건기 또한 분명하여 과테말라를 대표하는 커피로 자리매김할 수 있었다.

가볍게 톡 쏘는 환한 산미와 세련된 초콜릿향 그리고 스모키함과 입안 가득 차는 바디감은 이 지역 커피를 세계적으로 유명하게 만들었다.

다음으로 유명한 커피는 우에우에테낭고(Huehuetenango)이다. 우에우에테낭고는 조합이 잘 결성되어 있는 지역이며, 다른 과테말라 지역이 화산질의 토양임에 반해 이곳은 석회암질의 토양으로 되어 있다.

따라서 안티구아보다는 덜 스모키하지만 이 지역만의 특성인 마일드한 산미와 좋은 꽃향이 특징이다.

2017년도에는 우에우에테낭고 지역에서 30,500톤을 생산하여 전체 과테말라 생산량의 불과 15%를 차지하였지만, 이 중 90%의 생산량이 최고등급인 SHB등급을 획득하였다.

과테말라는 대표적으로 화산토의 지형이다. 이러한 인산(Phosphorics)과 질소, 미네랄이 풍부한 화산토의 지형에서 자라나는 커피는 스모키함을 특징으로 하는데, 과테말라가 이를 가장 잘 표현해 주고 있다.

커피에 대한 큰 관심은 1960년 국립커피협회인 아나카페(Anacafe : National Coffee Association 또는 Asociación Nacional del Café)가 설립되어 커피산업을 관리하고 있다. 지역별 커피 명칭을 브랜드화하기 위하여 정기적으로 품질검사를 받도록 하고, 수출허가도 협회를 통하여 받도록 하였다.

커피의 품질등급은 코스타리카처럼 해발고도에 따라 나누어지며 의미는 콩이 단단한 정도에 따라 구분하고 있다.

해발고도가 높은 곳에서 자란 커피콩은 낮과 밤의 기온차가 커 콩이 단단하게 여물기 때문에 거의 같은 의미라고도 할 수 있다.

등급		생산 고도
SHB	Strictly Hard Bean	해발 1,400m 이상
HB	Hard Bean	해발 1,200~1,400m

SH	Semi Hard Bean	해발 1,000~1,200m
EPW	Extra Prime Washed	해발 900~1,000m
PW	Prime Washed	해발 750~900m
EGW	Extra Good Washed	해발 600~750m
GW	Good Washed	해발 600m 이하

가장 뛰어난 품질의 콩이 SHB이기는 하나 이는 재배지역의 해발고도에 의하여 정해지는 것이고, 아나까페(Anacafe)에서 상품의 질이 생산지 지역명의 명성에 미치지 못한다고 판단할 시에는 그냥 SHB 타이틀만을 붙이고 출시하도록 하기 때문에 SHB가 반드시 품질을 보증하지는 못한다.

안티구아, 아카테낭고 등의 산지가 있는 센트럴(Central) 지역은 농장 규모가 크기 때문에 특별한 품질의 커피를 농장이름을 내세워 수출을 하고, 우에우에테낭고 지역은 험준한 지역의 소농 조합으로 이루어져 있으므로 별도의 수출상호를 쓰기도 한다.

수확시기	8월에서 이듬해 4월
주요 생산지	안티구아(Antigua), 우에우에테낭고(Huehuetenango) 아티틀란(Atitlan), 코반(Coban), 산마르코스(San Marcos)
주요 재배품종	버본(Bourbon), 카투라(Caturra), 마라고지페(Maragogype), 티피카(Typica)
주요 펄핑방식	워시드(Washed)
생산 고도	1300~2000m
생산량(2019년)	22만 5천 톤
향미의 특징	전체적으로 강한 바디와 초콜릿향, 그리고 스모키함으로 특징짓는다. 아울러 세련되고도 강도 있는 산미가 균형을 이루어준다.

5) 페루

태평양에 연한 페루는 19세기 후반에 커피가 전해져 주로 자국소비용으로 재배되다가, 1970년대에 본격적인 설비가 충족되면서 대량으로 커피가 재배되기 시작했다.

페루커피는 매년 국내 수입량이 다섯 손가락 안에 꼽히는 큰 물량이나 그다지 대중에게 알려져 있지는 않다. 이유는 페루의 아라비카 커피는 대부분 국내의 저렴한 인스턴트나 대량생산용으로 들어가기 때문이다.

서부의 태평양을 바라보는 고지대에서 주로 재배되는데 해발 2000미터에 이르는 고지대에서 생산되는 아라

▲ 페루의 커피산지

비카도 있지만 500m의 저지대에서 대량으로 생산되는 아라비카도 있다. 고지대에서 생산되는 아라비카는 북미나 유럽으로 많이 넘어가고 저지대의 아라비카가 아시아권으로 넘어온다.

페루커피는 고급커피에 스파이시한 향미의 특성이 있다. 이것이 서구권에서는 고급으로 인식되고, 동양권에서는 그리 환영받지 못하기에 우리나라에는 오히려 좀 더 마일드한 저급의 커피들이 넘어오고 있는 것이다.

생산의 특징은 작은 농가들이 조합을 이루어 생산과 판매를 해나가는 것이다. 많은 조합들이 커피농가들의 권익을 대변하고 있으며, CENFROCAFE, CECOVASA 등이 대표적이다. 페루의 커피가 인스턴트용으로 많이 쓰이다 보니 이미지 쇄신을 위하여 페루의 무역국에서 최근 들어 큰 노력을 경주하고 있으며 나름대로 북미 쪽에서는 성과를 거두고 있다.

매년 11월에는 스페셜티 커피(Specialty Coffee) 콘테스트를 수도인 리마(Lima)에서 일주일에 걸쳐서 열고 각국의 바이어를 초청하는 행사를 하고 있다. 그 외에도 각 커피산지에서 스페셜티 커피 콘테스트를 하며 저렴한 커피의 이미지를 탈피하고자 하고 있다.

가장 유명한 페루 커피로는 페루 중부에 위치한 찬차마요(Chanchamayo)에서 자라는 찬차마요커피가 있다. 그러나 유명세와는 달리 고급커피는 찬차마요 지역이 아니라 페

루의 각 소규모 농장에서 자신들의 이름을 걸고 생산하는 상품들이다.

등급분류는 결점두의 개수로 하는데 페루의 등급제는 그다지 활성화되어 있지는 않다.

등급	결점두 개수(300g당)
Grade 1	15
Grade 2	23

수확시기	6~11월
주요 생산지	Chanchamayo, Amazonas, San Martin, San Ignacio, Piura, Puno
주요 재배품종	• 70% – 티피카(Typica) • 30% – 카투라(Caturra), 카티모르(Catimor), 버본(Bourbon), 파체(Pache)
주요 펄핑방식	워시드(Washed), 내추럴(Natural)
생산 고도	1200~1800m
생산량(2019년)	23만 4천 톤
향미의 특징	바디가 좋으며 풍부한 향을 가지고 있다. 시트러스(Citrus)향과 함께 스파이시(Spicy)한 향도 함께 느낄 수 있다.

6) 멕시코

대표적 멕시코커피에는 알투라(Altura)가 있으며, 이는 고지대에서 생산된 커피란 뜻으로 붙는 이름이다.

치아파스(Chiapas)주가 주된 생산지이며 2019년 기준으로 28만 톤의 커피를 생산하였다.

생산량에 비하여 특색이 떨어져 국제사회에서 관심이 적은 편이며, 대중적인 가격에 중성적이고 마일드한 특성으로 베이스로 많이 쓰이나 신맛이 조금 도드라져 선호도는 상대적으로 떨어지는 편이다.

등급은 재배지의 고도를 기준으로 SHG(Strictly High Grown), HG(High Grown), PW(Prime Washed), GW(Good Washed)로 나뉜다.

7) 엘살바도르

엘살바도르는 비옥한 화산지형으로 좋은 커피재배조건을 갖추면서도 오랜 내전으로 발전의 기회를 갖지 못하였다. 외부와의 단절로 인해 처음 유입된 버본(Bourbon)종과 그의 변이종인 파카스(Pacas)나 파카마라(Pacamara) 등이 대부분이며 현재는 대규모 수출보다도 소형농장의 고품질커피 생산에 주력하고 있다.

국가기간 산업화되면서 대부분 워시드(Washed)로 생산하여 깔끔한 아라비카종이 대다수이다.

전체적으로 균형감이 좋고 열대과일향과 과테말라커피와도 같은 초콜리티함을 느낄 수 있다.

2019년 3만 9천 톤을 생산하였다.

등급은 재배지의 고도를 기준으로 SHG(Strictly High Grown), HG(High Grown), CS(Central Standard)로 나뉜다.

8) 파나마

2019년 기준하여 불과 6900톤의 커피를 생산한 파나마를 국제사회는 주목하고 있다.

파나마 에스메랄다 게이샤(Panama Esmeralda Geisha)의 생두가 거의 대부분의 바리스타 대회를 휩쓸다시피 하면서 게이샤품종에 대한 관심과 함께 파나마가 주목의 대상이 되었다.

원래 게이샤품종은 에티오피아를 원산지로 하며, 코스타리카로 건너가 정착한 후 뒤늦게 파나마로 이식된 품종이다. 파나마의 에스메랄다(Esmeralda)농장에서 상업화에 성공하면서 전 세계에서 가장 비싼 커피 중 하나로 등장하게 되었다.

밝은 꽃향과 감귤류를 비롯한 과일의 산미 그리고 벌꿀의 단맛이 느껴지는 복합적인 향미, 그리고 균형감이 에스메랄다 게이샤를 최고의 커피 반열에 올려놓았다.

그 외에도 보케테(Boquete) 지역의 커피 등이 유명하다.

9) 자메이카

카리브해에 위치한 자메이카에서 생산되는 블루마운틴(Jamaica Blue Mountain)은 하와이안 코나(Hawaiian Kona), 예멘 모카 마타리(Yemen Mocha Mattari)와 함께 세계 3대 커피로 꼽힌다.

하와이안 코나, 동티모르 에르메라 등과 같이 전형적인 티피카(Typica)품종으로 균형감이 대단히 뛰어나다.

카리브해에서 가장 높은 산인 블루마운틴은 해발고도가 높고 토양이 비옥하며 고산지의 짙은 안개 때문에 열매가 천천히 익어 그 밀도가 높아 우수한 품질의 커피가 열린다. 이 열매를 잘 선별하여 수확해서 워시드(Washed)로 정성들여 생산한다.

섬의 동쪽에 위치한 블루마운틴에서 자라난 커피 중 자메이카 커피산업위원회인 JCIB(Jamaica Coffee Industry Board)에서 엄격한 품질관리와 심사를 통해 인증된 커피만을 블루마운틴이라 칭하고 일반적인 커피마대가 아닌 나무통(Oak)에 담아 유통시킨다.

일본의 투자에 의해 생산설비가 정비되었으며, 주로 일본으로 수출되고 불과 20~30%의 물량만이 기타 나라로 송출된다.

일본의 입도선매(立稻先賣)와 함께 수출량이 극히 적어 상당한 고가에 거래가 이루어지고 있다.

5. 아프리카 커피

1) 에티오피아

커피의 원산지인 에티오피아는 종주국답게 아프리카에서 최대 생산량을 가지며 다양한 지역에서 여러 가지 가공방법을 통해 많은 종류의 커피가 생산되고 있다.

해발고도 1500m에서 높은 곳은 3000m에 이르는 고지대에서까지 커피가 생산되며 2000~2500mm의 연강수량, 15~25도의 연평균기온은 아라비카 커피재배의 교과서적 면

▲ 에티오피아의 커피산지

모를 보인다. 실제로 에티오피아에서 커피로 인한 수입은 국가경제의 절반 이상을 차지한다. 또한 에티오피아 국민들 역시 오랫동안 커피를 음용해 왔기에 전체 생산량 중 절반가량을 자국 내에서 소비하는 것으로도 유명하다.

커피를 마실 때 특별한 의식을 갖는 에티오피아는 커피 세레모니인 분나 마프라트

(Buna는 에티오피아어로 커피를 뜻함)라는 것이 있다. 커피콩을 볶고, 분쇄하고, 제베나에 물을 끓여 추출하는 것이 한자리에서 이루어지면서 마치 의식을 거행하는 것과도 같다. 커피에는 생강, 정향, 카르다몸 등의 향신료와 소금이 들어간다. 이들의 커피사랑은 유별나서 전 세계에서 거의 유일하게 커피를 마시는 행동문화양식을 여지껏 견지하고 있다. 여타 산지의 커피와는 달리 세련되면서도 가벼운 향미로 신맛과 향을 중시하는 커피애호가들을 대상으로 많은 마니아층을 만들고 있다.

다양한 가공방법들이 선보이면서 워시드나 내추럴 가공 이외에도 단맛을 극대화시키는 허니 프로세싱(Honey Processing), 이중습식법(Double Washed) 등도 시도되면서 여러 가지 커피들을 시장에 내놓고 있다.

대표적인 커피로는 전통적으로 워시드(Washed)를 가공법으로 쓰던 예가체프(Yirgachefe), 시다모(Sidamo) 이외에도, 내추럴(Natural)의 안 좋은 퍼멘티드의 향을 과일향으로 승화시키고 품질을 높여 상품화에 성공시킨 커피들도 있다.

코체르(Kochere), 첼바(Chelba), 리무(Limmu), 첼베사(Chelbesa), 이디도(Idido), 콩가(Konga), 툼치차(Tumthicha), 아라모(Aramo), 아리차(Aricha), 모모라(Momora) 등은 자신들의 농장명이나 지역명을 걸고 성공적인 마케팅을 통하여 내추럴가공에 새로운 이정표를 제시하고 있는 커피들이다.

코케(Koke) 등은 허니 프로세싱으로도 유명하다.

전통적으로 에티오피아는 결점두의 숫자를 기준으로 8개의 등급으로 나누며 대외송출은 주로 G1부터 G4까지 이루어진다.

등급	결점두 개수(300g당)
G1	3개 이하
G2	4~12개

G3	13~25개
G4	26~45개
G5	46~100개
G6	101~153개
G7	154~340개
G8	340개 이상

　많은 자료에 의해 G1과 G2는 워시드(Washed)가공, G3, G4는 내추럴(Natural)가공품으로 알려져 있으나 이는 워시드의 경우 결점두가 적어 주로 G1, G2로 구분되고, 내추럴의 경우는 결점두가 많아 G3, G4로 구분되는 것이 와전된 것으로 실제 가공방식과는 아무런 관련이 없다. 최근에는 가공공법의 발달과 시설자본의 투자로 내추럴 가공 중에도 G1, G2가 등장하고 있으며 이는 상대적으로 더 비싼 가격에 시장에 유통된다.

수확시기	7월~이듬해 3월 (다양한 방식으로 생산되며 수확기도 다양함)
주요 생산지	하라(Harra) 리무(Limu) 구찌(Guji) 시다모(Sidamo) - 예가체프(Yirgachefe) 카파(Kaffa) - 짐마(Djimmah)
주요 재배품종	아라비카 에티오피아종(Arabica Ethiopia Genika), 여러 에티오피아 토착종
주요 펄핑방식	워시드(Washed), 내추럴(Natural), 허니(Honey) 등 다양한 프로세싱
생산 고도	1500~3000m(주로 1500~2000m)
생산량(2019년)	46만 2천 톤

향미의 특징	시다모 (Sidamo)	레몬과 과일향이 특징이며 밝은 산미를 가지고 있다.
	예가체프 (Yirgachefe)	꽃향과 함께 산뜻한 산미 그리고 가벼운 바디를 가지고 있다.
	하라 (Harra)	과일향과 함께 와인과도 같은 향미가 좋은 평을 받는다. 내추럴로 생산되어 고유의 발효향과 단맛도 가지고 있으며, 고산재배로 인하여 사과산(Malic)이 많이 생성되어 좋은 신맛이 난다.

2) 르완다

르완다는 예로부터 천 개의 언덕을 품은 나라로 불리는 고원국으로서 험준한 산악지대로 명성이 있다. 그 예로 후치족과 투치족의 종족말살을 목적으로 하는 대학살이 오랜 기간 지속되어 왔고 게릴라들이 험준한 산악지형을 토대로 오랜 기간 은신해 오면서 정쟁의 불안

▲ 르완다

이 가속되어 왔다. 바다에 접하지 않은 나라이므로 르완다 내륙에서 생산해 우간다를 거쳐 보통 케냐에서 해상 송출한다.

또한 지배구조의 불분명과 종족 간의 대립으로 인해 커피를 가공할 스테이션이 들어설 수 없어 주로 저급한 내추럴(Natural)공법으로 진행되어 왔다. 워싱스테이션 (Washing Station) 자체가 없었기에 과거 2000년대 이전까지는 킬로당 0.5불밖에 안되는 가격에 국제시세가 형성되어 있어, 오랜 기간 르완다 커피는 저급한 내추럴 커피로 인식되어 왔다. 그러나 2000년에 미국 USAD에서 인종대학살 상처를 극복하기 위한 일환으로 르완다 국내 총생산의 50%를 차지하는 커피산업에 대한 지원을 결정하면서 르완다 커피는 드라마틱하게 변모하기 시작했다.

PEARL(Parternership to Enhance Agriculture in Rwanda Linkages) 프로젝트

라는 이름으로 르완다 국내 석학들로 하여금 커피를 연구시키고 USAD의 자금을 동원하여 워시드(Washed)가공을 할 수 있는 워싱스테이션을 곳곳에 세워놓았다. 풀리워시드 가공을 할 수 있게 되면서 품질은 급격하게 상승되기 시작했다. 2008년에는 아프리카 최초로 COE가입국이 되었다.

좋은 커피를 찾아나서는 이른바 커피업계 제3의 물결을 타고 르완다 커피는 급속도로 지위가 상승하며 커피헌터들로부터 인기를 끌기 시작했다.

르완다는 기본적으로 펄프로젝트(PEARL Project)에 의해 우수품질 커피생산이 시작되었기에 기본적으로 농장들의 수가 많고 소규모이다. 농장(농가)의 수가 40만이라는 설도 있으며 통계치는 없으나 대략 25000개 이상의 작은 농장들(Smallholder Coffee Farmer)이 있는 것으로 추정된다. 통계적으로는 농부 1인이 보통 200그루가량의 커피나무를 돌보기에 품질집약적 농산이 이루어지고 있다.

수많은 농장과 농가가 있다 보니 공통된 지역에서 수매하고, 같은 워싱스테이션을 사용하고 같은 등급을 받고 같이 출하하는 조합형태가 발달되어 있다. 따라서 커피의 이름은 다른 국가와는 달리 지역명이 아닌 주로 펄핑스테이션의 명칭을 따르고 있다.

그 대표적인 것이 르완다 인조브(Rwanda Inzovu)이다. 이 경우도 르완다 인조브 커피라 하면 르완다커피의 특성상 각기 다른 많은 농장으로부터 온 것으로 Vilages, Gasange, Gitesi, Izere, Karama, Kigembe, Kirezi, Mahembe, Mayogi, Mukindo, Mutovu, Mwasa, Nasho 등이 있다. 그중에는 Gitesi 등과 같이 COE 커피로 명성이 드높은 농장도 있다. 맛에 있어서는 기본적으로 아프리카커피의 특성상 향이 좋고, 그

향이 에티오피아처럼 튀지 않고 깨끗하며 부드럽고 마일드한 향미를 가지고 있다. 산미 역시 도드라지지 않는 편이며 아프리카계열 중 가장 순하면서 바디감과 단맛이 잘 살아난다. 최근 학계에 보고된 르완다 커피의 커핑노트 중 유기아로마(Enzymetic Aroma) 중 하나인 감자향(Potato)에 관하여는 학자들마다 그 의견이 분분하다.

갑자기 각광을 받으며 토양의 기력이 소진해서라는 설과, 르완다에만 자라는 커피나무의 기생벌레 때문

이라는 설도 있으나 메톡시피라진(Methoxy Pyrazine) 역시 르완다 커피맛의 일부로 받아들여지고 있다.

르완다 커피에 대하여는 따로이 등급을 매기는 기준은 존재하지 않는다. 다만 국립농산물수출국인 NAEB(National Agriculture Export Development Board)에서 스페셜티그레이드(Specialty Grade) 등 품질에 대한 인증을 서류와 함께 해주고는 있다.

수확시기	5~7월
주요 생산지	전국에 걸쳐 약 2~3만 개의 소규모 커피농장이 산재
주요 재배품종	레드버본(Red Bourbon), 티피카(Typica)
주요 펄핑방식	워시드(Washed)
생산 고도	해발 1300~2000m
생산량(2019년)	2만 1천 톤
향미의 특징	밀크초콜릿, 밀키함, 그래뉼(곡물의 맛), 허니 등의 커핑노트로 특색을 갖는다.

3) 케냐

케냐의 커피는 주로 킬리만자로산에서 뻗어져 나온 고산지역과 케냐산(Kenya Mountain) 그리고 엘곤산(Elgon Mountain) 인근 지역에서 생산된다.

최소 해발 1500m 이상에서 재배되다 보니 주야간의 기온차로 인하여 산미가 좋으며 특히 토양의 특성상 인산(Phosphorics)이 많이 함유되어 있어서 강렬하고도 톡 쏘는 듯한 무거운 산미가 주요 특징으로 남는다. 기타 아프리카 커피가 향미에 치중되며 주로 바

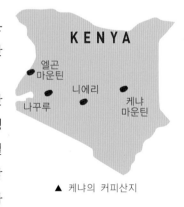

▲ 케냐의 커피산지

디감과 균형감이 떨어지는 데 반하여 케냐 커피는 긴 바디감과 함께 밸런스도 좋아 고급

커피로 평가받고 있다.

또한 일찍이 국가적 차원에서 품종연구소나 CBK(Coffee Board of Kenya 케냐커피이사회), KCTA(Kenya Coffee Traders Association 케냐커피수출입협회) 등을 설립해 종자개량이나 기술교육, 수매 및 가공의 효율성 등을 연구하며 품질관리에 노력하고 있다. 같은 아프리카국가이지만 뒤늦은 19세기 후반에 에티오피아로부터 커피를 전해받은 케냐는 아프리카를 대표하는 커피로 손색이 없게끔 정부차원의 노력을 기울이고 있다. 70% 이상의 케냐 커피가 소형 농장에서 재배되지만, 경매시스템을 잘 갖추고 있고 생산과정에서 협업시스템이 잘 이루어져 있어 국제사회에서 신뢰를 받고 있다. 때문에 시장가격이 하방경직성을 띠고 일정수준 이상을 늘 유지하고 있다. 수도인 나이로비를 비롯하여 많은 경매장이 있으며, 나이로비의 경우에는 자격을 지닌 딜러들이 커피의 품질을 먼저 평가하여 이 결과를 기초로 하여 경매에 임하여 커피가격에 공정성을 기하고 있다. 재배품종이 개량종이며 기후조건이 일 년에 2번의 우기를 갖다 보니 수확기도 2번 찾아온다.

주 수확은 10월에서 12월 사이에 하고 부 수확은 6월에서 8월 사이에 하는 독특한 구조를 갖는다.

에티오피아와는 달리 생산되는 커피 중 일부만이 내수용으로 사용되고 대부분 수출용으로 사용된다. 대표적인 커피로 케냐AA가 손꼽히는데 이는 생두 크기로 분류한 것 중 가장 큰 등급의 커피 이름이다.

등급	생두 크기(Screen Size)
AA	17~18
AB	15~16
C	14~15
기타(T, TT, UG 등)	–

수출은 거의 AA등급과 AB등급에서 이루어지고 가끔 C등급이 수출되며 그 이하의 등급에서 수출물량을 찾아보기는 힘들다. 위 등급과는 별도로 이스테이트케냐(Estate Kenya)라는 등급명칭을 두어 이 명칭을 획득한 커피는 일반적인 케냐 커피보다 수배의 비싼 가격에 거래된다. 그리고 피베리(Peaberry Bean : 커피열매 하나에 보통 생두가 2개지만 변이에 의해 생두가 하나만 들어 있는 커피콩)에 대하여도 PB로 따로 구분하고 있다. 때문에 전 세계 피베리 중에서는 케냐의 피베리가 가장 유명하다. 위와 같이 생두의 크기로 나누는 등급과 함께 기본적인 품질을 함께 명기하고 있다. 상급품질의 경우는 보통 농장의 이름을 명기하여 품질에 대한 자신감을 나타낸다.

그리고 경매에 의해 여러 농장이 합쳐진 경우에는 FAQ(Fairly Average Quality)를 기준으로 하여 FAQ+, FAQ, FAQ-로 품질등급을 표기하기도 한다.

수확시기	• 10~12월(50% 이상) • 6~8월(50% 미만)
주요 생산지	• 케냐 마운틴(Kenya Mountain) 주변 • 니에리(Nyeri), 나꾸루(Nakuru) • 엘곤산(Elgon Mountain) 인근 지역
주요 재배품종	SL34, SL28, 루이루일레븐(Ruiru11)
주요 펄핑방식	워시드(Washed)
생산 고도	해발 1500~2200m
생산량(2019년)	5만 1천 톤
향미의 특징	강한 바디와 독특한 산미로 남성적 커피로 평가받는다.

4) 탄자니아

케냐의 남쪽으로 킬리만자로산을 두고 국경을 접하고 있는 나라이며 케냐와 비슷한 생산량에 비슷한 커피시스템을 가지고 있다. 주로 킬리만자로 산자락인 북부지방에서 아라비카 커피를 재배한다.

그러나 케냐의 생두가 좀 더 여무지며 동그란 데 반해 탄자니아의 생두는 조금 넓적하며 밀도가 살짝 떨어진다. 그리고 케냐처럼 국가적 차원의 품종개발이나 지원이 덜하여 아직 전

▲ 탄자니아의 커피산지

통종을 재배하며 케냐 커피보다는 시장성이 조금 떨어지는 편이라 할 수 있다. 역시 탄자니아 제1의 수출품목으로 16세기경 에티오피아로부터 전래되었다. 전통부족인 하야족(Haya Tribe)은 과거 커피콩을 화폐로 사용했던 기록도 남아 있으며 커피를 삶아 여러 가지 다른 식물의 향을 첨가해 음용한 기록도 있어 탄자니아 커피에 대한 다채로운 역사를 잘 설명해 준다. 탄자니아 커피는 아프리카 커피의 특성을 가지고 있으면서도 호불호를 가르는 특색 없이 전체적인 마우스필(Mouth Feel)이 무난하여 대체적으로 큰 저항 없이 세계 전역에서 쓰이고 있다. 케냐보다 바디감은 상대적으로 떨어지지만 밸런스도 좋고 깔끔하여 나름 좋은 평을 받는다. 생두를 나누는 등급은 크기를 기준으로 한다.

등급	생두 크기(Screen Size)
AA	18 이상
A	17 이상
B	16 이상
C	15 이상
기타(E, F, AF, TT, UG 등)	-

케냐와 마찬가지로 수출은 거의 AA등급과 A등급, B등급에서 이루어지고 가끔 C등급이 수출되며 그 이하의 등급에서 수출물량을 찾아보기는 힘들다.

그리고 피베리에 대하여도 PB로 따로 구분하고 있다.

상급품질의 경우는 보통 농장의 이름을 명기하여 품질에 대한 자신감을 나타내고 경매에 의해 여러 농장이 합쳐진 경우에는 FAQ(Fairly Average Quality)를 기준으로 하여 FAQ+, FAQ, FAQ-로 품질등급을 표기하는 것은 케냐와 유사하다.

수확시기	• 아라비카 10~12월(70% 이상) • 로부스타 9~10월(30% 미만)
주요 생산지	• 킬리만자로 – 모시(Moshi) • 음베야(Mbeya) • 로부스타 재배지역 – 부코바 지역(Bukoba, Kagera Region)
주요 재배품종	버본(Bourbon), 티피카(Typica), 켄트(Kent)
주요 펄핑방식	워시드(Washed)
생산 고도	해발 1500~2200m
생산량(2019년)	5만 4천 톤
향미의 특징	중바디와 함께 산미가 좋으며 강배전 시 강한 바디감과 스모키함의 향미도 보인다.

5) 부룬디

아프리카의 내륙에서 콩고, 르완다, 탄자니아에 둘러싸인 부룬디는 고산지대의 커피 산지다운 면모를 갖추고 있다. 20세기 초반에 식민지배국인 벨기에에 의해 커피가 재배되기 시작했으나 지금은 헤아릴 수 없는 수많은 작은 농장이 있다. 대표적 수출품이 커피이다 보니 나름 커피 생산에 열정을 기울이고 있으며, 그 결과 2012년부터는 COE(Cup of Excellence)에 아프리카에서는 르완다에 이어 두 번째로 가입하여 품질 좋은 커피를 세계시장에 선보이고 있다. 2월에서 5월경에 수확기를 가지며 2019년 기준으로 1만 5천 톤의 커피를 생산했다.

6) 우간다

우간다 역시 수출품의 50% 이상은 커피가 차지하고 있으며, 다른 아프리카 국가들과는 달리 로부스타를 주로 재배한다. 콩고에서 발견된 로부스타는 100여 년 전 우간다에서 처음으로 재배되기 시작했고 지금까지 강한 쓴맛의 전형적 로부스타가 생산되고 있다.

지역별 생산조합이 있어 커피 생산과 수출을 견인하고 있으나 아직 시스템은 미비하다.

동부지역은 케냐의 주요 커피산지인 엘곤(Elgon Mountain)과 접하고 있어 질 좋은 아라비카를 재배하기도 한다. 우간다 커피가 생산되는 엘곤산은 붉은 화산토양에 해발고도도 높아 고품질시장에서는 케냐 커피의 대용품으로 평가받기도 하는데, 부기수(Bugishu)라는 이름의 커피가 유명하다. 2019년 기준으로 31만 5천 톤의 커피를 생산했고 대부분이 아직은 로부스타이다.

7) D.R. 콩고

D.R. 콩고의 커피는 대부분 키부호수(Lake Kivu) 근방에서 재배된다.

주로 로부스타가 생산되며 전체 커피 생산량의 1/5가량이 아라비카로 그리 많이 알려져 있지는 않다. 1990년만 해도 10만 톤 이상의 커피를 생산하였으나 커피녹병의 영향과 내전으로 인하여 커피 생산은 급격히 감소하였고 2019년에는 2만 2천 톤의 커피를 생산하였다.

D.R. 콩고 정부는 황폐해진 커피재배 섹터의 복원을 야심차게 공언하며 플랜을 세우고 있다.

남쪽 키부 지방(South Kivu province)의 8개 구역, 로부스타 재배에 주력하기 위한 오리엔탈레 지방(Orientale province), 그리고 아라비카 재배를 주력하기 위한 반둔두 지방(Bandundu province)에 700헥타르 규모의 지역을 선정하였지만 실제로 생산은 계획에 크게 미치지 못하고 있다.

8) 마다가스카르

아프리카대륙 내에 위치하지 않고 대륙에서 남동쪽으로 동떨어져 인도양에 위치한 커다란 섬나라이다. 프랑스의 식민지로 오래 있으며 현재의 언어도 프랑스어를 사용하고, 프랑스국민의 식생활양식에 따라 현재도 계속 커피를 생산하고 있어 전체 수출량의 1/3 이상을 차지하고 있다. 생산되는 커피는 거의 대부분 로부스타이며 2019년 기준하여 2만 2천 톤의 커피를 생산하였다.

아프리카에서 생산된 로부스타는 아시아에서 생산된 로부스타보다는 좀 더 나은 품질로 인정받으며 국제사회에서도 아시안 로부스타보다는 고가에 거래가 이루어진다.

6. 애니멀 커피의 실체

1) 코피루왁(Kopi Luwak)

모든 커피가 나무에서만 수확되지는 않는다.

애니멀 커피(Annimal Coffee)라 불리는 동물의 배설물에서 나오는 커피를 채취하는 농민은 고개를 들어 하늘을 향해 가지 뻗은 나무를 보는 대신 땅 위를 쭈그린 채 훑어나 간다.

그중 가장 유명한 시벳(Civet)이라 불리는 사향고양이의 배설물인 루왁(Luwak)은 주로 필리핀, 인도네시아, 동티모르 등의 산지에서 생산되고 있다.

가장 유명한 산지인 인도네시아에서는 코피루왁(Kopi Luwak)으로 불린다.

코피는 커피를 뜻하며 루왁은 사향고양이이다. 동티모르에서는 라꾸텐(Lacuten)으로 불리는데 라꾸(Lacu)는 이 야생 사향고양이를 그들 나름대로 부르는 말이며, 텐(Ten)은 배설물을 의미한다.

필리핀에서는 그들 전통의 루왁인 알라미드(Alamid)도 있고, 루손섬의 바탕가스 인근 에서 많이 생산되나 품질이 그리 좋지는 않다.

▲ 야생상태의 루왁

▲ 수집된 루왁

2) 루왁커피의 생산

한국으로 수입되는 루왁은 대부분이 사육된 루왁 또는 관광객을 상대로 하는 가짜일 가능성이 농후한 커피들이다. 제대로 된 천연 루왁은 오로지 그 희소성 때문에 1kg당 커피생두의 시장 가격이 300불을 호가하는데, 이는 브라질 일반 아라비카 커피의 100배에 달하는 금액이다.

이 값비싼 루왁을 채취하기 위해 루왁 채취 농부들은 나름의 노하우를 가지고 이른 아침 산길을 나선다.

우선 이 동물이 변을 보는 장소에 주목할 필요가 있다. 무성한 나뭇잎 사이 잘 보이지 않는 곳에 숨겨진 보석처럼 가려져 있을 듯하지만, 커피를 먹은 야생동물은 잔솔가지 위에 변을 보지 않고 주로 이끼 낀 바위 위에 변을 보기 때문에 경험 많은 루왁 채취 농민들은 주로 노출된 돌 주변을 관심 있게 보아 나간다.

변의 형태가 그대로 유지되어 수입되는 루왁의 경우는 자연산이 아닌 사육된 시벳으로부터 채취한 루왁일 가능성이 크다. 자연산은 야생동물이 커피 이외에도 이것저것 주워 먹으니 점성도 떨어지고, 배변 이후 바로 주워 담는 것이 아니고 채집자의 눈에 띄기 전까지 햇볕 아래 장시간 노출되어 있다 보니 수분이 날아가 부스러진 파치먼트 상태로 채집되는 경우도 많다. 그래도 다른 야생동물보다 루왁은 변의 점성이 좋아 특정 글루(Glue)가 변의 형태를 유지하게 해주는 편이다.

따라서 부스러져 있거나 아주 딱딱한 변의 형태를 띤다.

부스러져 어느 동물의 변인지 정확한 구분이 어려운 경우는 보통 1kg당 5불에서 10불 정도에 수매가격이 형성된다. 천연 루왁으로 판정되는 경우는 그 양이 많지 않기 때문에 수매자와의 협의에 의해 이루어져 시세는 따로 정해져 있지 않다. 보통 천연 루왁 아라비카의 경우는 공장생산원가가 kg당 80불 내외이고, 로부스타의 경우는 50불 정도가 되는 것이 감안되어 수매가격이 정해진다.

▲ 루왁 가공장면

땅 위에서 수확된 루왁은 파치먼트 분쇄공장으로 들어가게 된다.

변은 일일이 수작업으로 제거되어 얼핏 보아서는 일반 파치먼트와 구분이 안 갈 정도로까지 깨끗한 상태에서 마찰로 인한 파치먼트 분쇄작업에 들어간다.

3) 루왁커피의 진실성

언제부터인가 값비싼 커피의 대명사처럼 되어버린 소위 고양이똥 커피라 불리는 루왁커피는 커피문외한의 입에도 자주 오르내리곤 한다.

루왁이 루왁으로써의 가치를 지니는 것은 인간의 노력이 미치지 못하는 그 희소성에 있다.

자연의 오묘한 섭리 덕분에 사향고양이는 동물적 본능에 의해 오로지 잘 익은 열매만 따먹는데, 이미 그 열매는 인간이 육안으로 구별해 수확하는 열매와는 당도와 성숙도에서 차이가 나게 마련이다.

그것이 커피 열매와 함께 섭취한 여러 다른 잡식들과 같이 소화의 과정을 거치며 강한 소화효소에 의해 부드러워져 쓴맛이 덜하고 신맛과 단맛이 적절히 조화를 이루는 루왁커피가 되는 것이다.

흔히들 생각하는 것처럼 변에 섞여 배설되는 것은 맞으나 커피콩이 파치먼트(Parchment)라 불리는 쌀의 겨와 같은 속껍질에 싸여진 상태로 배출되며 불순물은 파치먼트의 도정과정(Hulling)과 200도가 넘는 로스팅(Roasting)과정에서 모두 제거되기에 위생상의 문제는 없다고 본다.

루왁은 커피의 한 종류가 아니라 사향고양이의 배설물에서 나온 커피는 모두 일컫는 말이기 때문에 때로는 고급종인 아라비카(Arabica)도 있을 수 있고 저급종인 로부스타(Robusta)도 있을 수 있다. 그러나 품종보다는 희소성과 소화효소로 인한 독특한 맛에 기인하기에 가격적 차이는 그리 크게 나지 않는다.

사실 루왁은 희소성과 인간이 범접하지 못하는 자연의 선택에 가치를 두기 때문에 천연 야생 루왁이 아닌 인공적인 루왁은 논외로 하는 것이 맞다고 본다.

사육되는 사향고양이(Civet)에 대한 잔인함과 비인간성은 굳이 언급하지 않아도 최근에는 많은 사람들이 매스 미디어 등을 통하여 실상을 접하고 부정적 견해를 견지해 나가는 추세이다.

실제로 루왁 생산 농장에서 보이는 시벳은 본능인 야생성은 모두 잃고 관광객을 위해 애완동물화되어 있거나 또는 우리에서 극심한 정신질환에 시달리고 있다.

사향고양이 시벳은 다른 고양이와는 달리 유독 과일만을 먹이로 섭취한다.

본능에 의해 당도가 높은 잘 익은 과일만을 섭취하던 야생성에서 벗어나 주는 먹이만을 섭취하는 것에서 이미 루왁커피의 가장 큰 장점 중 하나인 자연 선택의 오묘함으로 인한 가치의 귀중함은 상실되고 말아 이 동물이 인간에게 주는 감동은 벌써 반감되고 마는 것이다.

게다가 루왁 농장의 우리 안에 갇힌 시벳들이 모두 한 방향으로 끊임없이 도는 행동을 반복하는 것이 유독 눈에 띄는데 이는 야생동물이 좁은 우리 안에 갇혀 있음으로써 발생하는 스트레스로부터 오는 극심한 정신질환의 증거이기도 하다.

인간과 자연이 서로 공생하며 혜택을 주는 것이 아니라 파괴의 순환을 보여주는 대표적인 예 중 하나가 바로 사육 루왁이다.

인도네시아나 필리핀의 경우는 거의 대다수가 사육농장이며 최근에는 이를 보완한 개방형 사육농장이나 애완견처럼 키워 사육하

▲ 인도네시아에서 사육되는 사향고양이

는 가정형 사육농장도 출현하고 있다.

동티모르의 경우 야생동물을 가두고 먹이를 주는 것은 불법으로 국내법에 의해 엄격히 금하고 있어 사육농장은 존재하지 않는다. 사실 세계 최빈국이자 섬나라 산악국가에서 농장을 만들 변변한 터도 없고, 농장에 둘러지는 울타리를 만들 철제 케이지도 모두 수입에 의존할 수밖에 없기에 비용 또한 만만치 않아 아직은 사업적 현실성이 떨어지는 것이 현실이다.

4) 콘삭커피(Consac Coffee), 위즐커피(Weasel Coffee), 블랙아 이보리(Black Ivory)

이 동물의 배변에 대한 인간의 과도한 사랑과 애정 행위는 베트남의 다람쥐똥 커피(Consac Coffee)를 만들어내기에 이르렀으나, 많은 사람들의 기대나 정보와는 달리 이 콘삭커피는 다람쥐똥과는 하등의 관련이 없는 다람쥐를 기업로고로 쓰고 있는 모회사의 커피에서 유래했을 뿐이다. 인간의 절절한 구애와는 달리 육식을 좋아하는 잡식동물인 다람쥐는 견과류에만 심취할 뿐 커피체리는 거들떠보지도 않는다. 많은 책자와 자료들이 잘못된 정보를 내놓고 있는 것이다.

동남아 여행객이 많고 또 동남아 여행 시 쇼핑을 선호하는 한국에서만 만들어진 실재하지 않는 일종의 가공된 커피로 콘삭커피라는 브랜드의 인공향 커피만 존재할 뿐이다. 대신 다람쥐와 닮은 족제비가 커피체리를 먹고 배설하는 위즐커피(Weasel Coffee)는 간간이 거래되기도 한다.

그리고 코끼리의 배변에서 찾아내는 블랙아이보리(Black Ivory)도 값비싼 애니멀 커피의 하나로 인도, 태국, 라오스 등지에서 각광받고 있다. 이는 생산자들로부터가 아니고 동남아 지역 여행객에게서 각광받는다는 것이다. 여행자를 대상으로 하는 무수한 현지 가공업체들이 실체를 알 수 없는 커피들을 지금도 계속 생산해 내고 있다.

새로운 것과 독특한 것을 찾아나가는 인간의 한없는 욕심은 다음에는 어떠한 상품을 창출해 낼지 사뭇 기대가 되기도 한다.

III. 커피의 생육

1. 커피벨트

커피벨트(Coffee Belt)는 커피존(Coffee Zone)이라고도 한다. 지구상에서 커피가 식생할 수 있는 환경을 가진 나라들을 벨트로 이어 표시한 것으로 적도를 중심으로 하여 남북 회귀선인 남위 23°27′과 북위 23°27′ 사이의 영역을 벨트처럼 이어놓은 것을 말한다.

남쪽으로는 호주의 적도 쪽 위 절반과, 남미의 칠레 중부와 브라질의 끝부분 상파울루 위 지역을 지나 아프리카 남부의 칼라하리사막 위 지역을 포함하고 있다.

북쪽으로는 인도의 콜카타 아래 지역과, 동남아시아의 대부분 지역을 지나 중국 윈난성 아래를 포함하고, 멕시코를 통과해 북아프리카 사하라 이남지역을 포함하고 있다.

이 벨트 안에서 거의 절대적으로 대부분의 커피가 자라나기 때문에 커피벨트는 대표적인 커피나무의 생육 가능지로 일컫는다.

거의 유일하게 커피벨트 안에 포함되어 있지 않았음에도 커피를 생산하는 나라로 북위 27도에 위치한 네팔이 있다.

영국에서도 공식적으로 커피가 생산되는 것으로는 되어 있으나 이는 영국 본토에서 생육되는 것이 아니라 영국령 식민지 세인트헬레나섬에서 재배되는 것이다.

아프라카 서쪽으로 2800km 떨어진 대서양 한가운데 위치한 이 섬에서 나는 커피는 나폴레옹의 유배시절 유럽에서 유명해져 지금은 고가의 커피생산지가 되었다.

그 외에도 많은 나라에서 커피나무를 식재하고 시험재배를 하고 있다.

우리나라에서도 팔당, 강릉, 경주, 제주도 등지의 지역에서 커피농장이 시도되고 있으나 상업적 생산이라기보다는 아직 시험재배의 성격이 짙다.

〈 커피벨트 〉

2. 커피재배의 조건

1) 강우량(물)

커피씨앗이 싹을 틔우는 데 가장 중요한 요소는 물이다. 실제로 기후나 토양조건이 맞지 않음에도 불구하고 커피나무의 재배가 이루어지는 시도는 적정량의 물을 공급할 수 있기 때문이다.

생명탄생의 가장 원초적인 조건을 물로 보는 과학적 견해가 커피에서도 예외는 아니다. 기본적으로 커피씨앗이 싹을 틔우기 위해서는 함수율 20% 이상이 필요하며, 싹을 틔운 커피나무가 자라나기 위해서는 연 강수량 최소 1,500mm 이상이 필요하다. 아라비카의 적정 강수량은 연 2000mm에서 2500mm 정도로 본다.

로부스타의 경우 고온다습지역에서 주로 자라 아라비카보다 더 많은 강우량을 필요로 하므로 2000~3000mm 정도가 필요하다. 아라비카 나무는 로부스타보다 뿌리가 깊다. 때문에 적은 강수량에서도 수분을 머금은 긴 뿌리 덕에 생장이 가능하다.

강우량과 함께 물빠짐 조건도 중요한데, 커피생장지역은 주로 물빠짐이 좋은 화산토 지형이다. 게다가 높은 해발고도와 함께 경사지가 많아 물이 고여 있지 않고 잘 빠져나간다.

연 강수량 3000mm까지는 물빠짐만 좋다면 좋은 커피의 생육조건이 될 수 있다. 그러나 과도한 강우량은 토양의 침식을 유도하거나, 일조시간을 단축시켜 수확에 안 좋은 영향을 미친다. 좋지 않은 물빠짐 조건도 뿌리를 썩게 하거나 습지식물을 번식시켜 역시 수확에 안 좋은 영향을 미친다.

커피재배 시 그해 강우량이 많으면 커피의 바디감이 살아나고, 반대로 강우량이 적으면 산미가 살아나는 특성이 있다.

2) 기후조건

커피벨트 내의 커피재배지 기후는 대개 아열대기후이다.

열대기후에서는 좋은 커피가 자라기 힘들다. 연평균 기온 15~25도 사이가 가장 적합하다. 그리고 가장 중요한 것으로 서리가 내리거나 기온이 4도 이하로 내려가면 커피나무는 치명상을 입는다.

특히 상층부에서 냉해가 내려오면 위쪽의 잎새들이 쉽게 고사해 버리는 경향이 있다. 겨울이 있는 우리나라에서 커피나무를 재배하기 어려운 이유가 여기에 있다. 온도가 너무 높아도 커피녹병 등의 병충해에 쉽게 노출되어 수확량이 현저히 떨어지게 된다.

다음으로 중요한 것이 건기와 우기의 구분이 뚜렷해야만 한다.

우기에는 커피열매가 익어가고, 건기에는 커피열매를 수확하고 가공을 한다. 커피열매가 잘 성숙하려면 충분한 강우량은 필수적이나, 수확과 가공 시에 내리는 비는 품질에 나쁜 영향을 준다.

3) 해발고도

보통 해발고도 1000m를 중심으로 하여 그 아래에서는 광합성의 1차적 산물인 구연산(Citric Acid)이 형성되어 커피열매의 신맛을 돋우고, 1000m 이상 고도에서는 낮과 밤의 큰 일교차로 인하여 구연산이 2차적 대사산물인 사과산(Malic Acid)을 형성하며 좋은 커피의 필수요소인 복합적이고 오묘한 산미를 더해준다.

높은 고도에서는 해가림이 적어 일조량이 좋고, 주야의 온도 차이가 극심하여 과실의 높은 밀도와 당도 유지에도 크게 유리하다.

때문에 높은 고도는 어느 정도 좋은 품질의 보증수표와도 같이 인식되어 과테말라, 코스타리카 등 중미지역에서는 수확지의 해발고도로 커피의 등급을 매기기도 한다.

로부스타의 경우 400m 이상의 저지대에서도 잘 자라지만 아라비카 나무는 위도 0도를 기준으로 최소 1000m 이상의 해발고도를 요한다. 위도가 올라갈수록 1000m 이하의 낮은 해발고도에서도 아라비카는 잘 자란다.

4) 일조량

커피열매의 당도가 높고 커피씨앗이 단단하게 여물기 위해서는 적정한 양의 일조량이 필요하다. 최소 연 2,000시간 이상의 일조량이 필요하다.

그렇지만 강한 직사광선이나 열에는 약해 잎의 온도가 너무 올라가면 제대로 된 광합성이 이루어지지 않는다. 따라서 쉐이드트리(Shade Tree)라고 하는 키 큰 나무들이 같이 배치되어 있는 곳이 커피나무가 자라기에는 더 좋은 곳이다.

자연적으로 쉐이드트리가 자라나는 곳도 있고(Friendly Shade), 인공적으로 그늘막을 만들어줄 수도 있다.

쉐이드트리는 햇볕만을 가리는 것이 아니고 그늘을 만들어 수분이 쉽사리 증발해 버리는 것을 막아주는 역할도 하며 바람길을 열어주기도 한다. 또한 때로는 강한 바람으로부터 보호하는 방풍림의 역할을 하기도 한다.

실제로 그늘재배를 하는 경우 당의 함량(Sugar Composition) 중 과당(Fructose), 포도당(Glucose), 자당(Sucrose)이 태양 아래 완전히 노출시켜 재배하는 것보다 2배까지도 높아진다. 그렇지만 과도한 그늘재배는 다시 당의 함량을 현저히 떨어뜨린다.

태국 북부에서 카티모르(Catimor)품종으로 행해진 실험으로 2012 Society of Chemical Industry의 발표에 의하면 50%의 그늘재배에서 가장 많은 당(0.2%)이 생성되었다. 완전히 태양 아래서 재배한 경우는 0.13%, 그리고 70% 이상의 그늘재배에서는 0.1%로 오히려 떨어지는 결과를 보였다.

5) 토양

커피경작에는 화산토 성분이 가장 적합하다. 즉 미네랄과 인, 철분, 칼륨 등을 함유한 약산성의 토양이 가장 이상적이다.

커피나무가 자라는 토양은 약산성이어야만 하기에 대량재배 농장 등지에서는 석회 등을 살포하여 적정 수소이온농도(pH5)를 유지시켜 주기도 한다.

또한 썩은 가축의 배설물이나 죽은 생명체의 시신의 경우 커피나무에게는 더할 나위 없이 좋은 영양공급원이 된다. 동물의 썩은 시신은 토양을 산성화시키는 데 결정적 도움을 주며, 뼛가루나 혈액 등에 들어 있는 성분, 특히 인은 아주 효율적으로 커피의 생육을 돕는다.

동물성 비료를 대량으로 주기 어려운 큰 농장에서는 나뭇잎 등을 자연 거름으로 사용한다. 특히 솔잎 등이 썩어 거름이 되면 커피열매의 산미를 배가시켜 준다는 연구보고도 있어 선호되고 있다.

3. 커피체리

커피체리는 지름 약 1cm에서 1.5cm의 크기로 붉은색을 띠고 있는 열매이다.

얇은 겉껍질(외과피, Red Skin)만 붉은색이며 겉껍질 안에는 다른 과일들처럼 과육(Pulp)이 들어 있다. 과육의 구조는 끈적끈적한 뮤실리지(Mucilage)로 되어 있다. 이 과육은 일반적인 과실보다는 양이 적으며 녹색을 띤다. 당도는 꽤 높은 편이어서 때로는 20브릭스(brix)까지 올라간

▲ 커피체리

다. 비교해 보면 딸기 평균 10브릭스, 사과 평균 15브릭스, 포도 18브릭스 정도의 당도가 유지된다. 붉은색의 겉껍질은 건조시켜서 차로도 음용된다. 일반적으로 이 커피 껍질차는 카스카라(Cascara)라고 불린다. 카스카라는 스페인어로 열매의 껍질을 의미하며 브라질을 제외한 중남미의 모든 커피재배지역에서 스페인어를 사용하는 데서 연유되었다. 끈적끈적한 과육 안에는 곡식의 겨와 같은 골격을 가진 내과피(파치먼트 Parchment)

가 들어 있다. 파치먼트는 노란색을 띠며 2개가 한 쌍으로 되어 있다. 이때 커피콩을 둘러싼 내과피(Parchment)는 씨앗의 발아에 큰 역할을 한다. 다른 식물의 씨앗에 비하여 상대적으로 무른 커피씨앗 자체는 흙 속에 심겼을 때 수많은 균에 의한 감염이나 곰팡이 등에 침범당하기 십상이다. 그러나 딱딱한 내과피(Parchment)는 이를 효율적으로 막아주고 씨앗이 숨을 쉬게 하여 건강한 싹이 나오는 데 기여한다. 파치먼트(Parchment)라는 단어가 기원전 2세기경부터 사용된 고대 양피지(가죽으로 제조된 종이 대용제)로부터 유래되었으며 귀중한 문서의 겉표지 제본 등에 사용되어 인류 문헌의 존속과 유지에 기여한 바를 상기하면 커피 파치먼트의 이름은 결코 우연만은 아닌 듯하다. 내과피 안에는 생두가 들어 있는데 생두와 파치먼트 사이에는 실버스킨(Silver Skin)이라고 하는 얇은 은피가 생두를 둘러싸고 있다. 한 개의 커피체리 안에는 보통 2개의 생두가 자리 잡고 있으나 돌연변이로 인해 1개나 3개의 생두가 자리 잡기도 한다.

이 중 한 개의 체리에 1개의 생두가 있는 피베리는 하나의 별도 상품으로도 자리 잡고 있다. 피베리는 케냐 또는 탄자니아가 유명하다.

▲ 커피과육

▲ 파치먼트

▲ 파치먼트 안쪽의
실버스킨(Silver Skin)

플랫빈(Flat Bean)

정상적인 커피빈으로 하나의 체리에 쌍으로 2개의 생두가 들어 있다. 두 개의 커피빈이 마주보고 있는 구조라서 마주보는 면이 납작하여 플랫빈으로 불린다.

피베리(Peaberry)

돌연변이의 영향으로 하나의 체리에 하나의 커피빈이 있는 경우 이를 피베리라고 부른다. 마주보고 있지 않으니 평편한 면이 없이 전체적으로 동그란 형상을 하고 있다. 두 개의 커피빈으로 나누어져야 할 영양분이 하나의 커피빈으로 집중되었다고 하여 맛과 향이 더 우수할 것으로 기대되어 조금 더 비싼 가격에 거래되는 경향이 있었다. 그러나 반드시 더 우월하다고 보기 어려우며, 현재는 그냥 하나의 상품군으로 존재한다.

트라이앵글러빈(Triangular Bean)

역시 돌연변이로 하나의 체리에 세 개의 커피빈이 있는 경우이다. 피베리의 경우는 흔하게 발생하나, 트라이앵글러빈의 경우는 그리 흔치 않아 별도로 상품화가 되지는 않는다. 하나의 체리에 세 개의 커피빈이 자리 잡다 보니 모양이 성치 않고 크기가 작아 상품성은 없다.

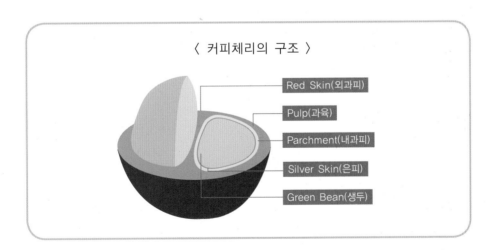

〈 커피체리의 구조 〉

Red Skin(외과피)
Pulp(과육)
Parchment(내과피)
Silver Skin(은피)
Green Bean(생두)

4. 커피재배

1) 발아

　붉은 커피체리가 땅에 떨어지면 껍질과 과육은 이내 썩어 다른 생명의 기반이 될 거름으로 변화하고 그 안에 들어 있는 씨앗은 새로운 생명을 잉태할 준비를 한다. 흙 속에 들어간 씨앗은 발아에 이르기까지 빠르면 1개월, 늦으면 3개월의 시간을 갖는다.

▲ 씨들링(Seedling)

　자연상태에서는 체리가 땅에 떨어져 발아를 하나 농장에서는 재배를 위한 씨들링(Seedling)을 통해 종묘가 만들어지고 재배된다.

　커피체리의 씨들링은 흙 속에 있는 곰팡이나 균의 감염으로부터 보호될 수 있도록 파치먼트(Parchment)형태로 가공되며 싹이 트이는 최적의 함수율인 20%까지 건조된 후 파치먼트 상태 그대로 파종된다.

　이때 파종의 깊이는 1~2cm 내외로 직파(Direct Sowing)가 아닌 묘목을 이식할 수 있도록 묘판이나 작은 화분에 심는다. 수확을 늘리고자 하는 대량재배 농장 등지에서는 여러 방법의 시험적 씨들링(Seedling)을 통하여 원하는 우수한 종묘를 만들어 대량재배의 길을 트기도 한다.

주된 방법으로는 생산성이 높고 질병이 없는 나무를 선별하여 잘 익은 열매의 껍질과 과육을 모두 벗겨내고 물로 세척하여 파치먼트상태로 수분이 잘 빠지는 망 위에 놓고 말린 후 역시 생명잉태 함수율인 20%에 파종하는 것이 보편적이다.

Tip

커피 소비국에서 관상용으로 커피를 재배하고자 할 때 파치먼트를 물에 불린 후 화분 등에 옮겨심기를 해야만 한다. 그 이유 역시 소비국으로 넘어온 파치먼트의 함수율 13% 내외를 씨앗에 생명을 불어넣을 수 있는 최적의 함수율 20%로 끌어올리기 위함이다.

한두 달 후 발아하게 되면 두 개의 떡잎이 마주보며 쌍으로 나온다.

▲ 떡잎 2개씩 발아

▲ 씨들링 후 발아 중인 모종들

2) 옮겨심기

일단 발아 후에는 뿌리가 보통 60cm 이상 뻗어나가며 길게는 3m까지도 뻗기에 종묘 배양장에 옮겨심기도 하고 경작지로 옮겨심기노 안나.

▲ 옮겨심기 이전

▲ 경작지로 옮겨심기 이후

옮겨심기는 작업 중에 커피나무가 고사하지 않도록 흐린 날이나 우기 중에 시행한다.

키가 0.5m 정도 자랐을 때가 가장 알맞다.

한 그루의 나무는 주변 2~3m 내 토양의 영양과 물을 흡수하기에 나무 사이의 일정 간격은 필수이다.

충분한 그늘이 형성되도록 해야 하며 또한 나무 사이의 간격도 충분해야 한다.

뿌리를 내리기 시작하는 아라비카 커피나무의 경우 뿌리의 총 길이는 무려 약 20km에 달하고 땅 아래에서 수분을 흡수하는 뿌리의 총면적은 수백 제곱미터에 이른다.

서늘한 고원지대에서 자라나 밀도가 높은 아라비카 커피나무 특성상 고온다습 저지대에 비하여 적은 강우량으로 생존해 나갈 수 있도록 배려된 신의 특별한 선물인 것이다.

참으로도 섬세한 조직인 듯하지만 그래도 혈관 총 길이 10만km에 혈관 총면적 수천 제곱미터에 이르는 인간의 섬세함에는 감히 미치지 못한다.

3) 가지치기

아라비카 나무는 다 자라면 품종에 따라 5m 이상도 커지기에 수확이나 관리가 용이하지 않게 된다. 단 개량된 카티모르(Catimor)품종 등의 경우에는 2미터 안팎으로 자라면 더 이상 자라지 않기도 한다.

따라서 수확을 위한 안정적 모양새를 위해서나, 열매를 맺지 못하는 가지로 가는 영양분의 소실 등을 막기 위해 가지치기를 해준다. 가지치기에는 여러 가지 이유와 방법이 있다. 우선 어린 묘목을 대상으로 특히 어린 과수나무의 적절한 나무형태를 만들어나가는 포머티브 프루닝(Formative Pruning)이 있다. 특히 어린 묘목의 포머티브 프루닝은

관리가 용이한 나무의 모양을 잡아나가는 데 아주 유리하다.

둘째로 생장관리 중에 부실한 가지로 가는 영양분을 막기 위해 가지의 안쪽 끝을 잘라내거나, 수확기에 열매가 안 열리는 불필요한 가지들을 잘라내는 일반적인 프루닝(Pruning)이 있다.

셋째로 수확이 불가하거나 커피나무가 너무 고령화되어 효과적인 수확을 기대할 수 없을 때 짧게 밑동을 잘라내는 스텀핑(Stumping Treatment)이 있다. 밑동을 잘라낼 때에는 잘라낸 후 강한 햇볕에 고사하지 않도록 잘린 면이 태양을 바라보지 않고 태양 반대면(북반구라면 북쪽, 남반구라면 남쪽)을 향하도록 한다.

넷째로 너무 키가 커져 수확 시 필요 이상의 노동력이 들어가지 않도록 위를 잘라주는 것이다. 위로 가지치기를 하면 그 주변으로 곁가지가 자라난 후 곧 목질화가 진행되어 옆으로 퍼지는 모양새를 갖게 된다.

특히 가지치기를 할 때에는 병균이 잘린 면으로 들어가지 않도록 깨끗하고 날카로운 도구로 절단면을 내도록 한다.

4) 그늘재배

인위적으로 커피의 생육에 영향을 미치지 아니하는 천연 야생커피나 고품질의 커피를 재배하는 농장의 경우는 자연스럽게 자연친화적 생태 그늘 환경(Friendly Shade)이 형성된다. 키 큰 수종의 나무들은 그늘막을 형성해 그 아래에서 자라는 키 작은 커피나무를 강한 햇살과 비, 바람 등으로부터 보호해 주며 수분조절효과를 가져온다. 또한 각 수종 간에 서로 도움을 주고받을 수 있는 미생물의 번식도 도와 자연친화적 재배환경을 조성해 준다.

음지에서 자라난 커피는 양지에서 재배된 커피와 비교하여 생산량이 1/2로 줄어드나 커피를 수확할 수 있는 나무의 수령이 30년 이상까지 지속되므로 양지에서 재배된 커피나무 수확수령의 2배가 훌쩍 넘어가고 그 맛에 있어서는 쓴맛이 적고 단맛이 잘 올라와 더 고급스러운 커피로 평가받는다.

실지로 학술연구에 의하면 생두에 있어 단맛의 기본이 되는 탄수화물 중 분자 수가 적어 분명한 단맛으로 연출되는 대표적인 단당류인 포도당(Glucose), 이당류인 과당

(Fructose), 자당(Sucrose)의 함량이 일반적인 태양볕 아래서 재배(Sun Grown)할 경우 0.1%를 갓 넘으나, 그늘 재배(Shade Grown)의 경우 두 배 가까이 증가한 0.2% 이상을 보이고 있다. 단, 너무 그늘 아래에서 성장할 경우 단맛이 다시 감소되는 경향도 있다. 커피나무는 3~4년가량이 경과되면 꽃을 피우고 수확 가능한 열매가 결실을 맺는다.

▲ 인위적으로 식재한 쉐이드트리

▲ 자연상태의 쉐이드트리

▲ 천일재배

	그늘재배(Shade Grown)	천일재배(Sun Grown)
장점	• 열매가 천천히 성숙하며 커피빈의 크기가 커지고 당도가 높아진다. • 나무의 생장력이 강해지고 수명이 늘어난다. • 가뭄기간이 길어도 커피나무의 식생을 보호할 수 있다. • 그늘재배가 쉐이드트리에 의할 경우 쉐이드트리가 유기물질들을 생산하고 이로운 미생물이 활동할 수 있게 함으로써 생태계에 도움을 준다.	• 단위면적당 생산성이 올라간다. • 커피나무의 성장이 빨라 묘목의 생산시기를 앞당길 수 있다. • 대량재배, 대량수확 등의 관리가 용이하다.
단점	• 단위면적당 생산성이 떨어진다. • 인위적으로 쉐이드트리를 식재할 경우 지속적인 관리가 필요하다. • 쉐이드트리의 잘못된 선택으로 커피나무의 영양을 빼앗아갈 수 있다.	• 열매의 생산성은 높아지지만, 품질의 향상을 꾀하기는 어렵다. • 나무의 생장력이 약해지며 수확가능한 수명이 줄어든다. • 가뭄기간이 길어지면 커피나무에 치명적이 된다.

5. 커피꽃

커피꽃의 개화기는 연중 단 며칠에 불과할 정도로 아주 짧을뿐더러 비 또는 바람에 꽃잎이 떨어질 경우에는 단 하루도 못 매달려 있기도 한다.

대부분의 커피산지에서 커피꽃의 개화기는 보통 건기가 끝나갈 무렵 우기가 시작됨을 알리는 소나기 (Blooming Shower)를 전후해 시작된다.

커피꽃이 피어 있는 시간이 2, 3일에 불과하다 보니 동시다발적으로 한꺼번에 피기보다는 여기저기에서 꽃이 피고 또는 지는 모습을 볼 수 있다. 때문에 커피꽃이 동시에 만발한 풍광을 보기는 어렵다.

SCAA(미국스페셜티커피협회)의 커핑(Cupping : 커피 향미의 평가)과정 중 유기반응에서 나는 향(Enzymatic Aroma) 중 커피 꽃향(Coffee Blossom)을 따로 명시해 놓는 것은 커피꽃향이 나름의 특색 있는 유쾌한 향을 발한다는 것을 말해준다.

커피꽃의 향내는 아카시아 향기나 재스민 향기와 유사하다. 커피꽃의 꽃잎은 기본적으로 5장이며 로부스타꽃이 아라비카꽃보다 더 소담스럽게 열리고 크기도 살짝 더 크다. 돌연변으로 꽃잎이 6장인 경우도 자주 눈에 띈다. 실제적인 커피꽃의 크기는 어른 손가락 한 마디 정도밖에 되지 않는다. 아라비카품종 중 티피카종이나 예가체프종 등의 꽃잎장이 날씬하고 예쁜 편이며 다른 아라비카품종은 꽃잎장이 조금 둔탁한 편이다.

▲ 로부스타꽃

꽃이 피고 지는 자리에는 체리 열매가 열리는데 로부스타는 15개 내외로 열리고, 아라비카는 10개 안쪽으로 열린다. 로부스타가 꽃도 더 많이, 그리고 열매도 더 많이 열리는 것으로 알려져 있다. 그리고 천연야생종보다는 농장 재배종이, 산속의 그늘재배(Friendly Shade)보다는 태양볕 아래(Sun Growing)의 커피나무가 더 많은 열매를 맺음은 말할 나위도 없다. 아라비카는 꽃이 지고 나서 7, 8개월 정도가 지나면 열매가 익어 수확이 가능하나 반면 로부스타는 꽃이 지고 나서 10개월가량 지나야 열매가 익어 수확이 가능하다.

▲ 아라비카꽃

커피꽃의 꽃가루는 다행히도 매우 가벼워서 주로 바람에 의해 수분이 이루어진다. 피어 있는 기간이 너무 짧기에 벌이나 나비를 유혹하며 마냥 기다릴 수는 없기 때문이다. 꽃 하나에만도 수천 개의 꽃가루가 있어 작은 바람결에도 멀리 날아가 수정을 이루게 된다. 드디어 개화를 시샘하고 우기를 알리는 소나기가 퍼부으면 꽃잎은 땅 위로 나뒹굴게 된다. 이내 흙 위에 떨어져 부서진 꽃잎장은 다시 산산이 부서져 흙 속에 묻혀버린다.

커피꽃의 꽃말은 언제나 너와 함께(Always be with you)이다. 누군가 이토록 쉽게 눈앞에서 사라져 가는 커피꽃에 대한 아쉬움을 꽃말로 옮겼을 것이다.

IV. 생두의 생산

1. 수확

체리가 익어가면 생두 생산의 첫 공정으로 수확에 나선다.

로부스타는 체리가 충분히 성숙해도 계속 나뭇가지에 매달려 있으나 아라비카 나무는 체리가 과성숙하게 되면 땅에 떨어져 상품가치를 잃게 된다.

아라비카 중에서도 상품성이 조금 떨어지는 하이브리드(Hybrid, Hdt : 로부스타와 아라비카 혼종)종이나 카티모르(Catimor)종들은 열매가 과성숙해도 쉽게 바닥으로 떨어지지 않고 가지 위에 잘 매달려 있지만, 조금 더 연약하고 고급종으로 취급하는 티피카(Typica)종들은 열매가 충분히 익으면 이내 바닥으로 떨어져 버린다.

때문에 적정시점에서의 수확은 생산공정에서 중요한 부분이다.

또한 해발고도가 낮은 곳의 커피가 먼저 여물고 해발고도가 높은 곳의 커피는 나중에 여무니 체리를 수확하는 농부는 험로를 마다치 않고 잘 여문 커피체리를 찾아다니는 수고로움을 부지런히 감내해야만 하는 것이다.

커피 수확방법에는 기계수확, 그리고 스트리핑(Stripping)과 핸드피킹(Hand Picking)이 있다.

한 알 한 알 잘 익은 커피알만을 선별해 손으로 따나가면 더할 나위 없이 이상적이겠지만 커피 또한 투입되는 시간과 비용을 논할 수밖에 없는 상품이기에 가장 효과적인 방법을 동원해 커피수확에 나서는 것이 합리적일 것이다.

▲ 커피체리가 익는 과정

1) 기계수확

기계수확은 커피나무가 열을 맞추어 잘 도열되어 있고, 머신의 이동통로가 확보되어 있는 중남미의 대규모 농장에서 시행되고 있고, 아시아나 아프리카의 작은 농원에서는 사용되지 않는 수확방식이다.

트랙터처럼 커다란 기계가 길 양쪽으로 도열한 커피나무의 가지를 치고 흔들어 열매가 아래로 떨어지게 해서 수확하는 방식으로 사실 좋은 품질의 생산방식하고는 거리가 꽤 있다.

커피생산 선진국인 브라질 등에서는 대량생산을 위한 시스템으로 필수적으로 기계수확을 사용하면서도 기계가 나뭇가지를 흔들어대는 강도를 조절하여 잘 익은 것만 떨어지게 한다든가 수확 후 선별에 좀 더 신경을 쓴다든가 하는 방법으로 저급하면서도 대중적인 품질에서 탈피하고자 하는 노력이 있기는 하다. 그렇지만 인간의 시선과 판단으로 잘 익은 체리를 선별해 수확하는 방법을 따라올 수는 없다.

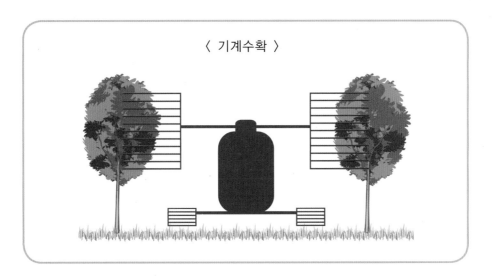

〈 기계수확 〉

나무와 나무 사이의 간격으로 수확기계가 지나면서 양쪽 나무의 가지를 흔들어 열매를 떨어뜨리며 아래에서 받치고 걷는다.

2) 스트리핑

스트리핑은 가지에 일렬로 열린 커피열매를 막대기 또는 손으로 주욱 훑어 땅바닥 또는 미리 받쳐진 마대나 천 등으로 떨어뜨리는 방법이다. 마치 축산농가에서 소젖을 짜는 것과 유사하다고 하여 밀킹(Milking)이라는 별명으로 불리기도 하는 것으로 알려져 있다. 그렇지만 실제적으로 순수하게 커피를 업으로 하는 농장에서 이를 밀킹이라 부르지는 않고 중남미 지역의 외지인들이 그다지 좋지 않은 의미로 별명화하는 정도이다.

스트리핑의 경우 나뭇가지를 훑어서 떨어진 커피체리가 흙 위에 떨어지면 상처가 나거나 곰팡이균 등에 의한 2차감염의 우려도 있게 된다. 또한 잘 익은 체리와 덜 익은 체리가 일괄적으로 함께 수확되므로 주로 대량생산이 주종인 농장재배나 질이 떨어지는 커피 생산에 쓰인다. 기본적으로 내추럴로 가공하기 위한 커피의 수확방법이다.

스트리핑하는 커피나무의 경우 대개 과성숙 이후 수확에 나선다.

열매가 균일하게 익어가지는 않으니 가지에 푸른 열매가 달려 있는 것을 같이 수확하는 것보다는 마지막 한 알까지 다 익은 후에 수확하는 편이 그래도 조금 더 낫기 때문이다.

나뭇가지에서 과성숙된 커피체리 열매는 수월하게 스트리핑을 통해 가지에서 떨어져 나온다. 농부의 손길이 한번 훑고 지나가면 큰 저항 없이 이내 농부의 손이나 바구니 내지는 바닥 아래로 알알이 몸을 떨어뜨린다.

그리고 바닥에 천이나 담을 수 있는 용기 등을 깔아놓고 가지를 훑기 때문에 조금만 신경 쓰면 생각처럼 많은 체리가 흙 위에 접촉하지는 않는다.

농장에 따라 스트리핑을 맨손으로 하지 않고 나무막대기 등의 도구를 사용하기도 하지만 커피나무에 생채기를 내어 생산성에 좋지 않은 영향을 미칠 수 있기에 그다지 많이 사용되지는 않는다.

스트리핑에 있어서는 방법 자체의 문제나, 덜 익은 체리의 수확에 관한 우려보다는 사실 수확을 용이하게 하기 위하여 적정 수확시점을 넘기고 과성숙상태에서 수확한다는 부분과, 흙 위에 떨어져 생채기가 난 체리도 모두 같이 섞여 상품화된다는 게 더 큰 문제로 보인다.

▲ 스트리핑하는 모습,
덜 익은 열매가 많이 섞여 있다.

▲ 과성숙된 체리를 스트리핑하는 모습

3) 핸드피킹

핸드피킹은 눈으로 보고 판단하여 잘 익은 열매를 선별하여 손으로 일일이 한 알 한 알 수확하는 방법이다.

핸드피킹은 농민 개개인이 개별 수확할 때 쓰이며 몸에 바구니를 걸치고 수확한 체리를 담아나간다. 선별 수확이 가능하므로 자연채집 또는 질 좋은 커피생산에 주로 쓰인다.

예전의 저급한 품질의 내추럴커피는 생산단가를 맞추기 위하여 거의 무조건 스트리핑을 사용해 수확했으나 최근에는 고품질의 내추럴커피가 나오면서 역시 핸드피킹으로 선별수확을 하기도 한다.

핸드피킹으로 수확된 커피는 주로 워시드 기법으로 생산되고 스트리핑으로 수확된 커피는 내추럴 기법으로 생산되나 반드시 일치하는 것은 아니고 생산지의 여건이나 생산전통 등에 따라 달리 선택되기도 한다.

한 알 한 알 손으로 수확할 시 잘 익은 커피체리의 하루 수확량은 기껏해야 한두 마대(60kg 내외) 정도이다.

▲ 핸드피킹하는 모습

	장점	단점
기계수확	• 대량재배, 대량수확이 가능하다. • 인건비가 대폭 절감된다.	• 잘 익은 체리의 선별수확이 어렵다. • 재배지역이 평탄하고 넓어야만 가능하다. • 커피나무의 손상이 가장 크다.
스트리핑	• 비교적 빠른 속도로 수확이 가능하다. • 재배지역이나 농장 경사도 등의 영향을 받지 않는다.	• 잘 익은 체리의 선별수확이 어렵다. • 미성숙두나 과성숙두가 많이 섞이게 된다. • 커피나무에 손상을 줄 수 있다.
핸드피킹	• 잘 익은 체리의 선별수확이 가능하다. • 재배지역이나 농장 경사도 등의 영향을 받지 않는다.	• 작업효율성이 가장 떨어진다. • 인건비의 부담이 가장 크다. • 잘 익은 체리를 고르는 숙련된 노동인력을 필요로 한다.

4) 커피재배 국가의 수확시기

국가명	1월	2월	3월	4월	5월	6월	7월	8월	9월	10월	11월	12월
인도네시아(수마트라)	■	■	■									■
인도네시아(자바)	■	■										
인도네시아(발리)			■	■	■	■	■	■	■			
인도네시아(술라웨시)					■	■	■	■	■			
인도네시아(플로레스)					■	■						
베트남	■	■	■							■	■	■
태국	■	■	■								■	■
라오스	■	■	■								■	■
캄보디아	■	■	■								■	■
미얀마	■	■	■								■	■
인도	■	■	■									
예멘										■	■	■
동티모르						■	■	■	■			

국가명	1월	2월	3월	4월	5월	6월	7월	8월	9월	10월	11월	12월
하와이	■	■										
파푸아뉴기니				■	■	■	■	■				
바누아투					■	■	■	■	■			
호주					■	■	■	■	■			
브라질					■	■	■	■	■			
콜롬비아	■		■	■	■					■	■	■
코스타리카	■	■	■							■	■	■
과테말라	■	■	■	■							■	■
페루					■	■	■	■	■			
멕시코	■	■	■	■							■	■
엘살바도르	■	■	■	■							■	■
온두라스	■	■	■	■							■	■
나카라과	■	■	■	■							■	■
파나마	■	■	■							■	■	■
자메이카	■	■	■	■							■	■
에티오피아	■	■	■	■							■	■
르완다						■	■	■				
케냐						■	■	■		■	■	■
탄자니아						■	■	■		■	■	■
부룬디		■	■	■	■	■						

커피의 생산지에 따라 수확기는 모두 다르다.

그래서 수확에 대한 자료의 공정성을 위하여 국제 커피기구인 ICO에서는 Coffee Year로 브라질의 생산이 마무리되고 다른 중남미 국가 대부분의 수확이 시작되는 10월을 기준으로 삼는다.

다시 말해 10월 1일에서 이듬해 9월 말일까지의 커피 수확량을 그해의 커피 수확량으로 보고 기준일을 10월 1일로 본다.

2. 커피 수매

1) 커피 수매의 필요성

재배지의 커피는 펄핑이나 프로세싱의 가공을 위해 다른 곳에 위치한 공장으로 이동할 수도 있다. 이 경우 커피 수매상들이 농장으로부터 커피를 수매해서 공장으로 이동시킨다.

커피공장은 무역 컨테이너가 드나들 수 있고, 커피의 건조가 용이하며, 공장 가용인력의 수급이 편리한 곳에 위치하기 때문에 커피재배지와는 지리적 격차가 있는 경우가 많다. 또는 커피나무가 자라나는 곳이 소규모 농장일 경우 이곳저곳으로 산재해 있는 농장들로부터 커피를 모아야만 한다.

커피체리의 수확 지역과 펄핑 지역이 일치하지 않는 경우는 재배지로부터 커피체리나 파치먼트가 산을 내려와 일정 규모 이상의 공장시설로 가공을 위해 들어가야만 한다.

주로 해발고도가 낮아 서리의 영향을 안 받고, 건기에는 돌발성 기후가 없어 건조 중에 소나기 등의 피해를 입지 아니하고, 마을 주민의 집적이 있어 결점두 선별을 위한 부녀자들을 고용하기 좋은 입지조건을 찾다 보면 공장은 도시 주변일 수밖에 없다.

그리고 효율성 면에서도 커피 수매가 이루어지기도 한다.

커피 마을 또는 작은 농장에서 커피를 가공 처리할 수 있는 펄핑 스테이션이나 탈각을 위한 프로세싱 머신 등을 구비하는 것은 자금적인 면이나 운용관리적 측면에서 그다지 효율적이지 않을 때가 있다.

중남미 대규모 농장의 경우는 규모의 경제를 추구하기 위하여 시설과 장비를 모두 갖추는 경우도 많고 아프리카 케냐나 르완다의 경우는 조합을 결성하여 그 조합명의의 펄핑 스테이션과 프로세싱 머신을 갖추고 공동작업 또는 위탁작업을 하기도 하지만, 아직 많은 국가들이 이 커피 수매상에게 의존하고 있다.

커피 수매상은 도시의 대형 커피공장 또는 시설 설비가 되어 있는 대형 농장과 따로 설비가 없는 소규모 농장이나 개별 농가를 연결해 주는 매개체 역할을 한다.

이들도 최대한의 이익을 추구하고자 함은 자본주의 사회의 당연한 논리인지라 농가나 작은 농장에서 수매 시에는 최대한 헐값에 매입을 하려 들고, 이를 다시 시설을 갖춘 큰 커피공장이나 수출상에게 매도 시에는 최대한 높은 값을 받으려 한다.

때문에 중남미에서는 이 커피 수매상들이 하이에나라는 이름으로 널리 불린다.

커피 농부의 입장에서는 힘들게 농사지어 수확한 작물을 필요할 때에만 나타나 제값도 쳐주지 않으려는 이들이 짐승의 썩은 고기를 찾아 자기 배만을 불리는 하이에나처럼 보일 수도 있겠다.

이들은 일찍이 물적 유통의 중요성을 깨닫고 때로는 큰 자본력까지 동원하여 입도선매(立稻先賣)를 하기도 하고, 커피 농부들의 곤궁함을 적절히 잘 이용하여 큰돈을 벌어 부를 축적한 경우도 많다.

2) 커피 수매의 방법론

1. 커피체리를 수매할 때에는 굴절계나 당도계 등의 장비에 의존하지 않고 잘 숙성되었는지의 여부를 육안에 의존한다

빨갛게 잘 익은 체리는 육안으로 보아도 충분히 식별이 가능하나 보이지 않는 마대 안쪽이나 아래쪽의 상품성에 대한 평가에는 주의해야 한다.

2. 드라이 파치먼트의 수매 시에는 함수측정기에 의존한다

잘 말린 파치먼트는 10%까지 수분함수율이 떨어지지만 눅눅한 파치먼트의 경우 함수율이 20~25%까지 올라가기도 한다.

함수율 20%의 파치먼트는 함수율 10%까지 다시 말리면 중량이 10%가 줄어, 이에 대비 10%를 더 비싸게 주고 수매하는 결과이기에 함수 체크는 필수이다.

경험이 많은 수매상의 경우 전통적인 함수측정방법인 치아로 파치먼트를 물어 치아가 생두 내부로 물려 들어가는 정도의 차이로 함수율을 측정한다.

커피생두를 치아로 물었을 때 안으로 물려 들어가지는 않지만 살짝 기스가 나는 정도의 경도라면 적정수준(10~13%)의 수분을 머금고 있다고 볼 수 있다.

3. 젖은 파치먼트(체리의 껍질만 까서 수매하는 경우)

젖은 파치먼트는 향으로 품질을 측정할 수가 있다.

대개 어느 지역 체리는 어느 정도의 품질을 가지고 있다는 경험적 노하우가 작용하나, 운송되어 오는 젖은 파치먼트의 경우 좋은 품질의 경우는 윤기와 함께 점액질의 점성도 좋고, 무엇보다 향으로 신선함과 제대로 발효가 되어갈 것인가를 평가한다.

4. 커피생두의 수분함유율을 측정하는 방식에는 전기저항방식과 초음파 측정 방식이 있다

커피생두 내부의 물분자는 전기가 잘 통한다는 것과 고체인 생두와 그 안에 함유되어 있는 수분은 진동이 다르다는 것에 착안되어 만들어지는 제품으로 전기저항방식은 초음파방식보다는 정확성이 상대적으로 떨어지나 휴대가 가능하여 커피헌터들이 많이 애용하고 있다.

초음파 측정방식은 정밀성에서는 앞서나 휴대나 이동이 불편하여 공장이나 농장 내부에서만 사용된다. 가격은 초음파방식이 조금 더 고가이다.

▲ 웻 파치먼트(Wet Parchment) 수매장면　　　▲ 드라이 파치먼트(Dry Parchment) 수매장면

3) 외피 제거

수확된 체리는 보통 당일에 외피 껍질을 벗기는 작업이 이루어져야 한다.

당일 체리 외피를 벗겨내지 않으면 곧 쉽게 발효되어 버리고 마는 커피열매의 속성 때문에 아무리 늦은 시간이라도 당일 외과피 제거작업이 이루어져야 함은 필수로 한다.

특히 아라비카종은 병충해에만 취약한 것이 아니라 체리 그 자체로도 연약하다. 농부의 손에 의해 수확되고도 바로 펄핑이 이루어지지 않으면 부패와 발효로 쉽게 진행된다.

질 좋은 커피를 생산하기 위해서는 수확단계 직후부터 바로 커피체리 선별이 이루어져야 한다. 굵은 망사로 만들어진 커다란 체 위에 커피체리를 담고 흔들면 마치 스크린 체크하듯이 작은 체리들이 아래로 떨어진다.

일정한 굵기 이상의 온전한 커피체리들은 육안으로 식별하여 푸른빛이 돌거나 덜 익은 체리들을 수작업으로 골라낸 후 물에 담가 한번 씻어내는 작업을 거친다.

물속에 들어간 커피체리들 중 잘 익은 커피체리는 물에 가라앉으나 외관상 붉은색을 띠고는 있지만 설익은 체리는 물에 뜨며 이는 장차 퀘이커로 발전될 소지가 있기에 물에 뜨는 체리들은 거두어내는 작업을 한다.

이 공정은 커피생두 품질 중 눈에 보이지 않는 부분을 컨트롤하기 위한 아주 중요한 공정 중 하나이다.

때로는 붉게 잘 익어 육안으로는 아무런 문제가 없어 보이는 체리 중에도 물에 뜨는 것들이 있다. 이들은 후에 결점두를 골라낼 때에도 색상이나 외관이 멀쩡하여 선별이 잘 되지 않으나 로스팅 이후에는 색도가 유난히 옅고 흙 향(Earthy)이나 발효취

(Fermented)를 내기도 하는 퀘이커(Quaker)로 진행될 소지가 농후한 체리들이다.

작은 규모의 농장들에서는 체리상태일 때 물에 띄워 골라내기도 하나, 대규모 워싱 스테이션을 갖춘 커피농장이나 공장들의 경우에는 시간절감과 공정 단순화를 위하여 체리껍질을 제거한 후 물에 담가두고 발효과정에서 걷어내기도 한다. 이렇게 한번 씻어낸 젖은 체리는 펄퍼(Pulper)라고 불리는 외과피 제거기에 투입하여 붉은 겉껍질을 벗겨낸다.

▲ 커피체리의 크기를 선별하는 작업

▲ 물에 뜨는 커피체리

전통적인 방법으로 과거에는 나무로 만든 틀 사이에 체리를 집어넣고 으깨서 터뜨리는 방법으로 겉껍질을 제거했으나 최근에는 발전기와 모터를 사용하여 외과피를 제거하는 방법이 보편적으로 쓰이고 있다.

1. 외과피 제거기(Coffee Pulper)

커피산지에서는 이 외과피 제거기를 보통 커피 펄퍼라 부른다.

가장 원시적 형태의 커피 펄퍼는 모두 나무로 짜맞추어져 있으며 나무로 만든 틀 사이에 체리를 집어넣고 으깨어 터뜨리는 방법이 사용된다.

주변에서 쉽게 구할 수 있는 소재를 사용하기에 비용의 지출 없이 제작이나 유지보수가 가능하다.

주로 연간 생산량 파치먼트 기준 5톤 이하의 농장에서 사용한다.

커피 펄퍼 내의 마찰과 구동이 되는 부분 등은 금속성 소재를 사용하는 것이다. 이러한 기계의 경우는 못이나 쇠붙이 등의 금속성 부품이 들어가기에 농민이 자체적으로 만들기에는 숙련된 기술을 필요로 한다. 따라서 전문적으로 이러한 펄퍼를 만드는 장인이나 이웃에게 의뢰해 만들거나 대가를 지불하고 구입하여 사용한다. 이 경우 역시 한 시간 안에 백kg의 커피체리도 처리하기 어렵기 때문에 연간 생산량이 5톤이 넘어가면 기계식 펄퍼로 대치된다. (5톤의 커피 생두를 생산하기 위해서는 약 30톤의 커피체리를 깎아야 한다.)

가장 진보된 경우인 발전기와 모터를 사용하여 외과피를 제거하는 기계로 주로 인도네시아산이나 브라질산 제품이 사용되고 있다. 이 작은 펄퍼의 위력은 한 시간 안에 커피체리 수백 킬로는 충분히 처리한다. 기계 사용 시에는 고속으로 회전하는 모터와 외피를 깎기 위한 마찰 때문에 계속 물을 부어주어야 한다. 기계로 외피를 깎을 경우 무자비한 모터 날의 회전에 의해 외피가 얇게 터지는 경우도 있고 반대로 과육까지 뭉텅뭉텅 깎이는 부분도 있어 균일한 품질유지에는 오히려 재래방식인 매뉴얼로 맷돌 돌리듯 깎는 것이 더 유리한 면도 있다.

발전기와 모터를 이용하는 커피 펄퍼 중 대형 공장이나 농장용으로 최적화되며 대형화된 자동식 펄퍼다. 시간당 수 톤, 하루 수십 톤의 체리 외피 제거가 가능하며 이중구조로 상단부에서 한번 체리 외피를 제거한 후 하단부에서 다시 한 번 걸러 남아 있는 외피를 제거하는 구조로 되어 있다. 전기가 들어오지 않는 커피농장의 경우 이를 가동할 전력을 만들기 위한 발전기(Generator)가 필수이다.

3. 펄핑(Pulping)

1) 펄핑의 의의

많은 커피 전문가들은 커피의 맛이 생두에서 이미 60% 이상 결정된다고 한다. 그 결정되는 커피맛에 있어서 핵심역할을 하는 것이 바로 커피 펄핑과정이다. 수확된 커피체리는 목적에 맞추어 펄핑처리되고, 이를 풀리워시드(Fully Washed), 세미워시드(Semi Washed), 내추럴(Natural) 등의 이름으로 부르고 있다. 커피생두가 가진 유전적 특성과 자라난 성장환경 이외에도 바로 이 수확 후 발효와 펄핑의 과정에서 여러 가지 기대되는 맛들이 형성된다. 깔끔하고 고급스러운 산미를 위해서는 워시드 가공을 하며, 특유의 향미와 단맛, 바디감을 위해서는 내추럴 가공을, 오직 단맛을 극대화하기 위하여 허니 프로세싱을 하기도 한다. 이 밖에도 브라질 등지에서 시행하는 커피나무 가지에 체리가 열린 채로 그대로 건조시키는 공법인 드라이 온 트리(Dry on Tree), 아프리카 지방의 다양한 시도인 이중 펄핑과 습식 펄핑, 그리고 맛을 깊게 하기 위한 특별한 펄핑 중 하나인 인도네시아의 길링바사(Giling Basah : 영어명 Wet Hulling) 등 원하는 다양한 맛을 연출하기 위한 많은 펄핑과정이 존재한다.

이는 각개 산지의 특수성과 소비자들의 니즈가 접목되어 적정한 시장 수요에 맞추어 조화롭게 이루어져야만 한다. 큰 맥락으로는 워시드와 내추럴로 구분한다.

	장점	단점
워시드 (Washed) 일명 습식법 (濕式法)	• 섬세하고도 깔끔한 향미를 살릴 수 있다. • 전체적으로 균일한 상태의 생두로 가공된다. • 산미와 복합적인 플레이버(Flavor)가 나오는 결과물을 얻을 수 있다.	• 물을 많이 사용하며 환경오염의 우려가 있다. • 가공과정에 비용이 많이 든다. • 시설 설비를 위하여 투자가 필요하다.
내추럴 (Natural) 일명 건식법 (乾式法)	• 물을 사용하지 않으며 환경오염의 우려가 적다. • 가공과정에 비용이 적게 든다. • 시설 설비를 위한 투자가 적다. • 가공 후 부산물이 적다. • 단맛과 바디가 좋은 결과물을 얻을 수 있다.	• 안 좋은 발효(醱酵)향이 스며들 수 있다. • 맛이 거칠어진다.

2) 워시드

워시드(Washed) 또는 습식법이라 하면 워싱 스테이션(Washing station : 물탱크)을 갖추어 놓고, 껍질을 제거한 커피체리를 담가 발효시킨 후 과육을 제거한 다음 말리는 공정을 말한다. 외과피가 제거된 체리는 바로 물탱크에 담겨 곧 발효와 세척의 과정을 거치게 된다. 때문에 시스템화된 커피농장의 경우는 레드스킨(겉껍질)을 제거하는 펄퍼를 펄핑 탱크 위에 설치하고 껍질을 까는 즉시 물탱크로 들어가게 한다.

콘크리트 수조가 마련되지 않은 작은 농장의 경우는 흐르는 물을 가두어 돌로 작은 둑을 쌓고 그 안에 웻 파치먼트(Wet Parchment : 껍질을 깐 체리)를 넣어 워싱 스테이션을 대신해 발효시키기도 한다. 만일 지하수나 흐르는 물을 끌어들일 수 있다면 지속적으로 체리 위에 충분히 물을 뿌려 발효를 유도하여 풀리 워시드를 하기도 한다.

풀리 워시드의 경우 물탱크 안에서 충분한 발효와 여러 번의 세척이 일어나므로 전체적으로 품질이 균일하다. 또한 공정과정상 웻 파치먼트를 물탱크 안에 넣은 뒤 발효하는 동안 물에 뜨는 파치먼트들을 다시 걷어낼 수 있어서 로스팅 이후에 퀘이커들이 적어져 세미 워시드보다 일반적으로 상급의 품질이 된다.

때로는 풀리 워시드의 가공을 위해 큰 공장들은 커피체리의 겉껍질만을 벗긴 채로 웻 파치먼트(Wet Parchmnet)를 커피수매상을 통해 수매하기도 한다. 이렇게 웻 파치먼트로 수매되는 경우는 가능한 한 빨리 운송해 와야 하고 운송해 오자마자 바로 물탱크 안으로 들어가야만 한다. 그렇지 않으면 커피생두에 발효취가 스며들 여지가 있게 되어 풀리 워시드의 장점을 상쇄시킬 수 있어서이다. 그래서 보통 오전 중에 웻 파치먼트를 물탱크에 넣는 작업을 하게 된다. 농민들이 전날 낮에 빨간 체리를 수확해와 그날 저녁에 펄퍼로 겉껍질을 까놓게 되면, 수매상들은 이튿날 새벽

▲ 2층 구조로 되어 있는 워싱 스테이션

에 수매를 해 최대한 빨리 워싱 스테이션(Washing station : 발효를 위한 물탱크)이 있는 공장으로 가져오는 시간적 구조 때문이다. 발효는 물탱크 안에 들어간 커피콩의 밀도에 따라 12시간에서 48시간 이내에 이루어진다. 콩의 밀도가 높으면 충분한 발효시간이 필요하나 너무 오랜 시간 발효되면 발효취가 커피콩 내에 스며들게 되어 좋지 않은 향의 원인이 되기도 한다. 발효가 진행되는 동안 역시 물에 뜨는 웻 파치먼트를 걷어내어 제거하는 수고로움은 좋은 품질의 커피를 얻어내기 위한 필수작업이다. 이렇게 일정시간 발효가 된 커피열매는 과육이 흐물흐물해져서 어느 정도의 마찰에도 쉽게 씻겨 나가게 된다. 발효가 충분치 않을 경우에는 커피과육이 점액질처럼 파치먼트에 들러붙어 제거가 용이치 않다. 발효가 끝난 탱크 안의 물은 많은 부산물과 발효의 찌꺼기들로 악취를 내뿜는다. 따라서 가능하다면 발효용 탱크와 세척용 탱크를 구분하여 사용한다. 발효조에 펄핑한 체리를 넣어 발효시킨 후 그 체리를 세척조로 이동하며 물을 계속 갈아주는 것이 가장 간편하고도 실용적인 방법이다. 이때 발효조와 세척조는 높이를 달리하여 상대적으로 높은 발효조에서 발효가 끝난 웻 파치먼트들이 관로를 통해 상대적으로 낮은

세척조로 들어가게 하면 이동의 수고로움도 없어지고 보다 깨끗하게 세척을 마무리할 수 있다. 이렇게 세척이 완료되면 드디어 커피체리의 붉은 껍질과 과육이 제거되고 커피콩을 감싸고 있는 하얀 파치먼트를 얻게 된다.

1. 풀리 워시드(Fully Washed) vs 세미 워시드(Semi Washed)

풀리 워시드(Fully Washed)와 세미 워시드(Semi Washed)의 구분은 상대적이다. 물이 풍부한 중남미 대형농장들의 경우 펄핑 후 7, 8회 이상 씻어냄을 반복하나 물이 부족한 남태평양의 섬나라들은 두세 번의 워싱 작업이면 풀리 워시드라 칭하기도 한다.

경우에 따라 물이 귀한 섬나라의 경우에는 물탱크를 갖추고 충분히 담가 발효의 과정만을 거친다면 풀리 워시드라 칭한다.

▲ 워싱 스테이션으로 들어가고 있는 파치먼트

심지어 물탱크 없이도 발효되는 기간 동안 적절히 물을 뿌려주어 충분히 발효의 시간을 거치고 깨끗이 씻어준다면 이 또한 풀리 워시드로 분류하기도 한다.

기본적으로 풀리 워시드에 있어서는 껍질이 제거된 체리가 충분히 물탱크에 잠겨 물속에서 발효가 일어나고, 일정시간이 경과된 후 발효된 과육을 씻어내는 작업이 이루어진다. 따라서 파치먼트의 빛깔이 곱고 깨끗하며 생두의 잡맛과 잡향들이 물에 여러 번 씻겨 제거되어 오히려 아로마향이 깊이가 있고 깨끗해진다. 이를 통해 섬세하고도 고급스러운 취향에 걸맞은 커피가 만들어진다.

세미 워시드(Semi Washed)의 경우 일단은 체리 외피가 제거는 되나 과육이 충분히 씻겨지지 않은 채로 건조단계에 들어가기에 풀리 워시드보다는 맛과 향에서 깊이가 떨어지며 그 정도에 따라서 내추럴 가공 생두의 맛을 내기도 한다.

세미 워시드의 경우도 세척의 과정에서 많은 물을 사용할 수 있다면 보다 깨끗한 파치먼트를 얻을 수 있으나 세미 워시드로 가공하는 이유가 물이 부족해서라는 것을 감안하면 세척에 많은 물을 사용하기에는 어려운 것이 현실이다.

▲ 풀리 워시드

▲ 세미 워시드

2. 워싱 스테이션 안에서의 발효의 기술

– 고지대에서 수확한 체리일수록 오랜 시간의 발효를 필요로 한다.

빠른 경우는 한나절(10시간가량)만 담가둬도 되는 경우도 있고 어떤 경우는 이틀 가까운 시간(48시간)을 담가두어야 하는 경우도 있다. 그 이상 담가두면 역시 발효취가 스며들어 좋지 않게 된다.

발효가 되는 동안 특별히 물탱크를 휘젓거나 할 필요는 없다.

이때 가만히 두면 커피의 과육들이 풀어지며 발효되는 것이 눈으로 확인된다.

– 충분한 발효의 시점은 산지별 지역성과 개별성 때문에 경험적 지식으로 파악하는 방법밖에는 없다. 과육의 점액질상태로 발효의 적정시점을 찾는 경험적 지식이 필요하다.

– 발효가 끝나면 세척은 다음과 같은 방법으로 하게 된다.

① 광주리로 덜어내어 물을 부어주며 손으로 문질러 깔끔하게 씻어낼 수 있다.

가장 수고스러운 방법이지만 가장 깨끗한 파치먼트를 얻을 수 있다.

② 기계화된 공정에서는 발효가 이루어진 물탱크에서 세척용 물탱크로 웻 파치먼트를 컨베이어 벨트로 이송하면서 문질러 세척하기도 한다.

③ 역시 대형 공장에서는 발효가 이루어진 물탱크에서 세척용 물탱크로 웻 파치먼트를 옮기면서 물을 뿌려 수압으로 세척하기도 한다.

④ 발효용 탱크와 세척용 탱크가 구분이 안 되어 있는 작은 농장에서는 사람이 직접 들어가 팔과 다리로 휘젓거나 도구를 사용하여 휘저어 세척을 하기도 한다.

이렇게 휘저어 세척하는 경우 빠르게 저어야만 점액질이 제거되기에 손보다는 도구(Paddle)를 사용하는 경우가 훨씬 더 많다.

⑤ 충분히 발효되면 계속 깨끗한 물을 갈아주면서 특별한 행위 없이 자동으로 세척을 유도하기도 한다. 이때에는 10회 이상 물을 반복해서 갈아준다.

▲ 워싱 스테이션 안에서 발효 중인 파치먼트

▲ 발효와 세척이 완료된 깨끗한 피치먼트

3. 풀리 워시드를 위한 신선한 웻 파치먼트 수매법

체리의 경우 무른 상태 등으로 신선도 여부와 대충의 수확시점을 파악할 수 있으나 붉은 껍질을 제거한 웻 파치먼트의 경우 정확한 식별이 곤란할 수도 있다.

이때 향으로 구분할 시에는 과육의 단향이 원래 체리의 당도가 높아서 나는 단내인지, 수확한 지 어느 정도 지나 발효가 진행되어 나는 단내인지 주의하여야 한다.

갓 외피를 벗겨 가져온 신선한 웻 파치먼트는 윤기와 함께 점액질이 잘 벗겨지지 않고, 어느 정도 시간이 지난 파치먼트는 발효가 진행된 부분이 있어 손으로 비비면 점액질이 쉽게 떨어져 나가는 부분도 있다.

3) 내추럴

　건식법이라 불리는 내추럴가공법(Natural)은 커피체리의 붉은 외피를 제거하지 않은 채로 그대로 태양 아래 건조시킨 후 과육의 분쇄가 가능한 함수율까지 건조가 진행되면 이를 탈각하여 생두로 가공하는 방법이다.

　내추럴이라는 말 그대로 체리를 자연 그대로 태양 아래서 건조시키기에 특별한 시설 장비를 필요로 하지 않아 후진국형 생산방식이며, 건조과정에서 많은 잡향들이 스며들 수 있다. 따라서 과거에는 저급한 커피생산에 주로 쓰였으나 최근에는 다양한 소비자들의 취향에 따라 내추럴가공의 개성 있는 맛을 원하는 커피애호가들이 늘어나 생산량도 같이 늘어나는 경향을 보이고 있다. 게다가 비록 거칠고 불균일한 맛을 연출하나 단맛과 바디감이 좋고, 물을 사용하지 않아 오폐수를 발생시키지 않는 친환경성이 부각되며, 또한 생산단가도 상대적으로 현저히 저렴해 경쟁력을 다시 찾아가는 추세이다.

▲ 내추럴 공정을 위해 과성숙된 체리

▲ 내추럴 공정 중인 체리

▲ 아프리칸 베드를 사용해
내추럴 공정 중인 체리

▲ 내추럴 건조 중인 체리,
좌측은 건조완료, 우측은 건조시작

1. 내추럴 생산 공정

애초부터 상품성이 있는 좋은 품질을 생산하기 위한 목적을 두고 종자부터 선별하여 모든 과정에 계획된 정성을 쏟지 않는 이상 내추럴 생산방식은 원가절감을 위한 저렴한 생산방식이라는 것에는 이견이 없다. 단적인 예로 대부분의 로부스타 생산방식이 내추럴 방식이며 대표적으로 저렴한 커피인 베트남과 라오스를 위시한 아시아 국가들이 대부분 내추럴 방식을 사용한다. 또한 아프리카 국가들의 하위등급(G3, G4 : Grade 3, Grade 4) 커피들이 대부분 내추럴방식이며 중남미의 저렴한 대량생산국가인 브라질의 일반적 생산방식이 펄프드 내추럴(Pulped Natural)임은 이를 여실히 증명하고 있다.

실제적으로 대표적인 내추럴 가공법을 면밀히 살펴보면 가공시설이 필요치 않고 모든 것을 자연의 힘으로만 이룬다는 것에 있어 원가부분에 있어서는 큰 장점을 안고 있다.

다음의 내용은 내추럴 가공의 사례이다.

우선 수확한 커피는 체리 그대로 뙤약볕 아래에서 말린다. 물론 체리를 물로 한번 세척하는 과정을 거쳐주면 좋으나 가격경쟁력만이 내세울 유일한 장점인 지역의 경우에는 세척이 잘 이루어지지는 않는다. 현실적으로 세척을 위해서는 충분한 물과 물탱크가 필요한데, 농장 안에 이 물탱크가 있으면 좀 더 나은 값을 받을 수 있는 워시드를 생산하고자 할 것이다. 따라서 고급화를 지향하는 일부 내추럴을 제외하고 빈궁한 지역에서는 체리수확 후 물로 세척하는 것을 기대하기는 어렵다고 봐야 한다.

좋은 값을 쳐서 받을 수 있는 체리는 지상에서 그물망 등으로 올라온 건조대(African Bed)나 콘크리트건조대(Patio)에서 건조하며, 보통의 저급한 대량생산 커피의 경우는 그냥 흙바닥에서 말리게 된다.

수분이 높은 체리가 건조상태가 될 때까지는 어느 정도 시간이 걸리기 때문에 그동안에 마치 오래되어 상하기 시작하는 과일처럼 발효취가 스며들게 된다. 이러한 발효취는 처리공정상 피해가기 어려운 부분 중 하나이기에 아예 내추럴커피의 특성처럼 자리매김하고 있다.

때문에 굳이 싱싱한 체리일 필요도 없어 체리수확 농민은 가지 위에서 검은빛이 돌 때까지 춘분히 이어 떨어질 날만 기다리는 체리를 스트리핑으로 수확하여 햇볕에 넌다.

물에 띄우는 공정이 없기 때문에 미성숙두나 퀘이커들은 고스란히 소비자의 테이블 위로 올라가게 된다.

어차피 내추럴 가공 시에는 좋은 값을 쳐서 받지는 못하기 때문에 농민들도 품질보다는 생산량에 더 관심을 갖게 된다.

내추럴 건조의 기간은 과육 전체를 말리기에 워시드에 비하여 상대적으로 길어지며 각 지역의 일조량이나 습도에 따라 1주에서 최대 4주까지 말리기도 한다. 충분히 건조가 진행되어 함수율이 13%선까지 떨어지게 되면 공장으로 보내져 탈각이 진행된다. 내추럴로 가공된 커피파치먼트는 외피나 과육의 점액이 말라 들러붙어 있기에 탈각 시 총중량의 절반 이상(55~65%)이 줄어들어 3545%만의 중량이 커피생두로 상품화된다.

2. 내추럴 건조 공정

따로 시설 장비 없이 넓은 공간과 충분한 햇빛만으로 충분하며 특별한 기술적 요소를 필요로 하지는 않으나 늘 함수(Humidity)에는 신경을 써주어야만 한다.

과육으로부터 스며드는 발효취와 고유의 향은 내추럴커피의 맛을 더 풍부하게 해주는 특성이 되지만 과도하면 불쾌한 향으로 변질되게 된다. 특히 체리에 수분이 많은 초기건조기간에는 부패나 발효로 연결되지 않도록 각별히 신경을 써준다.

수확 후 처음에는 넓은 공간을 활용하여 가능한 얇게 펴 말려 그늘지는 부분이 최소화되도록 하여 펼친 체리의 아랫부분에서 짓무르거나 발효가 진행되어버리는 것을 최소화할 수 있도록 한다.

체리를 손으로 잡고 흔들었을 때 가벼움과 함께 약간의 내부 울림이 느껴지면 어느 정도 건조가 진행된 것으로 볼 수 있다. 이 이후에는 조금 두툼하게 펴 말려 공간을 절약할 수 있으나 이때도 쟁기로 갈아엎어 주는 행위를 자주 해줄수록 좋다.

3. 다양한 내추럴커피

지금 세계는 커피를 즐기는 사람의 숫자만큼 다양한 수의 기호가 존재하고 그 다양한 기호를 충족시키기 위해 여러 가지 펄핑공법이 다양하게 공존하고 있다. 특히 아프리카 에티오피아의 경우는 아라비카 커피의 발원지이자 선진생산국답게 저렴한 내추럴커피가 아니라 오히려 고급화한 내추럴커피를 상품화하여 좋은 호응을 얻고 있다.

예가체프 지역을 중심으로 근처의 많은 지역들이 자신들의 지역명이나 농장명을 걸고 워시드보다 더 비싼 내추럴커피를 생산하고 있어 다양한 기호의 소비자들을 충족시키고 있다. 코체르(Kochere), 첼바(Chelba), 리무(Limmu), 첼베사(Chelbesa), 이디도(Idido), 콩가(Konga), 툼치차(Tumthicha), 아라모(Aramo), 아리차(Aricha) 등 열거하기에도 벅찬 이 커피들은 좋지 않은 퍼멘티드의 향을 과일향으로 승화시키고 성공적인 마케팅을 통하여 내추럴에 새로운 이정표를 제시하고 있다.

4. 브라질의 펄프드 내추럴

브라질에서 주로 사용하는 내추럴방법으로 체리를 그냥 햇볕 아래에서 건조하지 않고 외과피(Red Skin)만을 제거한 후 그대로 햇볕 아래에서 건조하는 방법이다.

파치먼트에 달라붙어 있는 과육인 점액질(Mucilage)은 제거하지 않은 채로 건조에 들어간다. 브라질의 경우는 습도가 낮아 점액질이 건조 중에 발효되지 않아 발효취가 잘 나지 않으며 건조단계가 완료되면 쉽게 부스러져 제거된다.

일반 내추럴 방식보다 건조의 시간이 줄어드는 장점도 있다. 그리고 건조 중에 과육이 햇볕에 노출되면서 발효가 진행될 가능성이 줄어드는 부분도 내추럴의 단점을 보완한다. 그러나 내추럴커피 특유의 발효취나 거친 잡향 등은 현저히 적지만 생두의 모양이나 색깔은 워시드에 비하여 깨끗하지 못하다. 과육의 점액질에서 오는 단향이 커피생두에 묻어나며 역시 단맛과 바디감이 좋아진다. 펄프드 내추럴 특유의 초콜리티하면서도 진한 맛도 잘 살아나지만 고급생산보다는 대량생산용으로 주로 쓰인다.

4) 길링바사

길링바사는 인도네시아 수마트라 지역에서 시작된 커피생두의 펄핑 방법으로 변형된 풀리 워시드의 일종으로 볼 수 있다. (일부 학자에 따라서는 세미 워시드의 일종으로 보기도 한다.)

다른 지역의 펄핑 방법과 크게 다른 점으로는 보통 펄핑을 한 후 커피파치먼트를 훌링 머신(Hulling Machine : 파치먼트를 탈각하는 기계)으로 쉽게 깔 수 있도록 함수율 12~13% 내외로 건조한 후 탈각을 하는 데 반하여, 길링바사의 경우는 함수율 20~30% 내외까지만 건조하고 훌링 머신으로 파치먼트를 분쇄한 후 생두상태로 다시 건조대에서 12~13%까지 건조를 하는 데 있다.

다시 말해 보통의 생두 펄핑의 경우 파치먼트상태로 건조를 하는데, 이 공법은 어느 정도 건조가 되면 파치먼트를 까내고 생두상태 그대로 뙤약볕에 노출시켜 건조를 하는 큰 차이가 있다.

일반생두가 펄핑 → 건조 → 탈각 과정을 거치는 것과는 달리 길링바사 생두는 펄핑 → 건조 → 탈각 → 건조의 과정을 거치며 단계가 늘어나 관리감독과 품질관리가 더 어렵게 되는 단점도 있다. 그러나 프로세싱기간이 길어짐에 따라 보다 섬세히 결점두 추출이 가능해 공정기간만 충분하다면 푸른 물이 뚝뚝 떨어질 듯한 맑고 깊은 빛깔의 깨끗한 스페셜티급 생두의 공급이 가능하다.

비록 생산비용은 더 들어가지만 생두의 건강한 빛깔은 깊은 바다의 푸른빛을 닮게 되고 맛의 깊이가 깊어지고 향의 풍미가 높아지며 단맛과 바디가 증대되는 효과를 가져오는 결과를 낳는다.

현재 길링바사로 커피 펄핑을 하는 나라는 인도네시아를 시작으로 하여 수개의 나라에 불과하며 수마트라섬 외에도 술라웨시, 플로렌스 등 몇 군데의 농장에서 시행되고 있다.

▲ 길링바사 가공을 위해 탈곡을 마친 생두, 생콩내가 강하다.

▲ 길링바사 가공을 위해 그늘을 만들어주며 천천히 건조하고 있다.

▲ 길링바사 가공이 완료된 생두

▲ 길링바사 가공이 완료된 생두

1. 길링바사 공정의 과정

이 길링바사의 장점을 충실히 이행하기 위해서는 건조기간을 조금씩 아주 오랜 시간 끌어야 한다. 보통 워싱 스테이션에서 끌어올려진 커피파치먼트의 경우 함수율이 50%에 이르는데 이것이 탈각에 이르는 단계인 함수율 13% 내외로 끌어내려지는 데 적게는 3일에서 10일 정도가 소요된다. 그러나 길링바사 공법에 충실히 프로세싱을 할 경우 하루 2~3시간씩 20일에서 30일 정도 건조를 계속해야 한다.

우선 파치먼트의 함수율이 20%까지 떨어지면 탈각을 한다.

홀링 머신(Hulling Machine : 파치먼트 분쇄기)의 파치먼트를 마찰하여 분쇄하는 분쇄드럼의 이격은 일반 풀리 워시드의 경우보다 약간 더 넓다.

그렇지 않으면 수분을 함유한 물렁한 파치먼트는 눌어붙을 수 있다. 이때 탈각 시에는 생콩냄새가 매우 강하며 이는 파치먼트 분쇄과정에서 생기는 마찰에 의한 열로 덜 마른 콩의 냄새가 올라오는 것으로 정상적인 과정 중 일부이다.

파치먼트가 탈각된 생두상태로 열대의 태양 아래 노출이 되기에 상시간 계속 노출을 시키면 질 나쁜 인도네시아 만델링처럼 끝이 갈라지거나 색도가 불균형해지는 등의 품질저하를 가져온다. 때문에 건조 중에도 수시로 천이나 불투명 비닐 등으로 덮었다 펼치기를 반복하여 인공적인 그늘을 형성해 주어야 한다.

마른 천 위에 파치먼트를 올리고 직사별을 쬐다 다시 천으로 덮어 그늘을 만들어주는 과정을 일일 2, 3시간씩 20~30일가량을 반복한다.

이 기간 동안 계속적으로 결점두들을 골라내면 더욱 완벽한 길링바사를 완성할 수 있다. 매일 마당으로 끌어내 펴 말리고 두어 시간 후 거둬들이는 것을 여러 번 반복하는 과정에서 커피의 맛이 깊어지고 단맛과 바디 그리고 진하지는 않지만 깊은 맛의 산도까지 생기는 효과를 가져온다.

건조 후 색도가 고르지 않다면 수출컨테이너에 실리기 전까지 약 2, 3주 정도를 실온에서 공기가 잘 통하게 놔두면 숙성이 되며 생두 전체가 고른 색도를 찾아간다.

2. 길링바사 펄핑의 명칭에 대한 논란

길링바사 펄핑의 시작이 인도네시아 수마트라섬에서 시작되었음에는 누구도 이견이 없으나 그 명칭에는 이견이 존재한다.

실제로 수마트라섬에서 이 젖은 탈곡은 오래전부터 당연시 여겨지는 가공방식이었을 뿐 특정의 이름을 가지고 있지는 않았다. 이 가공방식조차도 대부분의 커피산지가 그러하듯이 수마트라섬에서 전통적으로 시행하던 내추럴가공을 탈피하여 서양의 커피회사들의 작업지시로부터 시작되었다는 설이 정설화되고 있다.

실제로 해외문헌에서는 이를 그냥 젖은 탈곡(Wet Hull)으로 명명하기도 하고, 만델링 공법(Mandheling Process)으로 부르기도 한다.

시작이야 어떻든 이러한 방법이 산지의 여건을 고려했을 때 효율성이 더 나으니 해왔을 것이다. 비록 변화무쌍한 날씨에 손쉽게 말리기 위해서였건, 서방국가의 상인이 시켜서였건 어쨌든 현지의 농민들이나 프로듀서들은 가장 유용한 환금작물로써 선택해 왔을 것이다.

일반 농민들의 경우 커피프로세싱은 습관적으로 반복되는 일상일 뿐이고 이를 따로 규정하거나 학문화시킬 이유는 없는 것이다. 이는 다양한 커피문화와 생산법을 경험하고 기술을 축적해 나가는 외부전문가에 의해 학문화되는 경향이 크고 이는 기술의 진보와 발전이라는 연결고리로 귀착되는 결과를 낳기도 한다.

커피프로듀서의 입장에서 보면 어떠한 경로를 통하여든 기술의 진보와 이의 상용화는 필수적이다. 그렇기 위해서는 어떠한 공법에 대한 명명 또한 필요로 한다.

젖은 탈곡이라는 의미의 바하사(Bahasa)인 길링바사(Giling Basah)는 커피 펄핑의 특징을 그대로 담고 있어 커피프로듀서 간의 의미소통에 있어 전혀 문제를 가지고 있지 않다.

비록 길링바사라는 단어가 인도네시아에서 시작되지 않고 외지인들에게서 시작되었다고 한들 근래 들어서는 인도네시아 문헌에서도 이러한 공법을 길링바사라 한다고 지칭하는 자료들이 나오고 있는 실정이니 사용에 있어서 아무런 무리가 없다 하겠다.

5) 허니 프로세싱

허니 프로세싱은 세미 워시드의 일종으로 볼 수 있다. 단어 그대로 어떻게든 커피체리의 과육을 발효과정 중에서 살려 그 맛을 생두에 영향을 미치게 하여 단맛을 최대한 이

끌어내는 것을 목적으로 하는 펄핑 공법이다.

코스타리카에서 처음 시도된 이후로 좋은 반응을 얻고 있어 여러 세분화된 구체적인 방법과 이름이 최근 들어 속속 등장하고 있다. 그러나 실제 생산현장에 있어서는 획일화되고 교과서적인 방법론이 아니라 각기 현지의 상황에 맞는 방법이 적절히 응용되어 사용된다. 실제로는 커피의 과육을 이용해 단맛을 끌어내기 위해 상황에 맞는 여러 가지 방법들이 경계 없이 시도되고 있다.

일정당도를 유지하고, 일정양의 과육을 남겨 펄핑을 하고, 아프리칸 베드(African Bed) 등 특정장소에서 말리고 하는 등의 교과서적인 구분은 책으로밖에 접할 수 없는 커피 소비국에서 정의하는 바에 불과한 것이다.

1. 허니 프로세싱 공정방법

우선 당도가 높아 보이는 붉은 체리들을 선별해 수확과 동시에 붉은 겉껍질을 제기한다. 껍질이 제거된 체리는 뮤실리지(Mucilage)라고 불리는 점액질이 노출되어 상당히 미끈거리며 끈적이는 상태가 된다. 겉껍질 제거와 동시에 물탱크에 넣는 대신 서늘하고 바람이 잘 통하는 장소에서

▲ 아프리칸베드를 사용 중인 허니 프로세싱

파치먼트를 건조한다. 이때 발효취가 진동할 정도로 과육이 부패되지는 않고 적당히 발효되며 농익은 과육의 단내가 파치먼트 안까지 잘 스며들게 된다.

특별한 품질관리를 위해 바람이 잘 통하는 네트(Net)를 지상 1m 정도의 높이에 설치하여 건조대로 사용하는 경우가 있는데 이를 통칭하여 아프리칸베드(African Bed)라 한다.

일정기간이 경과한 후에는 물로 깨끗이 씻어낸다.

이때 과육이나 점액질이 남아 있게 되면 계속적으로 과발효되어 기분 나쁜 내추럴의 발효취가 날 수도 있으니 정성스레 깨끗이 씻어낸다.

이렇게 만들어진 파치먼트는 볕이 좋은 곳에 넓게 잘 펴서 말린다.

습한 상태로 오랜 시간을 두었던지라 발효취나 기분 나쁜 향미의 발생을 억제키 위해 건조과정은 3일 정도로 비교적 빠른 시간 내에 건조를 마무리한다.

발효 후에 과육을 정성들여 씻어냈기에 유난히도 하얀 파치먼트는 건조 후 파치먼트 분쇄(Hulling)과정을 거쳐 허니 프로세싱을 완성해 낸다.

이외에도 물로 씻어내는 과정을 생략한다거나 등, 산지의 생산환경에 맞추어 다양한 방법으로 허니 프로세싱 펄핑을 한다.

▲ 펄핑이 끝나고 뮤실리지가 드러난 모습

2. 다양한 허니 프로세싱 공법

말 그대로 꿀처럼 단맛을 목적으로 하는 허니 프로세싱은 모두 커피체리의 과육을 활용하여 단맛을 배게 한다는 공통점이 있다.

가공기술의 발달에 따라 여러 이름으로 분화되었으며 펄핑과정에서 과육이 눌어붙어 있는 파치먼트의 색을 기준으로 여러 종류의 이름을 붙인다.

큰 맥락으로 블랙 허니를 제외하고는 세미 워시드(Semi Washed)의 일종으로 볼 수 있다.

다음은 가공시간이 짧은 순으로 열거한 여러 허니 프로세싱의 명칭들이다.

① 화이트 허니(White Honey)

외피와 과육을 거의 제거하고 발효탱크에서 잠깐의 발효과정을 거치면 점액질이 분해되면서 하얗게 되며 파치먼트의 본래 색인 흰색에 가깝게 된다.

② 옐로우 허니(Yellow Honey)

약간의 점액질을 남기고 건조과정에 들어가면 살짝 발효와 변색을 거치는 점액질이 노란색을 띠게 된다.

③ 레드 허니(Red Honey)

외피만을 제거하고 과육은 별도의 제거과정을 거치지 않고 말리기 때문에 붉은빛이 돌며 펄프드 내추럴(Pulped Natural)이라 볼 수 있다.

④ 오렌지 허니(Orange Honey)

외피와 과육을 전혀 벗기지 않고 체리 그대로 발효조에 담가놓았다가 외피와 과육을 제거해 건조시키는 방법이다.

⑤ 블랙 허니(Black Honey)

가장 최근에 나온 가공법으로 체리의 외피만을 제거하고 과육은 별도의 제거과정 없이 그대로 하루는 뙤약볕 아래 건조과정을 거치고 또 하루는 햇볕이 들지 않는 곳에서 천이나 비닐 등으로 덮어 천천히 말리는 과정을 반복하여 단맛을 최대화시킨다.

때로는 건조와 숙성을 반복하지 않고 그늘에서 오랜 기간(25일 이상) 그냥 말리기도 한다.

▲ 실험실의 다양한 허니 프로세싱

6) 무산소 발효

최근 들어 해외 각종 유수의 커피대회에서 무산소 발효커피가 상위권을 휩쓸면서 급작스레 무산소 발효에 대한 이론과 방법론이 주목되고 있다.

발효에 있어 산소가 존재하면 호기성 발효가 되며, 무산소일 시에는 혐기성 발효가 된다.

발효에 산소가 존재하지 않을 시 유기분자가 에너지를 방출하는 신진대사 과정으로 음료 제조에 있어서는 제품에 에탄올, 알코올, 이산화탄소, 젖산, 아세트산과 같은 결과가 생성된다. 그런데 생두 발효에 있어서는 젖산이 생성되는 젖산발효, 알코올이 생성되는 알코올발효, 그리고 높은 온도에서 발효 시 생성되는 메탄과 탄산가스를 이용하는 것을 기본으로 한다.

영어의 표현으로는 Anaerobic Fermentation(무산소발효)이라는 용어와 함께 Carbonic Maceration(탄소침용, 탄산침용)이라는 표현을 함께 쓴다. 이는 탄소나 이산화탄소가 풍부한 환경에서 미생물의 대사에 따른 발효를 말하는 것으로 무산소발효 용어보다 더 포괄적으로 사용되고 있다.

기본적으로 한정된 산소에서 살아남아 활발히 발효에 참여할 수 있는 미생물의 타입은 공기중 결여된 산소로 인하여 제한되고 따라서 이것이 최종적으로 커피 향미의 프로파일을 변경하는 것이다.

1. 다양한 처리 공정

무산소 발효커피의 이론적 체계는 시작점에 있기에 각각의 농장마다 다양한 처리 공법을 활용하고 있다.

▶ 스텐드럼에 파치먼트와 과육을 함께 넣고 남는 공간에는 젤리처럼 끈적이는 커피 씻은 과육물을 넣고 밀봉한다.

이 밀봉 탱크에 이산화탄소 탱크를 연결하여 가압의 원리를 이용하여 압력을 통해 과육의 성분이 생두에 스며들게 한다.

이때 탱크 안의 pH농도 측정을 통해 발효상태를 체크하고 적절한 시점에 배출하여 말린다.

보통 24시간 안팎의 발효시간을 갖는다.

발효가 잘 되기 위해서는 18brx 이상의 체리 당도를 필요로 한다.

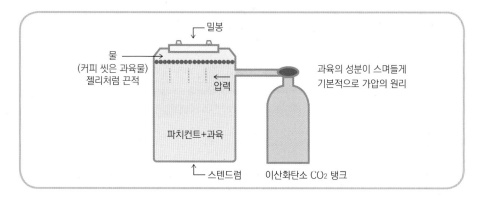

▶ 그레인프로 또는 비닐마대에 체리만 넣고 마대 주둥이를 동여맨 후 20도 이하에서 40시간 안팎으로 발효시킨다.

낮은 온도에서는 미생물이 느리게 번식하기에 좀 더 긴 발효시간을 갖는다.

에티오피아 등지에서는 약간의 과육물을 첨가하기도 한다.

마찬가지로 이산화탄소 발생을 통해 압력이 높아지면 과육 성분이 생두에 흡습되는 원리를 이용한다.

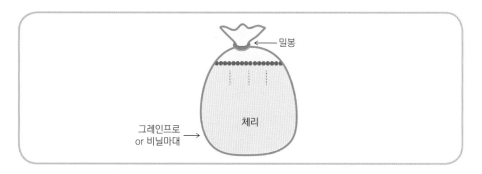

▶ 원웨이 밸브가 달린 스테인리스 탱크에 체리를 넣고 밀봉한다.

체리의 무게에 의해 압력이 발생되고 탱크 내 압력 변화에 따라 미생물이 친용될 수 있는 다양한 당분과 펙틴이 생성된다. 발효는 체리 외부로부터 안쪽으로 서서히 진행된다.

체리에 물을 더하면 5~7일 후 물은 발효효소와 부산물로 인해 포화되고 밸브 밖으로 거품이 나온다.

이때 생두를 꺼내 건조테이블로 보내 2~3일간 아프리칸 베드에서 건조토록 한다.

2. 무산소 발효의 컵노트와 논란

압력으로 스며든 커피 과육의 맛과 젖산으로 인한 발효의 맛이 기본적인 컵노트로 추가된다.

와인, 위스키, 복합적 산도, 요거트, 바닐라, 밀크초콜릿 등의 플레이버가 추가되며 긴 애프터 테이스트와 함께 무산소 발효 커피의 가장 두드러진 특징으로는 시나몬 플레이버(Cinamon Flavor)를 들 수 있다.

미생물이 자신이 가진 효모를 이용해 유기물질을 분해하고 이를 발효라 하는 긍정적 효과로 이끌어내어 밀도가 낮고 미세한 많은 구멍을 가지고 있는 생두의 특성상 이를 흡수하여 새롭고도 긍정적인 맛으로 재창출되는 것에는 긍정적인 면이 있다.

무산소 발효 생두의 경우 다른 펄핑의 생두보다 비싼 가격에 거래되는 것도 이러한 이유에서이다.

그렇지만 발생되는 이산화탄소의 압력으로 가향이 가능하며, 물 안에서 산소와 결합 없이 발효가 진행되는 과정에서 점액질의 미생물이 참여하는데 이 점액질의 향미가 씻기지 않고 커피콩 안으로 전달되며, 여기서 커피콩 자신이 가진 점액질이 아닌 다른 점액질을 추가할 수가 있어 인위적인 가공커피 또는 가향커피라는 이견 또한 팽배히 대두되고 있다.

4. 드라이(Dry)

1) 농가의 소량 건조

커피 펄핑이 완료되면 수반되는 작업이 파치먼트 건조작업이다.

내추럴 가공 시에는 수확과 동시에 그대로 말리니 펄핑 과정이 곧 건조과정이 되어 이 과정에서 맛이 결정지어진다. 반면 워시드 가공 시에는 펄핑 이후에 반드시 거치게 되는 과정이 이 파치먼트 건조작업이며, 커피맛의 마지막 완성을 위하여 경험에서 오는 많은 기술집약적 건조의 기술이 동원된다.

커피 농가의 파치먼트 말리기는 따로 시설 설비 없이 농가 앞마당에서도 진행할 수 있기에 전형적인 가족단위의 노동이다.

붉은 외피를 까고 나서 펄핑의 작업을 거친 커피파치먼트들은 이슬이 걷히는 아침나절 이후부터 농가의 마당에서 건조작업이 진행된다.

좋은 커피가 생산되는 고산지역은 일교차가 꽤 커 이른 아침에는 밤새 내린 이슬로 인하여 대지가 촉촉하게 젖어 있어 어느 정도 해가 솟아올라 대지가 마른 다음부터 펴 말리는 작업이 시작된다.

농가에서는 특별한 건조시설을 갖추기가 어렵기에 보통 커다란 비닐을 바닥에 깔고 그 위에 파치먼트들을 얇게 펴 널고 때때로 잘 마를 수 있도록 솎아주는 작업을 한다.

보통 한 가족 농가의 일일 수확량은 체리 150kg 내외이며 이를 파치먼트로 가공하여 건조대에 펴 널게 되면 보통 두세 평 정도의 공간을 차지하게 된다.

갓 펄핑을 끝낸 파치먼트는 수분함유율이 40%에서 많으면 50%까지 이르나 햇살이 좋은 날 수분함수율을 12~13%로 떨어뜨리는 데까지는 5~6일이면 족하다.

따라서 농가마다 널어놓은 파치먼트들의 면적은 기껏해야 10평 남짓에 불과한 것이 보통이다.

▲ 농가의 파치먼트 건조작업

2) 공장의 대량 건조

공장이나 대형 농장에서는 주로 파티오(Patio)라 불리는 콘크리트로 조성된 건조대 위에서 말리는 작업을 하게 된다.

파티오는 약간의 경사가 지게 설계되어야 하며 일조량을 극대화하기 위해 경사는 태양을 바라보는 방향이 되어야 한다.

따라서 남반구에 위치한 국가의 파티오는 북쪽을 바라보며 경사지게 만들어지고 북반구의 경우는 그 반대로 남쪽을 바라보며 경사지게 만들어진다.

최대한 얇고 넓게 펴 말리는 것이 품질관리를 위해서는 좋으나 그리할 경우 과도한 파티오 건설을 필요로 하게 된다. 따라서 건설물자가 부족한 저개발국가에서는 큰 부담으로 다가오기도 해 적정한 두께 (약 5cm 가량)로 넓게 펴 말리게 된다.

낮에 건조된 파치먼트는 오후시간이 되면 다시 거두어 마대에 담아 창고로 옮기는 작업이 매일 이루어진다.

밤에 내리는 이슬의 양은 파치먼트를 적시기에 충분한 양이며 건조와 함습이 반복되면 커피의 품질에 좋지 않은 영향을 끼치기에 오후가 되면 모든 파치먼트는 다시 그러모으는 작업이 진행된다. 그러모은 파치먼트는 마대에 담아 창고에 보관했다가 익일 아침에 다시 마대에서 풀어 펴 말리는 작업이 반복된다.

▲ 넓게 조성된 건조 파티오

▲ 파티오에서 파치먼트를 창고에 넣기 위해 모으는 작업 중

이 수십 톤에 이르는 파치먼트를 매일 창고와 파티오 사이를 이동하기 위해서는 기계화된 트럭에 의존한다.

공장에 따라서는 더 고급품질의 생두를 생산하기 위한 건조대로 아프리칸베드(African Bed)를 구축해 건조를 하기도 한다. 반면에 생산비용 절감을 위해 파티오에 펴 말리면서 일몰 후에도 그냥 방수천으로 덮어만 놓고 방치해 두기도 한다.

3) 머신 건조

주문 생산에 의존하는 공장의 경우는 납기기일을 맞추기 위하여나 인건비를 절감하기 위해 대형 드라이기를 사용하기도 한다. 뜨거운 바람을 쏘아주어 강제로 건조를 시키는 대형드라이어 기법이나, 건조룸(컨테이너)이나 회전하는 드럼에 열을 가해 건조를 시키는 기법 등이 사용된다.

이러한 대형 드라이기를 사용하게 되면 커피의 맛은 풀리 워시드라 하더라도 내추럴의 방향으로 흐르게 된다.

다시 말해 약간의 발효취가 섞이게 되어 상품성이 조금 떨어진다고 보아야 한다.

기계 드라이기를 사용하여 건조했을 경우에는 실제로 원가가 상당부분 절감되며 시장에서도 kg당 수 센트에서 수십 센트 낮은 가격에 시세가 형성된다. 실제 작업에 있어서 여러 날에 걸쳐 커피를 창고에서 내어와 펴 말리고, 다시 거둬들이는 매일의 천일건조 작업 공정이 크게 단축되는 것에 대한 경비절감이 원가절감 요인이다.

게다가 드라이의 원료로는 비용을 지불하는 가스나 석유 등의 화석연료 대신 손쉽게 얻어지는 커피가공의 부산물인 허스크(Husk) 등을 사용하기에 시간과 비용을 절감할 수 있는 것이다. 기본적으로는 장시간 천일건조에 의한 썬 드라이(Sun Dry)가 가장 좋은 품질을 보증하나 특별히 프로세싱 공법의 필요성에 의해 머신건조를 사용하기도 한다.

▲ 다양한 커피 건조 머신

4) 파치먼트 건조방법의 두 가지 상반된 기술적 견해

하늘 위에서 작열하는 뙤약볕이 모든 파치먼트에 골고루 돌아가는 것은 아니다.

파티오 위에 태양을 보고 누운 파치먼트는 뙤약볕을 충분히 받지만 그 아래의 파치먼트나 태양을 바라보고 있지 않는 반대쪽의 면은 서늘한 그늘이 형성됨은 당연한 이치이다. 파치먼트 전체가 골고루 뙤약볕을 받아 균일한 빛깔의 생두로 만들어지기 위하여는 건조과정 중에 끊임없는 뒤집기가 시행되어야만 한다. 자주 뒤집어줄수록 좋으며 최소한 2시간에 한번은 전체적으로 뒤집어주어야 생두의 균일성을 보장받을 수 있는 것으로 알려져 있다. 그렇지만 파치먼트 건조에 대하여는 다음 두 가지의 상반된 기술적 견해가 존재한다. 우선 일반적인 견해로 자주 뒤집어줄수록 좋다는 견해이다. 쟁기로 뒤집을 때마다 그늘진 곳의 파치먼트를 정확히 뙤약볕을 받는 면으로 모두 끌어올릴 수는 없기에 랜덤하게 자주 뒤집어주어 균일하게 뙤약볕을 받아 골고루 수분을 날린다는 것이 그것이다. 그리고 이와 상반되는 견해로는 자주 뒤집어주면 뙤약볕에 의해 콩의 내부온도가 올라가 수분을 방출하기도 전에 그늘로 들어가게 되어 오히려 생두 내의 함수율을 불균형하게 만들고, 마치 고기를 구울 때 너무 자주 뒤집어주면 그 맛이 떨어지는 것처럼 충분히 열을 받은 후 한번 뒤집기를 해주는 것으로 족하며 하루 한두 번 정도 이상의 뒤집기는 유용치 않다는 견해이다.

파치먼트 건조 시의 뒤집기 횟수에 따른 맛의 변화에 대한 연구자료가 나와 검증된 바는 없다. 그렇지만 적도의 날씨는 그늘이라 하더라도 수분을 방출하기에는 충분히 높기에 자주 뒤집는 것이 좋다는 쪽으로 기우는 견해이나 일부 공장에 따라서는 일일 1회만 뒤집기를 시도하는 경우도 있다.

▲ 파치먼트 뒤집기 작업

5. 훌링(Hulling, 탈각)

수확되고 말려진 커피 파치먼트는 반드시 커피 가공 공정을 거쳐야 한다.

쌀과 같은 곡식을 탈곡하듯 커피생두를 감싸고 있는 파치먼트를 벗겨내야 비로소 커피 생두가 그 모습을 드러내는 것이다. 파치먼트를 분쇄하는 기계인 훌링 머신은 파치먼트를 마찰하여 안에 있는 그린 빈을 끄집어내는 역할을 한다. 커피공장에서 파치먼트를 깨고(Hulling) 크기별로 선별하는(Screen Sorting) 작업을 보통 협의의 프로세싱(Processing)이라 칭하고 훌링과 함께 선별을 같이하는 머신도 프로세싱 머신이라 불린다.

1) 프로세싱 훌링머신

소형 훌링 전문

농장에서 쓰이며 순전히 탈각만을 하는 용도로 이용한다. 일일 400kg 정도 처리 가능하다. 스크린 소팅 등은 별도의 작업을 거친다.

중형 훌링 전문

일정 규모 이상의 큰 농장에서 사용하기도 하며 공장에서 사용하기도 한다.

탈각만을 수행하는 목적이라 선별은 별도의 작업을 거친다.

때문에 설치도 용이하며 여러 대가 함께 대량의 작업도 처리할 수 있다.

최근의 추세는 탈각과 선별을 따로 처리해 업무분화와 함께 좀 더 대량화되어 가고 있다.

중형 프로세싱

소형 또는 중형 공장에서 쓰이며 탈각과 크기선별을 같이하게 되어 작업공정이 용이하다.

공장 근로자가 이층의 투입구로 파치먼트를 들이 부어야 하며 기계 한 대당 일일 4ton 정도 처리가 가능하다.

규모의 경제를 이루기 위해 여러 대를 함께 놓고 사용한다.

대형 훌링 전문

대형공장용으로 바닥에 파치먼트 저장탱크인 싸일로가 있어 자동으로 이를 끌어올려 분쇄를 한다.

탈각과 폴리싱을 하며 크기선별을 별도의 기계로 하게 된다.

일일 5ton 이상 처리 가능하다.

대형 프로세싱

대형공장용으로 비교적 자동화된 시스템으로 파치먼트 이송, 탈각, 폴리싱, 크기선별, 결점두 기계선별까지 모두 일괄적으로 하게 된다.

일일 10ton 이상 처리 가능하다.

2) 훌링(Hulling, 탈각) 공정과정

로컬 공장 내의 중형 프로세싱머신은 1일 2~3톤 정도의 파치먼트를 분쇄하고 대형공장 내의 자동화 머신은 20톤 이상의 파치먼트를 분쇄해 하루에도 한 컨테이너분(약 19톤)의 생두가 만들어진다.

야외에서 사용할 수 있는 훌링 머신을 제외하고 보편적으로 공장 안에서 사용하는 훌링 머신의 경우는 두 개 층의 구조로 되어 있다.

보통은 공장 노동자가 파치먼트를 머리나 어깨에 이고 지고 올라와 2층의 투입구로 넣는다. 대형의 경우는 싸일로(Silo : 파치먼트 저장탱크)로부터 흡입된 파치먼트가 위로 끌어올려진다. 어쨌든 상층부의 파치먼트는 아래로 내려오면서 모터구동에 의한 마찰로 훌링, 폴리싱, 크기 선별을 거치는 구조로 되어 있다.

보통의 공장에서는 훌링(Hulling)과정을 통해 파치먼트가 분쇄된 생두는 연결된 공정으로 폴리싱(Polishing : 생두를 마찰하여 내과피를 깔끔하게 제거해 광택을 내는 과정)과 스크린 소팅(Screen Sorting : 생두를 크기별로 분류) 작업을 동시에 진행한다.

일반적으로 폴리싱 과정은 저품질 커피가 외관을 깔끔하게 하기 위하여 시행되는 공정이고 폴리싱 과정을 거친 생두는 워시드나 내추럴처럼 폴리쉬드라 표기된다. 대부분의 나라들이 보통 로부스타의 경우만 폴리싱을 따로 하고 있다.

투입되는 파치먼트는 프로세싱머신의 열기에 의해 조금 더 수분이 날아가고, 벗겨지는 파치먼트 껍질의 무게가 감소되어 이 과정 중 약 30%의 중량이 감소된다. 체리상태의 무게를 100으로 보았을 때 외과피를 벗기고 펄핑해 건조과정을 거치면 약 20~30 정도로 줄어들며 이를 훌링 과정을 거쳐 파치먼트를 제거하면 다시 15~20 정도로 줄게 된다.

내추럴가공의 경우는 조금 다르다. 체리의 무게를 100으로 보았을때 건조의 과정을 거치면 35~45 정도로 줄고, 이 파치먼트를 훌링하면 다시 60% 정도 줄어들어 15~20 정도의 생두 결과물을 얻는다.

때문에 부피가 큰 체리상태나 파치먼트상태에서는 지게차 등의 도움을 받아 이동하고, 생두상태로 줄어들게 되면 인력으로 운반하는 것이 보통이다.

대형공장 시스템은 공장 바닥 또는 외부에 거대한 싸일로(Silo)를 설치하고 지게차로 파치먼트를 실어와 채워 넣고 프로세싱머신을 가동해 분쇄, 크기별 분류, 머신소팅을 일괄적으로 수행하는 구조이다.

이 커피생두를 감싸고 있는 파치먼트는 생두의 보존에 가장 적합한 구조이다. 다시 말해 파치먼트를 분쇄하지 않은 상태의 생두는 그 신선도를 가장 잘 보존하고 있다.

따라서 수확과 펄핑을 송출 일정에 비하여 일찍 했다면 파치먼트 분쇄는 가급적 늦게 하여 최대한 신선도를 유지하도록 한다. 대형 공장의 경우는 파치먼트 상태로 보관하다 주문이 들어오면 그때그때 적당량만 훌링 작업을 하여 포장 송출하는 것도 일반적이다.

탈각과정을 마친 생두는 기계 안에서 발생한 마찰열로 인해 생두 내부의 온도가 올라가게 된다. 이 올라간 생두의 온도를 실온수준으로 내리며 생두의 호흡을 돕기 위해 보통 하루나 이틀 정도 마대(Gunny Sack) 입구를 열어 숨을 쉴 수 있는 시간을 둔다.

워시드의 경우 내추럴보다 더 긴 숙성기간을 둔다.

6. 선별(Sorting)

1) 스크린 소팅(Screen Sorting, Screening)

스크린 소팅머신은 대형 철망구조로 되어 있고 훌링 머신의 하부에 연결되어 있어 파치먼트가 탈각된 생두가 떨어지면 이를 강하게 흔들어 철망 사이로 빠져나가게 한다. 이때 사이즈가 큰 생두는 철망을 못 빠져나가 큰 등급으로 분류되고 사이즈가 작은 생두는 철망을 빠져나가 작은 등급으로 분류된다. 스크린 분류용 철망은 길이가 길수록 효과 면에서 더 유용하다. 탈각이 완료된 생두가 스크린망으로 떨어지게 되면 전체망의 끝부분부터 반대쪽 끝까지 진동과 함께 지나가며 구멍을 통과할 기회를 갖는데 이때 길이가 길면 해당 구멍으로 떨어질 기회를 더 많이 갖기에 분류에 있어서 더 효율적이다.

▲ 스크린 소팅용 철망

1. 생두의 크기를 나타내는 용어인 스크린 사이즈(Screen Size)

스크린 사이즈 1은 생두의 가로 작은 폭이 1/64인치란 의미로, 약 0.4mm이다.

보통 국제 간의 거래상 스크린 사이즈 16(작은 폭이 약 6.4mm) 이상이면 무난히 유통되는 커머셜급으로 보고 14 이상부터는 해외 송출 가능한 크기로 간주한다.

국가명	등급	스크린 사이즈
베트남	Grade 1A	16 이상
	Grade 1	14 이상
	Grade 2	12 이상
인도	Plantation AA	17 이상
	Plantation A	16 이상
	Plantation B	15 이상
	Plantation C	14 이상
	Plantation Bulk	14 미만
하와이	Extra Fancy	19 이상
	Fancy	18 이상
	Kona No.1	16 이상
파푸아뉴기니	AA	18 이상
	A	17 이상
	AB	16 이상

	B	15 이상
	C	14 이하
콜롬비아	Supremo	17 이상
	Excelso	14 이상
케냐	AA	17 이상
	AB	15 이상
	C	14 이상
탄자니아	AA	18 이상
	A	17 이상
	B	16 이상
	C	15 이상

2) 결점두 소팅

수입해가는 나라 또는 업체의 품질관리목표치에 따라 그냥 포장이 되기도 하고 핸드
소팅(Hand Sorting)이나 머신소팅(Machine Sorting)을 통해 결점두를 골라내기도 한
다. 결점두를 골라내는 작업속도는 국가나 작업시스템의 차이에 따라 차별성을 보인다.

1. 핸드 소팅(Hand Sorting)

커피 산업이 발달한 나라의 경우는 따로 결점두 추출을 위한 작업대가 마련되어 있기
도 하고 그렇지 않은 곳에서는 그냥 재래식 광주리에 담아 결점두를 골라낸다.

좀 더 나은 품질관리와 작업효율성을 고려한다면 결점두를 선별하는 작업대를 만들어
그 위에서 집중적으로 작업하는 것이 좋다.

커피가 생산자의 손을 거치면서 가장 많은 손길을 요하는 과정이 바로 결점두를 추출하기 위한 핸드 소팅(Hand Sorting) 과정이다.

결점두 선별 작업(Hand Sorting)은 주로 아녀자들에 의해 행해진다.

커피 생산지역이 주로 개발도상국이다 보니 평균 연령이 낮고 다산율이 높아 아동 노동인력이 많은 데다 특별한 육체노동을 요하지 않기에 주로 아녀자들이 이 일을 담당하게 된다.

작업환경이 열악하여 따로 작업대가 마련되어 있지 않은 저개발 국가의 경우는 작업효율 또한 그리 높지 않다.

작업자 50명이 하루 약 3톤의 생두에서 결점두를 골라내어 19톤을 적재하는 20피트짜리 컨테이너 하나 분량을 소화하는데 총 약 10일가량이 소요된다.

전문적인 결점두 핸드픽 작업대가 갖추어진 경우는 그보다 좀 빠른 7~8일 정도가 소요된다.

결점두 소팅을 했을 시 보통 5% 안팎의 결점두가 핸드 소팅되어 버려진다.

이렇게 걸러내어진 결점두 또한 버려지는 것은 아니고 주로 커피산지 내의 내수용으로 유통된다.

스크린 사이즈가 작아 수입업자들이 거들떠보지 않는 C 그레이드 콩들과 선진국가에서 핸드 소팅을 해가고 남은 결점두, 그리고 스크린 소터(Screen Sorter)기의 맨 마지막 단계에서 떨어지는 커피 부산물 등은 결국 자국 내에서 유통될 수밖에 없다.

생산국에서 맛보는 커피 맛의 대부분은 바로 이 버려진 콩에서 우러난 맛이다.

▲ 다양한 핸드 소팅 장면들

2. 머신 소팅(Machine Sorting)

커피의 대량 재배와 대량 생산 시스템이 갖추어진 곳에서는 결점두 선별의 작업이 기계에 의하여 이루어진다.

완전 기계화 작업 시 다음과 같은 공정으로 진행된다.

① 프리 클리닝(Pre Cleaning)

탈각(Hulling)이 이루어지기 전에 프리클리너(Pre Cleaner)로 바람과 진동을 이용해 이물질들을 날려 보낸다.

② 디스토닝(Destoning)

파치먼트에 돌이 있는 경우 탈곡과정에서 기계에 손상을 줄 수도 있고, 돌이 분쇄되어 생두 사이에 섞일 우려도 있으므로 경사지고 많은 홈과 굴곡이 있는 진동판 위에서 흔들어 마치 키질과 같은 원리로 돌을 제거한다.

③ 탈곡(Hulling)

파치먼트를 분쇄하는 탈곡을 한다.

④ 사이즈 분류(Screening)

철망구조로 되어 파치먼트가 탈각된 생두가 떨어지면 이를 강하게 흔들어 철망 사이로 빠져나가게 한다.

이때 사이즈가 큰 생두는 철망을 못 빠져나가 큰 등급으로 분류되고 사이즈가 작은 생두는 철망을 빠져나가 작은 등급으로 분류된다.

⑤ 그래버티 소팅(Gravity-Sorting)

중력과 원심력 그리고 밀도를 이용하여 분류하는 장치로 돌 등의 이물질은 밀도가 높고, 부실한 콩이나 결점두는 밀도가 낮아 이들을 분류해 낸다.

▲ 자동화 공정의 그래버티 소터(Gravity Sorter)

⑥ 컬러 소팅(Color Sorting)

레이저로 목적물의 색을 감지하여 이상색을 띤 물질을 압축공기로 튕겨내는 장치인 컬러소터(Color Sorter)를 이용해 결점두들을 골라낸다.

색도 감지를 이용해 생두 본연의 색의 범주를 벗어난 흑두나 백화현상이 나온 콩을 선별할 뿐만 아니라 가시광선 외의 적외선이나 자외선을 이용해서도 결점두를 선별한다.

▲ 자동화 공정의 컬러 소터(Color Sorter)

⑦ 매뉴얼 소팅(Manual-Sorting)

　마지막으로는 수작업으로 소팅작업을 완료하는 것이 가장 이상적이며 기계에 의한 결점두 선별을 하더라도 반드시 사람 손을 한 번 더 거치는 것을 추천한다. (더블 핸드 소팅(Double Hand Sorting))

　머신에 의한 소팅작업은 최초 투자비가 걸림돌이며 자동화기기 산업이 발달하지 않은 커피생산국들의 특성상 유지보수가 어려운 점이 있다.

　작동 시 고장이나, 유지보수의 필요시 이웃 산업화가 진행된 국가로 보내야만 하거나, 기술진을 불러와야 하는 단점이 있어 대규모 생산지나 거대자본이 투자된 기업에서만 사용된다.

　그러나 시간과 비용의 절감이라는 큰 장점 때문에 계속 확산추세이다.

7. 포장

   결점두 선별까지 끝난 커피콩이 소비지로 건너오는 긴 커피 여정의 준비과정은 포장과 컨테이너 작업으로부터 시작된다.

   일부 스페셜티(Specialty)커피 빈의 경우 항공으로 운송되는 경우도 있으나 불필요한 단가상승요인이 되기 때문에 긴급을 요하는 경우를 제외하고는 흔치 않은 경우이고 일단 기본적으로는 해상운송과정을 거친다.

   무역운송에 있어서는 20피트 단위의 컨테이너와 40피트 단위의 컨테이너가 주로 쓰인다. 그렇지만 커피 운송에 있어서는 단위당 무게가 많이 나가는 커피생두의 특성상 20피트 용량의 컨테이너가 주로 쓰인다. 그보다 더 작은 단위로 소량을 실어오는 경우는 큐빅(Cubic)을 짜서 컨테이너를 분할해 운송해 오기도 한다.

   보통 20피트 크기의 컨테이너에 들어가는 커피콩의 양은 적게는 10톤, 많게는 19.2톤까지 적재가 되어 한 단위로 운송된다. 많은 양이 실릴수록 단위당 운송비가 절감되기에 주로 18톤이나 19.2톤을 적재한다.

   운송에 앞서서 최종적으로 국제거래란 점을 감안하여 신뢰에 문제가 생기지 않도록 무게에 대하여 한번 더 검증을 한다. 그리고는 컨테이너 안에서 겹겹이 쌓여 수십 톤에 이르는 중량감에 커피마대가 터지는 곳이 없도록 꼼꼼히 살펴 마무리 재봉질을 하게 된다.

사용되는 포장용 마대의 재질은 거니쌕(Gunny Sack) 또는 쥬트백(Jute Bag)이라 불리는 삼베의 일종으로 만들어진 황마가 전통적이자 보편적으로 쓰이나, 일부 국가에서는 훨씬 가격이 저렴하면서도 가볍고 질긴 폴리에틸렌(PE)이나 폴리프로필렌(PP)으로 만들어진 마대로 대치되기도 한다.

고분자화합물소재인 PP(Polypropylene : 폴리프로필렌)백이나 PE(Polyethylene : 폴리에틸렌)백은 가볍고 튼튼하며 변질우려가 적으나 식품용기로는 제한하는 곳이 많다.

한 마대에 담기는 용량도 각 나라의 규격이나 전통에 따라 달리한다. 주로 한 마대의 용량은 60kg을 선호하며, 30kg, 20kg, 10kg, 69kg, 70kg 단위도 사용된다.

마대에는 수출자의 상호나 로고를 찍어 넣기도 한다. 마대에 로고나 상호를 찍은 후에는 인쇄한 잉크가 충분히 마를 때까지는 햇볕에 널어 건조시켜 생두에 잉크냄새가 스며들지 않도록 한다.

계량에 쓰는 저울은 대량 수출국에서는 전자식 저울을 사용하고 소량 생산국에서는 아직 재래식 저울을 사용하는 곳이 더 많다.

이 재래식 저울은 최대 1000kg까지 계량이 가능하다. 게다가 오차가 별로 없고 열악한 산지에서 고장이 발생할 우려가 적어 오히려 전자식보다 많이 선호되고 있다.

▲ 수출을 위한 계량

▲ 수출용 마대 박음질

▲ 커피 계량용으로 대중적인 재래식 저울

8. 송출

마무리된 커피 마대는 소비국으로 가는 컨테이너에 실림으로써 송출준비가 완료된다.

대부분의 커피 생산국이 남반구에 위치해 있고, 또 소비국은 북반구에 위치해 있는 관계로 남반구에서 북반구로 올라오는 커피생두는 적도를 통과하여야만 한다. 이때 수분에 민감한 커피콩이 뜨거운 적도의 태양을 지나야만 하는 것이 문제로 대두된다.

거의 밀폐에 가까운 컨테이너 안에서 생명력이 있는 싱싱한 커피콩들은 태양의 열을 받아 수분을 뱉어낼 테고 공기순환이 안 되는 공간에 갇힌 이 수분은 곧 커피콩의 백태현상이나 곰팡이의 원인이 되기 십상이다.

반면에 커피콩을 너무 건조시켜 적재를 하게 되면 신선도가 떨어지기도 하고 중량이 감소되어 수출 원가가 높아지는 결과를 초래하기도 하기 때문에 수출업자는 커피생두가 최상의 맛을 낸다고 알려진 12% 안팎의 함수율을 유지한 채로 적재를 한다.

따라서 커피 송출을 위한 준비 시 함수율 관리는 필수적이다.

이에 커피 송출업자는 일단 컨테이너 내부를 Corrugated Cardboard(골판지)로 둘러싼다. 이는 커피콩이 수분을 내뱉는 날숨을 쉴 때 수분을 흡수했다가 들숨을 쉴 때 내뱉어주는 역할을 해 커피콩의 수분조절에 큰 도움을 준다.

특히 수분은 위로 증발하기에 컨테이너 상단부의 래핑은 더욱 중요하며 상단부에 라면박스 등 두툼한 골판지를 덧대어 얹기도 한다. 컨테이너의 바닥이나 벽면의 골판지는 테이핑으로 붙어 있으나 천장은 테이핑으로 고정이 어렵기에 기술적으로 컨테이너 상단부에 노끈을 매어 그 노끈 위로 골판지를 얹어 골판지나 박스가 약한 접착테이프에 의존하지 않고도 고정될 수 있도록 한다.

천장에는 Dry Bag을 걸어 수분을 빨아들이게 하고 이와는 별개로 적재하는 생두마대 사이사이로 항습제를 끼워넣기도 한다.

이렇게 수분과의 전쟁에 대하여 만반의 채비를 한 후 비로소 컨테이너 안에 커피 마대를 차곡차곡 쌓아 넣는다.

적재는 중량보다도 부피에 민감하기에 기술적 적재를 필요로 하며 적재기술에 따라 최대 1톤 이상의 적재량에 차이를 보이기도 한다.

내용물을 모두 채우고 나면 절차에 따라 컨테이너 적재물에 대한 중량검증, 위생검증, 식물 또는 식품에 대한 검역을 하게 되고 최종적으로 컨테이너 문을 닫고 봉인(Sealing)한 후 봉인에 대한 키를 받는다.

이제 이 컨테이너는 트레일러에 이끌려 항구로 가 대기하고 있다가 배에 선적이 되고 소비국으로 향하게 된다. 커피 생산국들은 주로 후진국으로 교역량이 그다지 많지 않기 때문에 직항으로 오기보다는 대부분 다른 배로 한번 더 옮겨 싣는 환적을 거쳐 소비국의 항구를 밟는다.

▲ 컨테이너 내부 래핑

▲ 컨테이너에 커피마대 적재

▲ 컨테이너 실링　　　　　　　　▲ 트레일러에 의한 컨테이너 이송

1. 항구가 없는 내륙 국가들의 커피 송출

① 에티오피아

아프리카의 대표적인 커피수출국이자 커피의 발상지인 에티오피아도 의외로 수출항을 가지고 있지 않는 나라 중에 하나이다.

에티오피아에서 송출되는 커피는 대부분이 트러킹(Trucking)을 통하여 북동쪽의 아덴만연안에 위치한 작은 나라 지부티공화국(Republic of Djibouti)의 수도 지부티항으로 옮겨져 이곳에서 해운운송을 한다.

커피의 생산은 모두 에티오피아에서 이루어져 컨테이너에 실려 봉인된 후 그대로 지

DJIBOUTI

ETHIOPIA

부티공화국으로 넘어가 항구만 빌려 운송하게 된다.

　지부티공화국과 에티오피아와의 국경은 마치 한 나라 한 경제권인 것처럼 비교적 자유롭게 넘나들고 있어 마땅히 수출물자가 없는 아프리카의 소국 지부티의 입장에서는 에티오피아의 커피 송출은 지부티항을 숨 쉬게 하는 요소이다.

② 르완다

　천 개의 언덕으로 되어 있다는 아프리카의 작은 내륙국 르완다도 항구를 가지고 있지 않다. 따라서 르완다의 검역국을 거쳐 봉인된 컨테이너 역시 육로운송(Trucking)으로 인접 항구로 가게 된다. 보편적으로는 우간다를 거쳐 케냐의 몸바사(Mombasa)항구로 가게 된다.

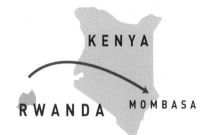

　르완다의 경우는 자국의 컨테이너 수량이 별로 없어 트러킹을 하는 육상운송사와 해운운송사가 다른 경우도 많아 컨테이너가 항구에서 개봉되어 해운사 소속 컨테이너에 다시 적재되기도 한다. 르완다 역시 최빈국으로 관세를 면제받기 위해서는 반드시 르완다산임을 입증해야 하기 때문에 이때 케냐의 항구에서 컨테이너가 바뀐다면 이를 입증할 수 있는 Trucking B/L은 필수이다. 육상운송을 통해 르완다를 출발하는 컨테이너의 실링넘버(Seal number)와 최종적으로 한국에 들어오는 컨테이너의 실링넘버가 다를 수 있기에 한국의 세관에서 이를 입증할 만반의 준비서류가 필요한 것이다.

③ 라오스

　아시아의 대표적 커피생산 내륙국가인 라오스도 마찬가지로 항구가 없는 국가이다. 동남아시아권의 육로 운송구간은 아프리카 국가들에 비해 잘 되어 있어 비교적 손쉽게 트러킹으로 인접국가로 나갈 수 있다.

　대부분은 인도차이나반도에서 가장 경제력이 좋아 수출물자가 많은 태국의 방콕으로 운송되어 나오며 한국과는 교류가 많기에 비교적 수월하게 육상 및 해상운송이 가능하다.

9. 결점두의 이해

결점두는 공산품이 아니라 곡물인 커피생두를 생산하는 과정에서 필연적으로 발생하는 정상적이지 못한 커피생두이다.

결점두가 발생하는 원인도 다양하고 결점두의 종류 또한 다양하다. 그러나 결점두는 기본적으로 커피맛에 부정적인 영향을 미치기 때문에 가능한 한 선별과정을 거쳐 커피 산지에서 제거된 채로 송출되어야 한다.

그렇지만 기계로 찍어내는 공산품이 아닌 관계로 어느 정도의 결점두는 상품에 섞여 있기도 하다.

생산과정에서 가급적 이를 선별하여 제거하기 위한 노력을 하나 상대적으로 비용과 시간을 투입해야 하고 이는 원가의 상승으로 이어진다.

따라서 다양한 등급의 결점두 허용치의 기준이 정해지지만, 이것이 반드시 품질을 설명하지는 않는다. 경우에 따라서는 더 많은 결점두를 함유하고도 더 좋은 품질의 콩이 있는가 하면, 때로는 결점두가 없이 퍼펙트한 생두 자체의 품질이 떨어지기도 하는 것이다. 일례로 세계 3대 커피의 하나로 꼽는 예멘 모카 마타리의 경우는 생두의 모양새가 매우 불균형하며 대량생산과 획일화된 품질관리 시스템이 갖추어지지 않은 천연야생커피등의 경우는 처리공정상 어느 정도의 결점두를 가지고 있다.

　그러나 커피산업에 있어서 품질관리의 용이성과 시장에서의 상품성을 위하여 결점두의 관리는 필수적이며 많은 노력과 공을 들여서라도 결점두의 선별에 힘을 쏟는다.

1) 커피생산국의 결점두에 대한 허용치

국가명	등급	결점두의 허용 개수 (300g 기준)
인도네시아	Grade 1	11개 이하
	Grade 2	25개 이하
	Grade 3	44개 이하
	Grade 4a	60개 이하
	Grade 4b	80개 이하
	Grade 5	150개 이하
	Grade 6	225개 이하
베트남	Grade 1A	30개 이하
	Grade 1	60개 이하
	Grade 2	90개 이하
하와이	Extra Fancy	10개 이하(1lb(파운드)기준)
	Fancy	16개 이하(1lb(파운드)기준)
	Kona No.1	20개 이하(1lb(파운드)기준)

	Select Coffee	5% 이하
	Prime	25% 이하
브라질	No.2	4점 이하(환산점수 기준)
	No.3	12점 이하(환산점수 기준)
	No.4	26점 이하(환산점수 기준)
	No.5	46점 이하(환산점수 기준)
	No.6	86점 이하(환산점수 기준)
페루	Grade 1	15개 이하
	Grade 2	23개 이하
에티오피아	G1	3개 이하
	G2	12개 이하
	G3	25개 이하
	G4	45개 이하
	G5	100개 이하
	G6	153개 이하
	G7	340개 이하
	G8	340개 이상

브라질의 Defects 환산 점수는 다음과 같다.

큰 사이즈의 돌이나 이물질	1개가 5점
중간 사이즈의 돌이나 이물질	1개가 2점
작은 사이즈의 돌이나 이물질 흑두(Black Bean), 큰 체리 껍질조각(Husk) 등	1개가 1점
벌레 먹은 콩, 깨진 콩, 퀘이커(Quaker), 덜 익은 콩	5개가 1점
쉘(Shell)	3개가 1점
파치먼트(Parchment), 사워빈(Sour Bean), 작은 체리 껍질조각(Husk)	2개가 1점

2) 결점두의 종류

다음은 SCAA(Specialty Coffee Association of America)의 분류기준에 따른 결점두의 종류이다.

블랙빈(Black Bean)

콩의 안팎이 모두 딱딱하고 검게 변질된 경우
너무 늦게 수확을 했거나 흙 위에 떨어져 발효가 된 경우 등, 생두 내부적 문제로 주로 발생한다.
커피맛에 치명적으로 페놀릭(Phenolic)한 맛이나 신맛(Sour), 발효된 맛(Fermented) 등으로 나타난다.

사워빈(Sour Bean)

콩의 안팎이 모두 누렇거나 주황색 또는 갈색을 띠고 있는 경우
블랙빈이 되는 과정에서 멈춘 것으로 생두에서도 신향이 나며 원두상태에서도 시큼한 맛이 난다.

파드(Pod), 마른 체리

체리가 펄핑되지 않고 그대로 말라 생두에 섞여 있는 경우

로스팅 시에 제거는 되지만 내부에 있는 생두는 텁텁한 맛의 원인이 된다.

곰팡이두(Fungus Damaged Bean)

곰팡이균에 감염되어 푸른색이나 누런색을 띤다. 때로는 육안으로 노출된 곰팡이가 보이기도 한다. 주로 보관상태가 안 좋거나 습한 곳에 오래 두었을 때 발생한다.

이물질(Foreign Matter)

가공이나 포장 중에 이물질이 들어가는 경우이다. 주로 돌, 못, 비닐, 나뭇가지, 다른 종류의 곡식들이 섞일 수 있다. 특히 파치먼트 건조대인 파티오(Patio)가 시멘트로 되어 있으나, 열대의 강한 햇볕에 부식되어 조각이 떨어져 나와 이물질로 자주 섞이게 된다. 돌이나 못은 추출장비에 심각한 손상을 주지만 같은 돌이라도 파티오조각은 부식되어 떨어져 나왔기에 상대적으로 덜 심각한 손상을 준다.

벌레 먹은 콩(Insect Damaged Bean)

해충에 의해 생두의 일부가 손상을 입어 구멍이 나거나 부분이 유실된 경우

작은 구멍은 맛에 크게 영향을 미치지는 않으나, 큰 구멍이나 부분이 유실된 경우는 더티(Dirty)한 맛이나 신(Sour)맛의 원인이 된다.

파치먼트(Parchment)

파치먼트가 탈각이 채 이루어지지 않은 채로 생두에 섞여 있는 경우

로스팅 시에 제기는 되지만 내부에 있는 생두는 텁텁한 맛의 원인이 된다.

퀘이커(Quaker)

발육과정의 불안으로 콩 안에 유기물질이 부족해진 경우 생두상태에서는 구분이 어려우며, 로스팅 시에 유기물질에 의한 갈변반응이 일어나지 않아 색도가 유난히 하얗게 나타난다. 건조하고 텁텁한 맛을 낸다.

물에 뜨는 콩(Floter)

색이 바랜 콩으로 밀도가 낮아서 물에 뜨고, 퀘이커와 달리 육안으로 생두상태에서 쉽게 구분이 된다. 텁텁한 맛의 원인이 된다.

쭈글쭈글한 콩(Withered Bean)

생두의 표면이 쭈글쭈글한 경우

체리가 성장하는 동안에 충분한 수분이나 영양이 공급되지 않아 정상적인 성장이 이루어지지 않은 상태이다. 짚과 같은 텁텁한 맛을 낸다.

미성숙두(Immature)

덜 익은 상태에서 수확되어 가공된 경우

덜 여물어 내과피(Silver Skin)가 쉽게 분리되지 않고 단단하게 붙어 있으며 생두의 양쪽 끝이 뾰족하다.

풋맛과 떫은맛의 원인이 된다.

쉘(Shell)

안쪽으로 말려들어간 것과도 같은 생두구조에서 안쪽으로 말려들어간 부분 없이 그냥 조개껍질처럼 바깥부분만 있는 경우. 유전적인 원인이나 가공과정에서 깨진 경우가 있다. 얇고 납작해 열을 쉽게 받아 로스팅 후 탄맛이나 쓴맛의 원인이 된다.

깨진 콩조각(Broken Bean)

탈곡과정이나 기타 가공과정에서 생두가 깨져 조각이 난 경우. 로스팅 시 크기가 달라 배전이 고르지 않게 되고, 깨진 단면에서 열을 받아들이는 게 달라 탄 맛이나 쓴맛의 원인이 된다.

마른 껍질조각(Husk)

마른 체리조각이 가공과정에서 들어간 경우. 주로 내추럴커피에서 나오며 로스팅 시에 없어지나, 로스터기 드럼 안에서의 연소는 깔끔하지 못한 맛의 원인이 된다.

10. 디카페인 커피

1) 카페인

  차나 커피 등에 함유되어 있는 염기성의 물질인 알칼로이드(Alkaloid)의 일종으로 신경계를 흥분시키는 약리적 작용이 있는 백색결정의 물질이다. 주로 차나 커피에서 추출되지만 화학적으로 합성되어 만들어지기도 한다. 무색 무취이나 강한 쓴맛을 지니고 있다. 커피에 포함되어 있는 무기물질로 대표적 쓴맛을 내는 트리고넬린(Trigonelline)보다도 수배의 강한 쓴맛을 가지고 있다. 카페인은 아라비카보다는 로부스타에 더 많이 함유되어 있다. 아라비카는 생두 내에 1~1.5%가량 함유되어 있으나 로부스타의 경우는 2~2.5%가량 함유로 거의 두 배 가까운 양이다. 19세기 초에 독일의 화학자 프리드리히 페르디난트 룽게(Friedrich Ferdinand Runge)가 처음 카페인을 분리해 냈고, 커피에 들어 있는 혼합물이라는 의미로 카페인(독일어 Kaffein, 영어 Caffeine)이라 명명하였다. 그러나 중국의 역사에는 기원전에 이미 차를 음용하며 카페인의 존재를 인식한 것으로 되어 있다. 그 후 같은 독일의 화학자 헤르민 에밀 피셔(Hermann Emil Fischer)가 생명체에 관련된 유기물질에 대한 연구를 하며 카페인의 화학구조를 밝혀냈다.

카페인의 화학구조는 $C_8H_{10}N_4O_2$로 탄소, 수소, 질소, 산소로만 이루어진 유기물질이다. 녹는점은 235℃ 내외로 열에 강해 로스팅 시에 소실되지 않는다. 물에도 잘 용해되어 높은 온도의 물에서는 거의 대부분 용해되어 추출된다.

2) 카페인의 효능

인간이 활동을 계속하게 되면 뇌에 신경전달물질 중 하나인 아데노신(Adenosine)이 축적된다. 이 아데노신은 여러 단계를 거쳐 카페인화된다. 아데노신과 비슷한 분자구조인 카페인이 아데노신과 결합하면 원래물질인 아데노신끼리의 결합을 방해해 피로감을 덜어준다. 심장박동을 증가시키지만 혈관을 수축시켜 혈압을 높이고 흥분작용을 하기도 한다. 또한 간을 자극해 혈당을 분비시켜 근육에 운동할 수 있는 준비를 해준다. 카페인은 아데노신이 근육에 흡수되는 것을 막으니 칼슘은 더 생성된다. 이렇게 해서 카페인은 인간의 활동에 활력을 주고 피로를 극복하게 해주는 것이다. 과다한 카페인의 섭취는 금단증상을 보일 수 있다는 연구결과도 나오고 있다. 또한 과다한 카페인은 치사량에도 이를 수 있으나 치사량에 이르는 용량은 10g으로 이는 최소한 커피 100잔 이상에 해당되는 양이다. (10g의 아라비카 원두로 에스프레소나 드립커피를 내렸을 경우)

전 세계적으로 소비되고 있는 거의 15만 톤에 이르는 카페인의 소비는 거의 대부분 차와 커피를 통하여 이루어지고 있다. 카페인의 긍정적 효과로는 다음과 같은 것이 있다.

① 인류가 커피를 마시게 된 가장 큰 이유로 카페인의 효과를 꼽는 것처럼 중추신경계에 작용하는 약리작용으로 인하여 피로를 극복하고 정신을 맑게 해준다.

② 심장박동을 촉진시키고 혈류를 상승시켜 의학적으로 심장병 예방에 도움이 되고 정신적으로는 현대인의 의욕증가나 기분의 전환에 도움을 준다.

③ 커피 안에 들어 있는 클로로제닉산(Chlorogenic Acid)과 더불어 노화의 주원인인 활성산소(Oxygen Free Radical)로부터 인체를 보호하는 대표적인 항산화물질이다.

④ 신진대사를 활발히 해주고 운동효과를 높이며 지방 연소에 도움을 주어 다이어트에 긍정적 효과를 준다.

⑤ 각종 질병(당뇨, 파킨슨병, 저혈당쇼크, 암 등)의 발병을 저해시키는 연관요소들이 있다.

3) 디카페인 커피(Decaffeinated Coffee)

카페인에 대한 여러 긍정적 효과에도 불구하고 개인적으로 과다하게 민감한 반응을 보이는 경우도 있다. 대표적 사례로 심장의 과박동이나 불면증 등을 들 수 있다. 그 밖에도 칼슘의 흡수율을 저하시키고, 혈류의 흐름을 상승시키면서 혈관을 수축시켜 두통 등의 원인이 될 수 있음은 객관적 사실이다. 개인에 따라 과다섭취의 경우 손떨림이나 눈꺼풀 경련 등의 미

▲ 디카페인 커피생두

세운동조절능력이 떨어지게 되고 뇌졸중 등의 심혈관계 질환을 유발할 수도 있다. 따라서 커피의 향미는 그대로 즐기지만 카페인만을 피하기 위해 카페인이 제거된 커피생두인 디카페인 커피가 개발되었다. 주로 증기를 쐬어 콩의 조직을 부풀린 후 용매를 사용하여 카페인을 제거하는 방법을 사용해 왔다. 이때 최초로 상업적으로 사용되었던 용매로는 1906년도에 특허를 낸 독일 로셀리우스(Roselius)에 의한 벤젠(Benzene)이었다. 그 후로도 클로로포름, 초산에틸, 이염화메틸렌, 에틸아세테이트, 메틸렌클로라이드 등의 용매가 사용되었다. 현재는 100여 년 전 스위스에서 개발된 공법인 스위스워터프로세스(Swiss Water Process)가 가장 많이 쓰인다. 이 방식을 위해서는 스위스워터(Swiss Water)를 먼저 만든다. 생두를 뜨거운 물에 넣어 물에 녹는 많은 수용성 물질들을 녹여낸다. 이때 대부분의 카페인도 용해되어 나온다. 이 용액을 활성탄소(Carbon Filter)로 걸러내면 커피 향미의 원인이 되는 많은 수용성 물질들은 통과하고 분자구조가 큰 카페인만이 걸러져 제거된다. 이렇게 만들어진 물이 스위스워터(Swiss Water)이다. 디카페인 커피 만들 생두를 이 스위스워터에 담그면 카페인만 녹아 나오게 된다. 이 용액에는 이미 생두의 많은 수용성 향미 발원물질들이 가득 녹아 있기 때문에 더 이상의 수용성 성분들은 추출되지 않는다. 오직 카페인만이 없기 때문에 카페인만이 추가로 녹아나오게 된다. 이렇게 하여 생두의 카페인만을 제거하고 다시 건조시켜 디카페인 커피를 만든다. 카페인 제거는 거의 99% 이상 이루어지지만 물에 용해되고 다시 건조되는 과정에서 생두의 조직이 많이 변성되고 향미 또한 손실된다. 따라서 원래 생두가 가진 커피맛과는 다른 맛을 발현시키고 맛의 깊이 또한 떨어지게 되어 그다지 대중화되지는 못하였다.

V. 로스팅

1. 로스팅의 의의

1) 로스팅의 정의

커피는 드물게도 열매의 과육을 취하는 과실이 아니라, 그 안의 씨앗인 생두(Green Bean)를 열로 가열하여 조리한 후 이를 물로 추출하여 음용하는 과실이다. 생두 자체로 맛을 느끼는 것이 가능하도록 물에 용해되는 성분이 한정되어 있어 거의 향미가 없다. 비로소 생두에 열을 가하는 배전(Roasting)과정을 통해서만 쉽게 맛을 느낄 수 있도록 물에 용해되는 성분이 녹아나오는 원두(Roasted Bean)가 된다. 이 원두를 분쇄하고 추출하여 마침내 우리가 마시는 커피를 만들어낸다.

생두에 200도 이상의 열을 가하여 생두 내부조직에 물리적, 화학적 변화를 일으킴으로써 세포조직을 파괴하여 그 안에 있던 여러 성분(당, 지질, 유기산, 카페인을 비롯한 무기물질들)을 밖으로 방출시켜 맛과 향을 표출하는 것이 바로 이 로스팅이다.

보통 로스팅을 하지 않은 커피콩을 생두(Green Bean)라 칭하고, 로스팅이 완료되어 음용이 가능한 커피콩을 원두(Roasted Bean or Whole Bean)라 한다.

2) 로스팅의 중요성

수많은 산지에서 다양한 경우의 펄핑과정을 거쳐온 생두의 조건과 상태는 아주 다양하다. 즉 생두의 크기와 밀도가 다르고, 수분함량이 다르고, 펄핑과정에서 오는 상태가 다르고, 품종, 수확시기, 저장상태와 기간 등 이루 헤아릴 수 없는 많은 조건이 다르기에 로스팅 방법의 절대적 공식은 없다.

따라서 경우에 맞추어 생두가 가진 고유의 맛과 향을 최대한 살릴 수 있는 가장 알맞은 로스팅 방법을 결정해야 한다.

또한 맛과 향이 외부에서 주입되는 것이 아니라 커피원두의 성분 속에서 나오는 것이므로 배전과정에서 이것을 찾아내야 하며, 배전의 기술은 곧 원두를 가공하여 맛을 결정짓는 가장 중요한 노하우이기도 하다.

3) 로스터의 역할

다양한 로스팅 원리를 구현하는 많은 종류의 로스터기 중 자신이 사용하는 로스터기에 대한 활용법과 특성을 충분히 숙지하고, 로스팅할 대상의 커피생두가 가진 향미를 끄집어내기 위한 로스팅 방식을 선택하여야 한다.

그를 위하여는 커피생두가 가진 각각의 식물학적 특성을 이해하고, 산지정보, 펄핑과정이나 보관운송 등의 과정 등에 대한 프로파일 등을 파악하여 원하는 맛의 방향을 이끌어내기 위한 프로파일을 구상한다. 그리고 모든 조건과 변수에 맞추어 축적된 경험적 자료를 토대로 로스팅을 해나간다.

기본적으로 로스팅머신에 대한 숙지와 로스팅기술의 습득도 중요하지만, 그보다는 각각의 커피콩이 가진 특성에 대한 이해가 먼저 선행되어야만 하는 것이 가장 중요한 포인트이다.

로스터는 단순 기계사용자가 아니라 커피콩의 특성을 이해하고 이를 본인이 활용할 수 있는 로스터기를 활용하여 그 커피콩이 가진 가장 효율적인 향미를 표현해 내는 것이다. 이 과정에서 로스팅머신과의 대화보다도 커피콩과의 대화가 중요하다.

커피콩은 로스팅 과정에서 다양한 방법으로 자신의 상태를 로스터에게 이야기해 준다.

펍핑소리, 생두의 색, 로스팅과정에서 나는 향, 채프의 색, 채프의 양, 로스터기드럼에 부딪히는 소리, 연기의 양 등 이루 헤아릴 수 없이 많은 대화의 채널로 로스터와 끊임없이 대화를 시도한다. 이에 유능한 로스터는 커피콩이 하는 이야기에 귀를 기울이고 즉각적인 필요반응을 하며 가장 이상적인 상태로 조리해 나가는 것이다.

▲ 로스팅

2. 로스터기의 종류와 구조

1) 직화식 vs 반열풍식 vs 열풍식

화력공급 방식에 의한 분류이다.

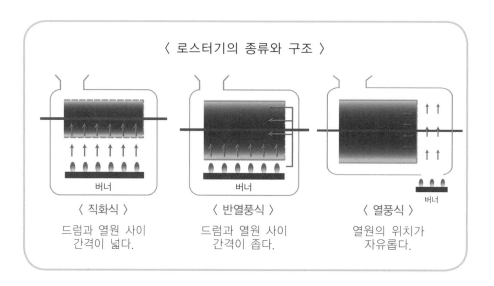

〈 로스터기의 종류와 구조 〉

〈 직화식 〉
드럼과 열원 사이
간격이 넓다.

〈 반열풍식 〉
드럼과 열원 사이
간격이 좁다.

〈 열풍식 〉
열원의 위치가
자유롭다.

직화식		• 화력이 드럼의 구멍을 통하여 드럼 내부의 커피를 직접 로스팅하는 방식 • 일본의 후지로얄(Fuji Royal)과 본막(Bonmac) 등이 대표적 브랜드이다.
	장점	• 구조가 단순하여 고장이 적고 관리가 용이하다. • 커피의 맛과 향이 직접적으로 표현되므로 로스터의 개성 발현이 가능하다. • 드럼에 타공이 되어 있어 직접 열을 전달하므로 드럼이 두꺼울 필요가 없어 예열시간이 많이 단축된다.
	단점	• 콩의 팽창이 약하여 겉만 타버리는 경우도 쉽게 발생할 수 있다. • 주로 전도열만을 사용하므로 열이 부분부분에 골고루 전달되지 않아 결과물이 고르지 않을 수 있다. • 로스팅 시 발생하는 연기의 양이 상대적으로 많다. • 로스팅룸의 온도, 기압, 환기 등 외부환경에 민감하게 반응하여 로스터의 세심한 주의가 필요하다.
반열풍식		• 화력의 일부는 드럼을 달구어 전도열로 커피를 로스팅하고 일부는 드럼 뒤쪽을 통하여 드럼 내부로 전달되는 대류열에 의해 로스팅되는 방식 • 사용자의 편리성이 뛰어나고 안정적인 로스팅이 가능하여 가장 보편적으로 사용된다. • 독일의 프로밧(Probat), 미국의 디드릭(Diedrich), 네덜란드의 기센(Giesen), 터키의 오즈터크(Ozturk), 하스가란티(Hasgaranti), 토퍼(Topper), 골든로스터(Goldenroaster) 등이 대표적이다. 특히 터키는 일찌감치 전래된 커피문화로 인해 로스팅머신 산업이 일찍이 발달했다.
	장점	• 균일하면서 안정적인 커피의 맛과 향을 표현해 낼 수 있다. • 드럼 내부에 열이 집중되면서 원두의 조직팽창에 유리하다. • 안정적인 열전달이 가능하면서 바디감이 좋아지고 원두의 상태가 균일하게 된다. • 로스팅룸 외부환경의 영향을 덜 받아 로스터의 프로파일 구현에 유리하다.
	단점	• 직화식에 비해 안정적인 로스팅이 가능하지만 개성연출에 있어서는 불리한 면이 있다. • 두터운 주물 드럼이나 스테인리스 드럼은 안정적인 로스팅과 연결되어 예열시간이 길다. • 로스팅이 완료된 이후에도 두터운 드럼이나 축의 수명연장을 위해 긴 시간 공회전을 해야만 한다.

열풍식		• 드럼의 통로를 통해 강한 열풍을 불어넣어 원두 사이에서 대류열을 순환시켜 로스팅하는 방식. 미국의 로링(Loring) 등이 대표적이다.
	장점	• 가장 균일한 로스팅이 가능하며 배전시간이 짧아지는 특징이 있다. • 화력의 직접적 전달이 없으므로 프로파일의 통제가 쉽다. • 다양한 열원으로도 균일한 배전이 가능하다.
	단점	• 기기 설비의 가격이 상대적으로 고가이다. • 가장 안정적인 방식이지만, 역으로 가장 개성을 살리기 어려운 방식이다. • 원두 각기의 개성을 살리기 위해 로스터가 할 수 있는 역할이 적다.

2) 전기식 vs 가스식

사용연료에 따른 분류로 대표적 열원은 가스와 전기이다.

가스식	• LPG, LNG 등을 열원으로 사용한다. • LPG는 LNG보다 압력이 더 강하여 좀 더 가는 밸브를 사용한다. • 전기식보다 배전시간이 짧고 맛의 특성이 잘 연출되는 것이 특징이다. 상대적으로 배기되는 연기가 많으며, 이동이나 설치 및 사용에 제한이 따른다. • 대부분의 로스팅머신이 가스식을 사용하고 있다.
전기식	• 전기에 의한 화력공급방식으로 전기코일, 전기드럼가열, 할로겐 등을 사용힌다. 보편적으로 가스식보디 배전시간이 길고 맛이 균일하고 부드러운 것이 특징이다. • 소형로스터의 경우에 대류열을 사용하면 배전시간이 반대로 짧아질 수도 있다. • 콩의 개성을 연출할 수 있는 부분이 적어 디테일한 로스팅에는 적합치 않다. 가장 큰 장점으로는 배기되는 연기가 상대적으로 적다는 것이다. 주로 소형 가정용, 특별한 경우 공장에서 제작된 주문제작형 등에 사용된다.
기타방식	• 숯불배전, 등유나 경유를 사용하는 화력에 의한 배전 등이 있다. • 가스식이나 전기식의 경우 복사열을 사용하는 데 한계가 있어, 원적외선을 방출해 복사열을 사용할 수 있는 연료를 이용하는 경우도 있다.

3) 로스팅머신 각 부의 구조와 기능

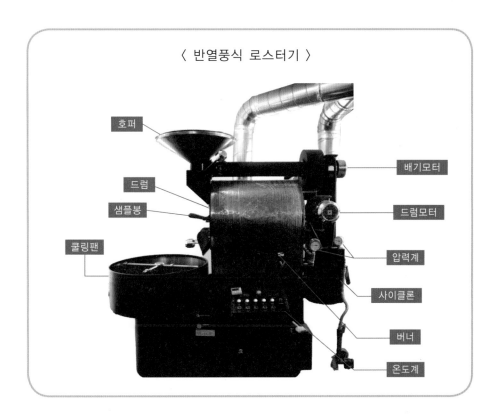

〈 반열풍식 로스터기 〉

호퍼 · 드럼 · 샘플봉 · 쿨링팬 · 배기모터 · 드럼모터 · 압력계 · 사이클론 · 버너 · 온도계

1. 호퍼(Hopper)

생두를 투입하는 입구로 평소에는 뚜껑으로 막혀 있고 생두 투입 시에만 개방한다. 중형 로스터인 15kg형까지는 직접투입형이고, 그 이상의 대형 로스터기의 경우에는 생두가 대량으로 보관되어 있는 싸일로(Silo)에서 공기펌프로 생두를 끌어올려 투입한다.

2. 드럼(Drum)

커피생두가 투입되어 열을 받아 실제적인 로스팅이 이루어지는 공간이다.

내부에는 교반날개가 달려 있어 드럼이 계속 회전하면서 내부에서 생두가 잘 섞이고 골고루 열을 받을 수 있도록 해준다.

드럼의 회전수치는 rpm(revolutions per minute 1분당 회전수)으로 표시하는데 적정 rpm은 50~60 정도이며 각 로스터기의 특징에 따라 다르다.

드럼의 재질이나 모양에 따라서도 로스팅방식이나 특징이 달라진다.

버너에 투입할 수 있는 생두의 양으로 로스터기의 사이즈를 결정한다.

1회에 로스팅할 수 있는 최대치의 양을 그 로스터기의 사이즈로 명명하는데, 15kg 형이라 하면 로스터기 드럼에 1회 투입해 로스팅할 수 있는 생두의 양이 15kg이라는 뜻이다.

〈 드럼의 종류 〉

주물 드럼	• 가장 전통적이며 드럼의 두께가 두껍다. • 제작비용이 가장 많이 들어가고 무게가 나가 불편하지만, 열의 보존성이 좋아 가장 선호된다. • 고른 열전도와 함께 쉽게 식지 않아 열효율성이 좋다.
이중 드럼	• 보통 안쪽에는 주철이나 연철을 사용하고 바깥쪽에는 스테인리스를 사용한다. • 두 종류의 금속을 맞물려 제작하기도 하고, 사이에 공기층을 두기도 한다. 드럼 간극의 열량으로 전도를 하게 되면 조금 더 안정적인 로스팅이 가능해진다.
스테인리스 드럼	• 드럼의 재질을 얇고 강한 스테인리스로 제작하는 것으로 제작이 용이하며 제작비 또한 감소한다.
타공형 드럼	• 상대적으로 드럼의 두께가 얇아지며 열이 드럼 내부의 콩에 직접 전달되는 직화형 구조에 쓰인다. • 타공형 드럼의 경우는 불꽃이 드럼 내부로 들어오지 않도록 드럼과 버너의 간격을 넓게 제작한다.

3. 버너(Burner)

로스터기에 직접적으로 화력을 제공해 주는 부분으로 가스등을 연소시켜 노즐로 불꽃을 내어 드럼에 열을 전달한다.

LNG와 LPG는 가스의 압력이 다르기 때문에 사용되는 노즐도 달라진다.

보통 LPG보다 LNG의 압력이 떨어지기 때문에 충분한 가스를 공급받을 수 있도록 더 넓은 노즐을 사용한다.

버너의 종류로는 분젠버너, 메탈화이버버너, 주물버너 등이 있으며, 완전연소에 가까워서 열효율이 높은 제품이 좋다.

4. 모터(Motor)

로스터기에는 기본적으로 4개의 모터가 들어간다.

드럼을 회전시키는 회전모터, 로스팅을 위해 내부의 뜨거워진 공기를 배기시키는 배기모터, 로스팅이 끝나고 배출된 원두를 식히기 위한 쿨링교반모터와 원두를 식히기 위해 공기를 배출하는 쿨링배기모터 이상 4개의 기본 모터를 갖는다.

단 브랜드에 따라서 소형로스터기의 경우는 쿨링교반모터를 생략하기도 하고, 한 개의 모터로 로스팅을 위한 배기와 쿨링을 위한 배기를 겸용해서 사용하기도 한다.

5. 샘플봉(샘플러 Sampler)

로스팅하는 중간중간에 경과상황을 체크하기 위하여 드럼 내부에 찔러넣어 소량의 샘플을 꺼내서 볼 수 있는 작은 봉이다. 로스터는 수시로 샘플봉을 사용하여 드럼 내부에서 진행되고 있는 배전콩의 냄새, 색깔 등을 계속 관찰해 나가면서 화력과 배기 등을 조절해 나간다.

6. 쿨링팬(Cooling Pan)

로스팅을 마친 원두는 배출구를 통해 쿨링팬으로 쏟아져 나온다.

쿨링팬에는 교반날개가 달려 있어 회전하면서 콩을 섞어주고 쿨링배기모터에서는 뜨거워진 원두에서 나오는 공기를 강하게 빨아들인다.

대형 로스터기 중에는 빠른 냉각을 위하여 쿨링을 공기로 하지 않고 냉각수로 하는 경우도 있다.

7. 댐퍼(Damper, 배기조절장치)

버너에서 오는 뜨거운 공기는 드럼 안에 오래 갇혀 있기도 하고 이내 곧 빠져나가 버리기도 한다. 이러한 배기흐름을 개방하거나 폐쇄하여 그 흐름의 속도나 양을 조절하는 장치이다.

열고 닫는 개폐형으로 조절하기도 하고 배기모터의 속도를 느리게 하거나 빠르게 하여 조절하기도 한다.

일부 브랜드에서는 댐퍼무용론과 함께 설계에서 아예 댐퍼를 빼버리는 경우도 있다.

8. 온도계

드럼이나 배기의 온도를 외부에서 볼 수 있도록 드럼내부나 배기통로에 온도센서가 설치되어 있고 이를 볼 수 있게 외부에 온도창이 마련되어 있다.

로스터는 이 온도창을 보며 보다 쉽게 로스팅되는 콩의 진행상태를 파악할 수 있다.

온도센서는 고온에 버틸 수 있도록 금속으로 되어 있으며 금속의 팽창 정도에 따라 온도를 판단하는 센서구조로 되어 있다.

9. 사이클론

로스팅된 원두에서는 채프(Chaff)라고 하는 커피생두의 내피나 실버스킨(Silver Skin)이 떨어져 나와 날리게 된다. 이 채프가 그대로 배출되면 배기구가 막힐 수도 있고 역류해 버너의 노즐을 막을 수도 있어 사이클론에서 바닥에 쌓일 수 있도록 한다.

사이클론으로 들어온 채프를 함유한 뜨거운 공기는 구조적으로 회전하면서 가볍고 뜨거운 공기는 계속 진행방향으로 진행을 하고, 상대적으로 무게가 있는 채프는 바닥에 가라앉게 된다.

사이클론에 물을 뿌려 채프가 더 잘 가라앉게 해주는 장치도 고안되어 있다.

10. 애프터버너

로스팅을 하는 과정에서는 많은 양의 연기가 발생한다. 이 연기가 그대로 대기 중으로 배출될 경우 문제발생의 소지가 있기에 발생된 연기를 다시 한번 고열로 태우는 구조를 갖게 된다. 200도 정도의 열로 로스팅을 진행하는 것과는 별도로 연기의 제연은 300도 이상의 고열을 필요로 하며, 냄새의 경우는 500도 이상의 고열로만 태울 수 있기에 실제로는 로스터기보다도 애프터버너에 훨씬 더 많은 연료가 소모된다.

최근에는 연기를 열로 태우지 않고 정전기를 발생시켜 집진시키는 플라즈마 방식도 나오고 있으나 아직까지는 소형에만 쓰이고 있어 그 효능은 제한적이다.

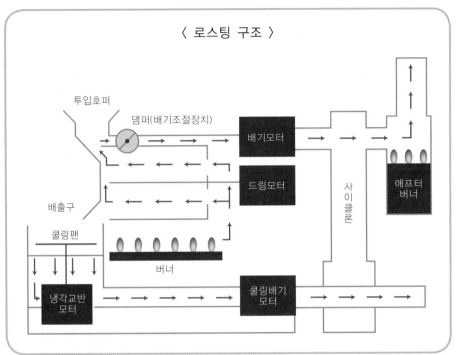

〈 로스팅 구조 〉

투입호퍼
댐퍼(배기조절장치)
배기모터
드림모터
배출구
사이클론
애프터버너
쿨링팬
버너
냉각교반모터
쿨링배기모터

▲ ──▶는 배기의 흐름

4) 로스팅 열의 종류와 원리

로스팅 시 사용되는 열에는 다음의 3종류가 있다.

유능한 로스터는 각각의 열의 특성을 이해하고 필요시 필요한 열량을 적절히 사용할 수 있어야 한다.

1. 전도열(Conduction)

물질이 물질과 만나서 열에너지를 전달해 주는 방식이다.

열은 곧 분자의 활발한 진동구조이다. 활발한 진동구조를 가진 물질이 그 옆의 다른 물질의 진동구조를 활발하게 하여 열을 전달해 주는 구조이다.

전도열은 높은 곳에서 낮은 곳으로 흐른다. 즉 온도가 높은 물질이 온도가 낮은 물질과 접촉하면서 온도가 낮은 물질에 열에너지를 전달해 주는 방식이다.

버너에서 발생한 열이 드럼을 덥히고, 뜨거워진 드럼이 다시 접촉한 공기나 생두를 덥히고, 뜨거워진 공기나 생두는 다시 이웃한 생두를 덥히는 구조이다.

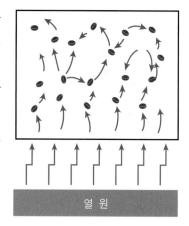

직화방식은 거의 전도열에만 의존하여 로스팅을 한다. 반열풍방식은 각 로스터기 구조에 따라 전도열의 비중이 높기도 하고 반대로 대류열의 비중이 높기도 하다. 전도열은 전도되는 물질의 성향에 따라 열의 전달속도가 결정된다.

드럼의 재질, 두께, 드럼과 맞닿는 공기층 또는 생두의 성향 등이 중요 고려요소이다.

로스팅 시에는 주로 드럼의 화력을 조절함으로써 전도열의 크기를 조절한다. 전도열을 많이 쓰면 콩이 가진 성향을 표출하는 데에는 유리하나 맛의 성향이 강하게 나타난다.

2. 대류열(Convection)

기체나 액체와 같은 유체가 운동하여 움직이면서 열에너지를 전달하는 방식이다.

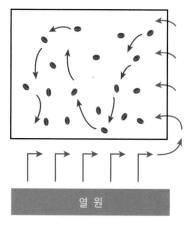

기체나 액체는 밀도차이나 물리적인 흐름에 의해 움직이게 된다. 이때 온도가 높은 곳에서 온도가 낮은 곳으로 흘러가게 되면 온도가 낮은 곳의 분자운동을 활발하게 하여 온도를 높여준다.

열풍식은 다른 파트에 있는 버너에서 데워진 공기가 배기흐름에 의해 드럼으로 들어와서 생두를 덥혀주는 구조이다. 버너에 의해 덥혀진 공기는 배기모터 등의 물리적 작용에 의해 버너 안으로 흘러들어온다. 이때 버너 안의 찬 물질과 순환하면서 찬 물질의 온도를 높여준다.

대류열에는 자연대류와 강제대류가 있다. 뜨거워진 공기가 위로 올라오는 것이 자연대류이며 버너가 드럼의 아래쪽에 연결되어 있으면 자연대류가 발생한다. 강제대류는 배기모터에 의해 뜨거운 공기가 빠른 속도로 드럼 안으로 유입되면서 발생한다.

즉 대류열의 크기조절은 버너의 온도를 올려 자연대류를 늘리거나, 배기속도를 빨리하여 드럼 안으로 유입되는 공기양을 늘리는 방법으로 하게 된다.

이때 유의할 점은 드럼 안으로 유입되는 공기의 양을 늘리기 위해서는 상대적으로 드럼 안에서 빠져나가는 공기의 양도 늘어나게 되는데, 이때 드럼으로 들어온 대류열이 충분히 순환하며 에너지를 공급해 주지 못하고 급격하게 빠져나갈 수도 있는 부분이다.

대류열의 사용부분에는 조금 더 숙련된 기술을 필요로 한다. 대류열을 많이 사용하게 되면 콩의 배전이 고르고 안정적이 되며 맛이 더 부드럽게 구현된다.

3. 복사열(Radiation)

물체에서 방출되는 전자기파의 에너지를 다른 물질이 직접 흡수하여 열에너지로 변환하는 구조로 대류열이나 전도열과는 상당히 다른 성향의 열전달 방식이다.

즉 직접 접촉의 필요도 없고, 공기의 흐름과 같은 매개의 기능도 필요없다. 오로지 발원체 자체에만 의존한다. 복사열은 파장이기 때문에 침투와 굴절을 반복하며 주변으로 퍼져나간다. 예를 들면 찜질방에서 날계란이 익는 원리이다.

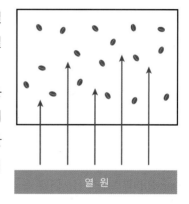

원적외선은 광화학적 작용 없이 열에너지의 효과만 있기에 로스팅 시에는 원적외선 방출물질을 열원으로 써서 복사열을 활용하는 로스팅을 한다. 대표적으로 로스팅에서 쓰이는 원적외선 물질이 할로겐램프나 숯불 등이다.

복사열을 쓰게 되면 생두 내부에 전자기파가 직접 침투하기 때문에 겉보다 속이 먼저 익는 경우도 발생한다. 로스팅된 원두를 분쇄해 보면 겉보다 속이 더 검게 된 경우도 있다.

속부터 골고루 익혀나갈 수 있기에 음식을 조리하는 데 활용되기도 하며, 로스팅 시에도 전도, 대류열과 함께 복사열을 같이 사용하므로 생두 전체를 골고루 익혀낼 수 있다.

원적외선 사용 시 생두 전체를 골고루 익혀가며 로스팅해 낼 수 있는 장점은 분명하나, 이 결과가 대중이 선호하는 맛으로 연결되는 데에는 아직 명확한 관계가 증명되지 않아서 로스팅 시 복사열의 사용이 아직 대중적이지는 않다.

3. 단계별 로스팅 과정

1) 로스팅 단계

0단계 : 예열과 투입

로스터기에 콩을 투입하기 전에 우선 로스터기 드럼을 충분히 예열해 주어야 한다.

드럼 전체가 균일하게 열에너지를 지니기 위해서는 약한 불로 천천히 그리고 충분히 드럼을 가열해 주어야만 한다. 5mm 두께의 드럼을 가진 반열풍로스터기를 기준하여 최소 20분 이상 약한 불로 예열하도록 하며 그보다 두꺼운 드럼의 경우는 그 이상의 예열이 필요하다. 또는 한번 예열을 한 후 적정온도에 도달하면 열원을 끄고 어느 정도 식힌 후 다시 예열하여 드럼이 충분한 열에너지를 골고루 지닐 수 있도록 하는 것도 좋다.

직화식 로스터기나 열풍식 로스터기의 경우는 예열시간이 좀 더 단축된다. 열풍식 중에서도 드럼 없이 원통에 투입한 생두를 뜨거워진 공기로만 로스팅하는 비드럼형 열풍식 로스터기의 경우 아예 예열이 없을 수도 있다.

– 투입 전에 한번 더 생두의 결점두를 골라내는 핸드픽(Hand-Pick)을 해주면 좋다.

– 투입 시에는 배기의 흐름이 너무 강하지 않도록 유의한다. 로스터기 구조에 따라 투입되는 생두의 일부가 강한 배기의 흐름을 따라 배기구로 넘어갈 수도 있으므로 댐퍼 등을 확인하고 투입하도록 한다.

– 투입 시의 온도는 각 콩의 특성과 로스터기의 성향에 따라 다르다.

같은 종류의 로스터기에서도 드럼 안의 온도센서가 위치한 상태에 따라서 온도는 각기 달리 표시될 수도 있다. 예를 들어 같은 드럼내부 상황에서도 드럼의 벽면에 가깝게 붙은 온도센서는 좀 더 높은 온도로 표시될 것이고, 드럼 중심부에 가깝게 위치한 온도센서는 좀 더 낮은 온도로 표시된다. 따라서 로스터의 경험적 수치에 의해 투입온도를 결정하는데, 보통 드럼온도 200도 내외에서 투입한다.

보편적으로 에스프레소용 배전의 경우는 좀 더 높은 온도에서 투입하고 드립용 배전의 경우는 더 낮은 온도에서 투입한다.

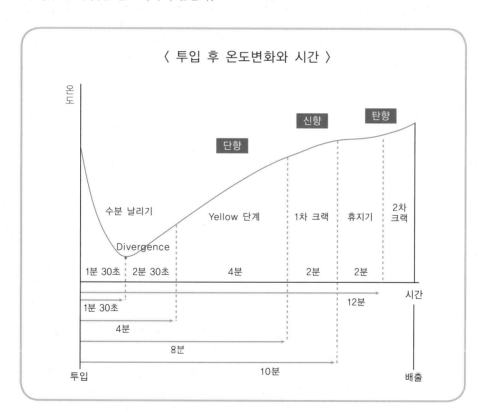

〈 투입 후 온도변화와 시간 〉

1단계 : 수분 날리기(건조단계) - 흡열반응

    ▲ 수분 날리기가 완료된 커피콩

- 콩의 최초투입부터 콩의 내부온도가 100도에 도달할 때까지로 이때 수분의 대부분(90%가량)이 공기 중으로 날아가게 된다.

- 수분 날리기가 충분하지 않으면 원두에서 나는 풋향 등의 원인이 될 수 있어 너무 높지 않은 온도로 충분한 수분 날리기 시간을 둔다.

- 수분 날리기 시간이 너무 길어지면 로스팅 결과물이 안정적이 되나 로스팅시간이 길어져 자칫 향미의 유실이나 베이크된 텁텁한 맛의 원인이 될 수도 있으니 적정한 수분 날리기 시간이 필요하다.

- 원두열을 흡입해 나가는 흡열반응이 시작된다.

- 수분이 증발되는 동안은 풀냄새와 같은 좋지 않은 향미를 발산한다.

- 약 3~4분 동안 지속된다.

2단계 : 갈변화 단계(Yellow단계) - 흡열반응

    ▲ 갈변화 중인 커피콩

- 3~4분 정도가 지나면 콩의 내부온도가 100도가 넘어가면서 콩의 내외부조직에 본격적으로 열이 침투하며 1차적으로 CO_2가 발생한다.

- 원두의 색은 푸른빛에서 밝은 녹색과 황록색을 거쳐 엷은 노란색으로 바뀌어간다.

- 향은 풋내에서 고소한 빵냄새로 변화하며 단향이 점차 증가하다가 다시 후반부로 가면서 고소한 단향이 점차 사라지며 신향이 발현되기 시작한다.

- 드럼 내벽에 부딪히는 콩의 소리도 충분히 수분을 갖고 부딪히는 무거운 소리에서 가볍고 경쾌한 소리로 바뀌어간다.

- 이때 샘플봉을 이용하여 콩의 진행상황을 눈과 코로 지속적으로 체크하며 열의 강약을 조절하거나 대류의 강약을 조절해 나간다.

3단계 : 1차크랙 – 발열반응

- 8분 내외가 되면 열을 흡입하던 원두는 다시 열을 방출하는 발열반응으로 바뀌게 된다.

원두 내부의 조직이 팽창하면서 벌어지고 열을 방출시키기 시작하는 단계이다. 이 시점이 로스팅의 전체 프로파일링 중 가장 중요한 단계로 여겨진다.

▲ 1차크랙이 시작되는 커피콩

- 이때 콩의 부피는 급격히 증가하고 조직은 성겨진다. 생두대비하여 약 50%가량 팽창한다.

- 콩의 세포 내부의 수분이 기화하며 8Bar까지 기압이 발생하고 탄수화물이 산화하면서 많은 양의 CO_2가 발생해 약한 부분인 센터컷이 터지며 크랙이 생성된다.

- 이 시기의 가장 특색있는 현상으로는 콩을 볶는 듯한 경쾌한 크랙음이다.

콩이 단단하거나 신선할수록 크랙소리는 크게 들린다.

그렇지만 생두 가공 펄핑의 종류나 방법에 따라 크랙소리가 작아질 수도 있기에 먼저 생두의 프로파일에 대한 충분한 이해가 선행되어야 한다.

- 원두의 색은 엷은 노란색에서 황갈색을 거쳐 갈색으로 바뀐다.

세포 내 화합물은 열분해를 통해 수용성 다당류를 생성하고 이 다당류는 갈변반응을 일으키는 캐러멜로 바뀌는 캐러멜라이징(Caramelizing)반응이 시작되는 것이다.

- 1차크랙은 강한 신향과 함께 발현된다. 단향의 발현 중에 신향의 강도가 올라가면 곧 크랙이 일어나는 단계를 준비해야만 한다.

- "따.따.따." 하는 크랙음은 처음엔 빈도가 낮다가 진행되면서 빈도가 높아지고 다시 낮아지다가 멈추게 된다. 이렇게 크랙음이 나는 빈도는 거의 표준정규분포곡선을 따르게 된다. 이렇게 1차크랙은 2분가량 지속된다.

- 콩과 은피(Silver Skin)의 서로 다른 팽창지수에 의해 은피가 분리된다.

즉 커피콩은 계속 팽창하지만 커피콩을 감싸고 있는 은피는 팽창하지 않아 본격적으로 생두에서 밀려 떨어져 나와 배기를 통해 사이클론으로 흘러들어간다.

이 시점에서 충분한 배기가 이루어지지 않으면 드럼 내에서 얇은 은피가 타버려 좋지 않은 향이 콩에 배게 된다.

- 1차크랙이 발생하는 동안 로스팅 전 과정 중 가장 많은 연기를 배출해 낸다.
- 1차크랙이 발생하는 드럼 내 온도는 보통 180도에서 190도 내외이다.

4단계 : 휴지기 – 흡열반응

- 1차크랙과 2차크랙 사이로 1차크랙음이 잦아들다가 이내 멈추게 되는데 다시 열을 흡입하는 시간을 갖는다.
- 휴지기의 적정시간은 1차크랙이 진행되었던 시간과 동일한 시간 정도가 알맞다. 주로 1분 30초에서 2분 내외이다.

▲ 휴지기에 있는 커피콩

- 단맛을 연출하기 위해 가장 중요한 시점이기도 하다.
- 2차크랙으로 넘어가면 콩의 온도가 급격히 올라가게 되어 빠른 속도로 진행되기 때문에 휴지기에 필요한 열을 공급하여 원두의 안팎이 충분히 익도록 해준다.
- 휴지기가 마무리되면 원두에 남아 있던 주름이 모두 펴지면서 콩의 크기는 더 부푼다.
- 2차크랙이 다가오면서 원두의 향은 탄 향으로 변하기 시작한다.

5단계 : 2차크랙 – 발열반응

- 수분이 모두 빠져나가 커피콩의 밀도가 떨어져 더욱 바삭하게 되고, CO_2가스와 휘발성 오일에 의해 생성된 세포 내의 지속적인 압력과 결합하여 두 번째 크랙을 일으키게 된다.
- 휴지기 말미부터 나던 탄 향이 본격적으로 나고 드럼 내부에 축적된 열이 빠른 속도로 로스팅포인트가 진행되므로 배기를 원활히 하는 데 집중해야 한다.

▲ 2차크랙 중인 커피콩

- 원두의 색은 짙은 갈색과 고동색을 넘어 2차크랙 중반 이후에는 검은색을 띠게 된다.
- 크랙소리는 1차보다 작으나 파장이 좀 더 날카롭고 규칙적이다.
- 2차크랙 이후 커피콩의 부피는 생두대비 80%가량 팽창한다.
- 이후 계속 진행될수록 원두 내부의 오일이 원두 표면으로 급격히 이동한다.

– 이 시점에서는 원두 내부의 수분이 거의 남아 있지 않은 상태이므로 로스팅이 보다 급격히 진행된다.

　– 로스팅 전 과정에서 충분히 열을 원두에 공급하지 못했다고 판단되거나, 숙성 (Aging)이 필요하다고 판단할 시에는 열원을 모두 끈 뒤에 바로 배출하지 아니하고 드럼 안에서 수십 초 동안의 에이징(Aging)과정을 갖기도 한다.

6단계 : 배출과 냉각단계

　– 로스팅이 완료되어 원하는 포인트의 원두색과 향이 나오면 즉시 드럼 외부로 배출하고 냉각이 이루어져야만 한다.

　– 빠른 냉각이 이루어지지 않을 시 커피콩 내부의 열로 로스팅포인트가 더 진행되거나 원두에서 나는 비린 맛의 원인이 되기도 한다.

▲ 냉각 중인 커피콩

　– 빠른 냉각을 위해 대량 로스팅의 경우에는 냉각수를 이용하기도 하고, 쿨링모터 외에 보조 쿨러를 사용하기도 한다.

4. 생두에서 원두로의 변화과정

부피	원두의 조직이 부풀어 성겨진다. 벌집과도 같은 허니콤(Honeycomb) 구조가 되면서 부피가 60~90% 증가한다.
무게	원두의 수분이 증발하고 탄소와 그 산화물 같은 무거운 가스가 빠져나가므로 무게는 15~20% 가벼워진다.
밀도	부피가 늘어나고 무게가 줄어들어 밀도는 낮아지게 된다.
색상	캐러멜화 작용에 의해 당질이 캐러멜로 변하며 그 결과로 원두는 갈색이 된다. 이 변화는 온도가 충분히 높은 상황에서 일어나며 로스팅이 진행될수록 커피는 진한 갈색으로 변화한다.

로스팅을 진행하며 확연한 변화의 과정은 색도에 있다.

기본적으로 생두는 푸른 청록색을 띠며 로스팅이 완료된 원두는 짙은 갈색이나 검은색에 가까운 고동색을 띠게 된다.

이렇게 로스팅이 진행되면서 원두의 색이 변화되어 가는 과정을 캐러멜라이징(Caramelizing) 현상과 메일라드반응(Maillard Reaction)으로 설명할 수 있다.

1) 메일라드반응(Maillard Reaction)

곡물인 생두에 많은 부분을 차지하고 있는 탄수화물 중 환원당{포도당(Glucose), 과당(Fructose), 자당(Sucrose), 맥아당(Maltose)}과 녹말 등의 다당류가 단백질의 구성분자인 아미노산과 반응하여 갈색의 멜라노이딘(Melanoidine)을 만드는데 이를 발견한 프랑스 화학자의 이름을 따서 메일라드반응 또는 마이야르반응이라 부른다.

2) 캐러멜라이징(Caramelizing)

설탕성분인 자당(Sucrose)이 열을 흡수하면서 점점 어두워지는 갈변화 현상을 이름이며, 자당이 고온에서 가열되면 생두의 갈색을 띠는 캐러멜당으로 변화하는 현상이다. 캐러멜라이징이 진행되면 단향이 생성되며 원두의 색상을 점차 갈색으로 만든다.

3) 화학적 변화

이외에도 발생되는 여러 가지 화학적인 변화는 생두에서는 느낄 수 없는 원두 고유의 향미를 발생시키는 주요한 원인이 된다.

성분	생두	원두
수분	12%	1~2%
지방	10%	16%
당을 제외한 탄수화물	45%	40%
당	10%	2%
단백질	11%	7%
탄산가스	0%	2%

무기물질	카페인	1.2%	1.3%
	클로로제닉산 (Chlorogenic Acid)	6.5%	2.5%
	퀴닉산 (Quinic Acid)	0.4%	0.8%
	트리고넬린(Trigonelline)	1%	1%
	유기산	1%	3%

 – 수분은 신선한 생두에 함유된 적정함수율인 12%선에서 원두를 분쇄해 음용이 가능하게 수분이 모두 빠져나가 바삭거리는 수준인 1~2%대로 떨어지게 된다.

 – 원두에서 대표적으로 늘어나는 성분은 지방이다.

트리글리세리드(Triglyceride)형태가 많다.

생두의 경우 오래 보관해도 오일이 묻어나오는 경우는 절대 없으나 원두의 경우 오래 보관하면 오일이 겉으로 많이 묻어 나오며 이러한 오일은 산소와 결합하여 산패의 원인이 된다.

 – 단백질과 탄수화물은 로스팅과정 중에 연기로 변해서 빠져나가는 CO, CO_2 등의 휘발성 성분 때문에 약간 소실된다.

 – 원두의 향미를 나타내는 중요한 성분의 변화는 무기물질에 있다.

무기물질이라 하면 유기물질인 탄소, 수소, 산소, 질소 이외의 물질로 이루어진 것으로 커피에 있는 대표적 무기물질에는 카페인, 클로로제닉산, 퀴닉산, 트리고넬린, 유기산 등이 있다.

 – 카페인은 열에 전혀 취약하지 않기 때문에 오히려 약간 증가한다.

 – 클로로제닉산(Chlorogenic Acid)이 분해되어야 퀴닉산(Quinic Acid)이 나온다. 둘다 쓴맛을 내는 성분이다.

클로로제닉산은 다이어트와 미용에 좋은 항암물질로 최근 주목을 받고 있다. 너무 강한 강배전은 이 클로로제닉산을 모두 퀴닉산으로 만들어버려 안 좋은 성분들이 증가할 수도 있다.

 – 커피의 복합적인 맛을 유도하는 것은 여러 종류의 유기산이며 이는 로스팅을 통해 2배 이상 늘어난다. 단 너무 강배전을 하면 다시 소실되어 버린다.

5. 로스팅의 단계

어느 정도까지 로스팅을 하는가의 기준이나 명칭에 대한 문제에 있어서 객관성은 필수적이라 하겠다.

이는 로스팅 프로파일을 자료화하고 로스터들 사이의 정보를 교류하고 축적함에 있어서 기준이 될 수 있다.

그렇지만 여러 가지 기준이 존재하여 국가나 지역마다 사용하는 방식이 달라 혼동이 되고 있다.

▲ 샘플봉으로 로스팅단계 확인

최근에 미국의 액츠런(Agtron)社에서는 이에 대한 혼선을 최소화하기 위하여 로스팅된 원두의 색상을 기준으로 하여 액츠런타일(Agtron Tile)을 만들고 각각의 색상에 숫자를 부여하여 객관성을 높이고자 하여 널리 쓰이기 시작하였다.

숫자가 낮을수록 로스팅이 강하게 되어 색상이 짙은 것이며 숫자가 높을수록 연하게 로스팅되어 색상이 연한 것이다.

분류	배전강도	특성	Agtron No
라이트 로스팅 Light Roasting (Very Light)	약배전	미성숙한 잡맛	95
시나몬 로스팅 Cinnamon Roasting (Light)	약배전	향이 약하고 약한 신맛	85~90
미디엄 로스팅 Medium Roasting (Moderately Light)	중배전	1차크랙 시작. 약간의 신맛과 독특한 향의 발현 시작	75~80
하이 로스팅 High Roasting (Light Medium)	중배전	신맛이 강하며 아주 약간의 쓴맛이 발현	65~70
시티 로스팅 City Roasting (Medium)	중강배전	2차크랙 직전 쓴맛과 신맛의 조화	55~60
풀시티 로스팅 Full City Roasting (Moderately Dark)	중강배전	2차크랙의 시작 쓴맛이 신맛보다 우위. 오일이 살짝 스미기 시작	45~50
프렌치 로스팅 French Roasting (Dark)	강배전	쓴맛과 뒷맛이 강함. 스타벅스 등 미국 커피	35~40
이탈리안 로스팅 Italian Roasting (Very Dark)	강배전	강한 쓴맛과 탄 맛	25~30

우리나라는 과거 로스팅기술이 일본에서 도제식으로 배워온 것에 기인하여 일본식 로스팅단계 구분을 많이 사용한다. 그렇지만 국제사회에서는 미국식을 보통 표준으로 삼고 있다. 위 표는 우리나라에서 가장 많이 사용하는 일본식 로스팅 단계별 명칭이다. 그리고 괄호안은 SCAA(미국스페셜티협회)의 분류를 따르는 미국식 분류명칭이다. 대부분의 상업용 로스팅은 시티로스팅과 풀시티로스팅 두 개 단계의 사이에서 이루어진다. City++급이나 Full City 초반의 로스팅포인트가 우리나라에서는 가장 많이 보급된 대중화된 배전도 이다.

6. 특수 로스팅

생두를 투입한 후 열량을 조절하거나 배기량을 조절해 가며 지속적으로 생두의 온도를 끌어올려 로스팅을 하는 일반적 방법 이외에 여러 특수한 방법을 동원하여 새로운 결과물을 얻는 특수 로스팅도 존재한다.

1) 워터퀸칭(Water Quenching)

로스팅 중간에 드럼 내부에 물을 뿌리는 워터퀸칭을 함으로써 원두의 맛에 변화를 꾀하는 기법으로 다음과 같은 이유로 시도될 수 있다.

(1) 원래는 대량의 로스팅 시 배출된 원두가 원두 자신이 가지고 있는 열에너지로 인하여 계속 로스팅이 진행되는 것을 막기 위해 물을 뿌리는 수랭식 공법에서 유래하였다. 공랭식으로 빠른 냉각이 일어나지 않는 대규모 로스팅도 수랭식은 급속냉각이 가능하다.

(2) 로스팅이 진행되는 중간중간에 물을 뿌려 원두의 온도를 순간적으로 낮추어 맛에 있어서 변화를 꾀하고 더 나은 맛을 찾아 나가기 위하여서도 사용하는 기법이다.

워터퀸칭을 하는 시점은 수분 날리기가 모두 지나고 난 후 옐로우반응이 일어난 다음이다. 주로 맛에 영향을 주는 1차크랙과 2차크랙 사이에서 이루어진다.

크랙이 진행되고 있는 중간에 온도가 떨어지게 되면 맛이 치명적으로 중성화될 수 있기에 크랙이 진행되고 있는 시점은 피한다. 단 로스팅 구간을 디지털화하기 위하여는 크랙의 시작시점과 종료시점을 제어해야 하는데, 이때 크랙이 끝나가는 시점에 정해진 종료를 위해 퀀칭을 할 수는 있다.

주로 휴지기 기간을 늘려 커피의 단맛과 부드러움을 향상시키기 위하여 사용한다.

(3) 로스팅이 완료된 이후에 강제적 숙성(Artificial Aging)을 위해 워터퀀칭을 사용한다.

로스팅 종료 후 더 이상 열을 가하지 않고 드럼 내부에 물을 뿌리게 되면 드럼에 갇혀 있는 열 때문에 물은 원두에 닿자마자 순식간에 미세한 입자의 수증기로 변하여 원두가 가진 CO나 CO_2를 가지고 증발해 버린다. 이렇게 하여 갓 볶은 원두에서 나오는 불쾌한 가스의 잡내를 빼낼 수 있다. 이렇게 드럼 안에서 약 2분간 강제숙성을 시키면 자연상태에서 약 12시간가량을 숙성시킨 결과를 보게 된다.

워터퀀칭에 대하여는 원두의 맛을 부드럽게 한다는 긍정적 효과도 있지만 반면에 향미를 앗아가 버린다는 부정적 견해도 대두된다. 일반 드럼식 로스터기의 경우는 갑자기 드럼의 온도가 떨어질 경우 로스터기에 치명적 피해가 가기 때문에 잘 사용하지 않고, 비드럼식이나 얇은 드럼의 로스터기에서 시도된다.

2) 더블 로스팅(Double Roasting)

어느 정도 로스팅이 진행된 상태에서 원두를 배출시킨 후 충분히 냉각시킨 다음 다시 로스팅을 하는 기법이다.

첫 번째 로스팅에서의 배출시점에 따라 여러 가지 목적에 따른 효과를 기대할 수 있다.

(1) 가장 많이 쓰는 방법으로는 1차크랙이 시작되기 직전에 배출하여 다시 로스팅을 하는 것이다. 이로써 두 번에 걸친 수분 날리기 구간을 가지면서 원두의 바디감을 살리는 목적으로 사용된다.

(2) 온도를 많이 올리지 않고 살짝 로스팅하여 수분만 날린 상태에서 배출한 후 냉각시키면 생두변질의 원인이 되는 수분율이 현저히 떨어져 오래 보관할 수 있고, 타 지역 송출도 용이하게 된다. 그리고 필요시에 다시 한번 로스팅을 하게 된다.

(3) 크랙이 일어나는 중간이나 휴지기에 배출하여 냉각시킨 후 여러 가지 프로파일로 다시 로스팅을 하는 기법이다. 이는 맛에 대한 기교나 맛의 재창출을 위하여 시도된다. 주로 향미를 살리는 로스팅이라기보다는 스모키함이나 단맛, 바디감 등을 살리기 위한 로스팅이다.

두 번째 로스팅 시 원두의 진행사항은 첫 번째 로스팅의 종료시점을 그대로 이어받아 진행된다. 예를 들면 1차크랙의 중간에 배출한 후 냉각시켜 다시 로스팅을 한다면 1차크랙의 중간지점까지의 온도까지는 아무런 변화가 없다가 첫 번째 배출한 1차크랙의 중반 시점이 되면 이어서 크랙이 시작되면서 로스팅이 진행되는 것이다.

더블 로스팅 역시 로스팅 시간이 두 배로 늘어나기에 향미의 손실을 수반한다.

그렇지만 좋은 향의 발현보다 맛에 있어서 중후함이나 깊은 바디감 등을 원할 시에는 유용하게 사용된다. 그리고 함유된 수분이 과다한 햇콩이나 생두 내 수분이 불규칙한 길링바사(Giling Basah) 펄핑의 콩 등에도 유용하게 사용될 수 있다.

향미의 손실을 최소화하기 위하여는 두 번째 로스팅의 시간을 단축시키고 배기의 양을 조절하는 방법이 사용된다.

3) 패스트 로스팅(Fast Roasting)

일반적인 로스팅 시간인 12~13분 내에 전 과정을 수행하지 않고 그보다 빠른 시간에 강한 화력으로 로스팅을 마쳐 여러 가지 효과를 기대하는 기법이다.

(1) 우선 빠른 로스팅 타임은 향미의 보존에 유리하다. 그러나 원두의 안과 밖이 골고루 익지 않고 겉만 익어버리는 문제가 발생할 수도 있다.

이러한 문제를 하나의 로스팅기법으로 승화시킬 수 있는 것이다. 안과 밖이 달리 익은 원두는 적절한 로스팅포인트를 통해서 강배전과 약배전을 따로 하여 블렌딩한 효과를 가져올 수도 있다.

(2) 빠른 로스팅 타임은 원두가 가진 본연의 맛을 끄집어 내는 데 유리하다. 단지 짧은 시간에 충분한 열량을 공급하는 것에 대한 문제와 전체 생두에 골고루 열이 전달되어 균일하게 익혀내는 것에 대한 문제를 다양한 경험치로 해결할 수 있다면 패스트 로스팅을 통해 새로운 맛을 창조해 낼 수도 있다.

4) 베이크드 로스팅(Baked Roasting)

강한 열로 로스팅하는 것이 아니라 그보다는 약한 열로 구워내는 기법이다. 로스팅 전 과정을 베이크드시킬 수도 있고 일부 구간만을 베이크드시켜 원하는 맛을 이끌어내거나 모두 날려 빼버릴 수도 있다. 상대적으로 로스팅 시간은 늘어난다.

(1) 베이크드를 시키면 향의 많은 부분이 소실되어 버린다. 그러나 소실되는 향이 좋은 향미가 아니라 나쁜 향미라고 하면 단점이 장점이 될 수도 있는 것이다.

따라서 베이크드 로스팅은 좋지 않은 향기가 나는 오래된 생두를 상업적으로 사용할 때 많이 사용된다. 베이크드시켜 오래되어 묵은 나쁜 향을 최대한 날려버리고 중성적인 맛의 콩으로 만들어낼 때도 사용된다.

(2) 대중적이고 상업적인 원두에서 특정의 맛이 연출된다면 호불호가 갈릴 수도 있다. 이때 일정구간에서 원두를 베이크드시키면 이 문제를 해결할 수도 있다.

주로 로스팅의 초반부에는 베이크드 기법을 사용하지 않고, 1차크랙 이후의 후반부에서 사용한다. 휴지기나 2차크랙 시에 베이크드시키면 로스팅포인트를 뒤로 늘리지 않고도 충분히 원두를 익힐 수 있다. 효과는 신맛을 빼고 단맛과 바디감을 더 이끌어낼 수 있다.

5) 저온 로스팅

보편적으로 로스팅은 200도 이상의 열에서 이루어지는데 이보다 낮은 온도로 로스팅 시간을 늘려 길게 로스팅을 하는 기법이다.

온도를 올리지 않더라도 충분한 열량을 원두에 공급하기 위해서는 로스팅 시간을 늘릴 수밖에 없다.

클로로제닉산은 200도에서 녹으며, 퀴닉산은 그보다 조금 높은 203도 정도에서 녹는다.

대표적으로 쓴맛을 내는 퀴닉산이 발현되지 않을 저온에서 로스팅을 하며 커피를 부드럽고 쓴맛이 적도록 한다.

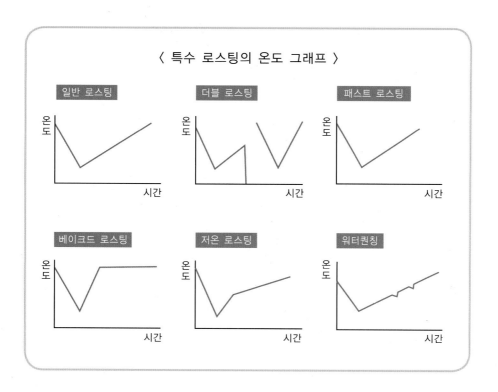

〈 특수 로스팅의 온도 그래프 〉

일반 로스팅

더블 로스팅

패스트 로스팅

베이크드 로스팅

저온 로스팅

워터퀸칭

7. 블렌딩

1) 블렌딩의 이해

서로 다른 원산지와 가공방식의 커피는 서로 섞여 또 다른 기호성에 맞는 맛을 만들어 낸다.

다른 로스팅 배전도, 다른 원산지, 다른 품종, 다른 펄핑방식의 다양한 커피를 조화와 균형을 이루는 적당한 비율로 섞는 것을 블렌딩이라고 하며, 대부분의 상업용 커피는 블렌딩을 통하여 만들어진다.

블렌딩은 다음과 같은 이유 때문에 이루어진다.

(1) 단종커피(Single Origin Coffee)는 자칫 단조로울 수도 있으며 특정 산지의 맛을 가지고 있으므로 특정 소비자의 입맛에만 맞고 대중적이지 않을 수도 있다.

이에 소비자의 취양에 맞도록 알맞게 조화시키는 배합의 과정을 거쳐 무난하고도 균형을 이룰 수 있는 블렌딩커피를 만들어낸다.

(2) 원가절감을 위하여 블렌딩을 한다.

유명세가 있고 가격이 비싼 커피의 타이틀을 내걸고 상대적으로 가격이 저렴한 비슷한 커피를 혼합하여 제조원가를 낮추면서도 마케팅적 목적을 달성할 수도 있다.

주로 자메이카 블루마운틴이나 하와이안 코나 블렌딩이 이 목적으로 쓰인다.

실제로 이들 블렌딩에는 유명세가 있는 커피가 단 1% 미만으로 들어가는 경우도 있다. 원가절감을 위해 많이 쓰이는 커피산지로는 브라질, 콜롬비아, 베트남이 대표적이다.

브라질은 강배전의 진한 커피에 베이스로 많이 쓰이고, 콜롬비아는 마일드하고 무난한 커피의 베이스에 쓰이며, 베트남은 주로 로부스타를 블렌딩하여 강배전의 구수한 맛을 만들어낼 때 베이스로 쓰인다.

(3) 단일 산지로는 주변과 차별화가 되지 않을 경우 경쟁에서 자신만의 블렌딩으로 차별화하기 위해 블렌딩을 하기도 한다.

서로 다른 향미성분들 사이에서 균형을 이루면서도 본인만의 독창적인 맛을 창출해내고자 여러 가지 맛이 조화로우면서도 개성을 느낄 수 있게 차별화된 블렌딩을 한다.

(4) 특정 산지의 맛을 보완하여 원하는 맛의 방향으로 만들기 위해 블렌딩을 한다.

예를 들면 예가체프 커피의 짧은 바디감을 보완하기 위하여 만델링커피를 일부 섞는다던가, 콜롬비아커피의 단조로움을 극복하기 위해 과일향이 나는 내추럴을 섞는다던가 하는 식이다. 최근에는 블렌딩에 대하여 상업적 목적이 너무 부각되고, 소비자들의 커피 산지에 대한 지식이 향상되면서 오히려 특정 산지에 대한 단종커피(Single Origin)에 대한 수요가 더 늘어나고 있다.

그렇지만 상업적인 면에서 블렌딩은 여전히 중요한 기술적 요소의 하나이다.

2) 선블렌딩 vs 후블렌딩

블렌딩에는 크게 두 종류가 있다.

여러 산지의 생두를 한꺼번에 혼합하여 한곳에서 로스팅을 하는 선블렌딩과 각 산지의 특성별로 따로 로스팅을 한 후 이를 다시 섞는 후블렌딩이다.

이 두 블렌딩의 큰 줄기는 각각의 방법이 모두 장단점을 가지고 있다.

1. 선블렌딩

생두를 정해진 프로파일대로 섞어 이를 한꺼번에 로스터기에 투입하여 로스팅을 한다.

때문에 로스팅을 하는 과정 중에 드럼에서 생두들이 삼투압적 효과와 함께 서로 간에 모자란 성분은 받아들이고, 과한 성분은 내어놓는 과정을 반복하며 여러 종류의 혼합된 생두들 사이에서 향미의 동일성을 찾아나가게 된다. 또한 로스팅된 결과물의 색상과 맛도 안정적으로 유지된다.

한번만 로스팅하면 되고, 필요한 적정 물량만 로스팅하면 되기 때문에 노동력이 절감되고 재고부담도 덜게 된다.

반면 단점으로는 사전에 블렌딩된 생두의 특성이 크게 차이가 날 경우 로스팅에 어려움을 겪을 수 있다. 그리고 단일종의 프로파일이 아니라 여러 종류의 섞인 생두들의 종합적 프로파일을 모두 고려해야 하기 때문에 상당히 숙력된 경험치와 기술이 필요하다.

소규모 로스터나 로스팅 경험치가 많은 숙련된 로스터에게 유리하다.

2. 후블렌딩

각각의 생두를 개별로 로스팅한 후 혼합하기 때문에 개별 프로파일만 신경 쓰면 된다. 때문에 쉽게 로스팅을 할 수 있다. 그리고 각 생두의 특성을 최대한 고려하는 로스팅방법을 택하여 로스팅을 함으로써 개별 콩의 특성을 잘 살릴 수 있다.

그렇지만 개별로 로스팅된 각각의 원두들을 정확한 비율로 블렌딩한다 하더라도 최종 소비자가 음용할 때에는 그 비율대로 정확한 숫자의 원두를 갈아 커피를 내리게 되지는 않는다는 문제가 있다.

이때 생산자가 의도하지 않는 맛이 연출될 수도 있는 것이다.

이를 브라질리언 캐슈넛 이론(Theory of Brazilian Cashew Nut)에 비유하기도 한다.

 Theory

> 브라질리언 캐슈넛 이론(Theory of Brazilian Cashew Nut)
> 미국인들이 견과류를 먹을 때 밀도는 작으면서도 크기가 큰 브라질 캐슈넛이 가장 위에서 주로 손에 잡힌다는 것에 비유된 이론

아무래도 밀도가 작고 크기가 큰 콩들이 먼저 위에서 소비될 것이고, 상대적으로 밀도가 크고 크기가 작은 콩들은 밑에 가라앉아 나중에 소비된다면 의도된 배합비율대로 블

렌딩되지 않은 다른 맛이 나올 수 있음을 우려하는 것이다.

각기 따로 로스팅을 하면서 동일성을 찾지 못한 이 각각의 원두들은 다른 비율에서는 다른 맛을 낼 것이기 때문이다.

또한 단종별로 모두 로스팅을 해야 해서 노동력이 많이 들어가고, 재고 예측에도 불리한 면이 있다.

주로 많은 양을 로스팅하는 대규모 로스터나 경험이 많지 않은 로스터에게 유리하다.

선블렌딩	장점	• 맛과 색도의 균일성 확보 • 노동력 절감 • 재고 예측 용이
	단점	• 각각의 원두에 대한 프로파일링과 상호관계에 대한 이해 필요 • 특성의 차이가 큰 생두끼리 배합했을 때는 로스팅이 난해
	활용도	숙련자 또는 소형로스터에게 유리
후블렌딩	장점	• 단일 생두의 프로파일링만 활용하므로 손쉽게 로스팅 • 각각의 생두에 대한 특성을 최대한 살릴 수 있음
	단점	• 맛과 색도의 균일성을 확보하기 어려움 • 노동력 증가 • 재고 예측이 어려움
	활용도	비숙련자 또는 대형로스터에게 유리

3) 블렌딩의 방법

- 블렌딩은 단순히 다른 산지의 생두를 혼합하는 것뿐만 아니라, 같은 산지의 다른 펄핑, 또는 같은 생두의 로스팅 배전도만을 달리해서 혼합하는 것도 가능하다.

예를 들면 약배전을 하여 향미를 살린 원두와 강배전을 하여 바디감을 살린 같은 산지의 원두를 섞료 섞는것이다.

- 블렌딩에 사용되는 원두의 개수에 제한이 있는 것은 아니나 2개에서 5개 이내가 적

절하다.

한 종류가 15% 미만으로 배합될 시에는 그 원두 본연의 맛을 온전히 발휘하기가 어렵다.

단, 대기업의 경우에는 드물게 십여 개 이상을 블렌딩하는 경우도 있다.

이때는 특정 맛을 연출한다기보다도 특정 원두의 생산이 중단되어도 전체 맛에 영향을 미치지 않고 계속 동일한 상품을 출시하기 위함이다.

– 커피의 특정 성격이 목적에 유사한 것들만을 모아서 사용하면 좋은 결과를 기대하기 어렵다.

예를 들어 무거운 맛의 커피를 만들기 위해 인도네시아 만델링, 과테말라 안티구아, 로부스타만을 블렌딩한다거나, 신맛이 나는 커피를 만들기 위해 코스타리카 타라주, 케냐 AA, 에티오피아 시다모만을 블렌딩한다는 따위는 블렌딩의 의의와 맞지 않을뿐더러 좋은 결과가 나오지도 않는다.

– 음료의 목적에 맞도록 블렌딩하여야 한다.

일례로 에스프레소나 아메리카노용이라면 산미와 향미가 살아나도록 블렌딩을 하고, 베리에이션 음료용이라면 바디감이 길고 우유 등과 섞였을 때도 커피의 맛이 살아나도록 개성 있는 블렌딩을 하여야 하는 식이다.

– 균형감이 뛰어난 원두는 싱글오리진만으로도 에스프레소나 기타 메뉴로 소비되기도 한다.

자메이카 블루마운틴, 하와이안 코나, 동티모르 에르메라 등의 균형감이 뛰어난 티피카(Typica)품종의 원두들은 굳이 블렌딩을 거치지 않고 단종으로도 많이 사용된다.

– 블렌딩에 있어서도 가장 고려해야 할 부분은 전체적인 조화와 균형감이다. 그리고 그 다음이 개성의 표출인 것이다.

VI. 추출

1. 커피맛 원리의 이해

1) 쓴맛

커피에 대하여 공통되면서도 일반화된 견해의 하나는 커피는 원래 쓰다는 것이다.

태곳적부터 인간의 본능은 단것을 찾아 나서고 쓴 것을 멀리해 왔다. 단맛의 근원은 탄수화물계이다. 인류가 지속성을 가지고 활동하기 위해서는 활동에너지의 원천인 탄수화물이 필요하기 때문에 본능적으로 끌리어 섭취해 나가야만 생존이 가능한 것이다.

그러나 자연계에 존재하는 쓴맛이나 신맛의 물질들은 주로 상하였거나 독성을 지녔기 때문에 본능적으로 멀리해야만 인류의 생존이 위협받지 않을 수 있었던 것이다.

그러나 이러한 인간의 본능을 문화가 극복해 낸 대표적 사례가 이 커피이다. 커피라는 위대한 문화는 인간이 태곳적부터 지녀온 쓴맛을 기피하는 본능을 극복하고 이를 정서적 감흥으로 즐기게끔 하였다.

커피의 쓴맛은 주로 트리고넬린(Trigonelline), 클로로제닉산(Clorogenic Acid), 카페인(Caffeine), 퀴닉산(Quinic Acid) 등에 기인한다. 위 물질들은 커피원두에 3~5% 정도가 함유되어 있다.

주로 알칼로이드(Alkaloid)성분이 녹아 있는 액체가 혀의 감각수용체와 반응하여 느껴지는 것이 바로 쓴맛이다.

트리고넬린은 1% 정도의 성분으로 로스팅 시에 많이 분해되며 피리딘(Pyridine)과 퀴닉산(Quinic Acid)으로 가수분해되기도 하고 일부는 불휘발성물질 또는 향기물질 등의 성분이 된다. 로부스타에 많이 들어 있어 로부스타의 특성 중 하나인 강한 쓴맛의 원인이 된다.

로스팅을 하면서 가수분해된 피리딘은 쓰면서도 구수한 맛을 내는데 이것이 로부스타 특유의 쓰지만 구수한 맛으로 발현된다.

0.5% 정도 함유되어 있는 퀴닉산은 뜨거운 물로 커피를 내리는 과정에서 공기와 수분을 더해 다시 가수분해되는 현상으로 인해 바로 떫으면서도 쓴맛을 강하게 느끼게 한다.

클로로제닉산은 최근 들어 몸의 노폐물을 제거해 주고 활성산소를 억제하는 항산화물질로 각광받고 있다.

생두다이어트가 대두되는 이유 중 대표적인 원인물질이 바로 이 클로로제닉산이다. 로스팅을 강하게 할수록 원두 안에 있는 클로로제닉산이 감소한다. 때문에 익히지 않고 생두를 섭취하는 생두다이어트가 유행되게 된 것이다.

또한 클로로제닉산은 식후에 급격히 높아지는 혈당수치를 특히 식후에 마시는 한 잔의 커피로 낮추어 당뇨병을 예방하는 것으로도 알려져 있다.

카페인은 트리고넬린이나 클로로제닉산보다 쓴맛이 4배는 더 강하다.

피로 시 축적되는 아데노신의 결합을 방해하고, 간을 자극해서 혈당을 분비해 근육의 운동효과를 높여주는 등 여러 순기능들이 보고되고 있다.

그러나 쓴맛의 원인물질들은 기본적으로 식물이 포식자로부터 자신을 보호하기 위한 독성을 내포하기 때문에 많은 음용하면 치사량에도 이를 수 있다.

인간의 경우는 간의 해독작용 없이 커피 약 100잔에 해당하는 분량을 동시에 음용해야 치사량에 이르니만큼 큰 우려는 불필요하다고 하겠다.

커피의 고형물질들이 녹아드는 물에 따라 커피의 쓴맛은 달라진다.

이 쓴맛을 내는 물질들의 역치(閾値, 역가라고도 함)는 상당히 낮다. 따라서 아주 미량의 물질에도 금방 우리의 감각수용체는 민감하게 반응한다.

물에 녹아 있는 미네랄의 함유량도 이 물질들의 민감도에 영향을 미친다. 아무런 이물질이 없는 증류수로 내린 커피가 가장 쓰게 느껴지고, 미네랄의 함량이 많을수록 쓴맛은 덜 느껴진다. 그리고 물에 녹아 있는 칼슘은 단맛을 좀 더 강화하고, 마그네슘은 쓴맛을 더 강화시킨다.

 Tip

> **역치 또는 역가(Threshold)**
> 인간이 쓴맛 등 다양한 자극에 반응하기 위해 최소한으로 필요한 개별물질의 농도이다.
> 쉽게 말해 아무리 농도가 진하다고 해도 역치가 높다면 그만큼 많은 물질이 필요한 것이고, 역치가 낮다면 아주 소량의 물질로도 민감하게 반응할 수 있는 것이다.

2) 단맛

단맛은 에너지원이 되는 탄수화물 중 주로 당질(Glucide)을 원인으로 한다.

탄수화물은 당질과 섬유질을 합쳐서 이르는 말이다. 이 중 섬유질은 추출 시 대부분 걸러지며 당질은 혀에서 단맛으로 작용한다.

탄수화물(Carbohydrate)은 식물체내의 광합성으로 만들어진다. 이 중 당질은 탄소, 수소, 산소로 이루어진 유기화합물들이다.

당은 결합한 분자의 개수로 단당류, 이당류, 다당류로 나뉜다. 이때 결합분자의 수가 적을수록 우리의 감각수용체는 더욱 강하게 단맛을 느끼게 된다.

단당류는 한 개의 당분자에 들어 있는 탄소의 개수로 1탄당부터 9탄당까지로 나뉜다. 커피에서 가장 중요한 물질들은 이 중 6탄당이라 할 수 있다. 포도당(Glucose), 과당(Fructose), 갈락토스(Galactose) 등이 모두 6탄당이다.

당분자가 2개씩 결합하는 이당류 역시 커피의 단맛에 있어서 중요한 역할을 한다. 대표적인 것으로 자당(Sucrose), 젖당(Lactose), 맥아당(Maltose) 등이 있다.

다당류는 단맛이라기보다는 달게 느껴지는 역할을 한다. 전분, 덱스트린, 글리코겐, 셀룰로오스 등이 대부분의 당질 성분이다.

단맛을 느끼게 하는 물질은 역치가 상당히 높다.

이는 최소한의 감각수용체와 반응하려면 상당히 많은 양이 필요하다는 말이다. 쓴맛을 나타내는 물질과는 거의 1000배의 차이에 이른다.

이는 끊임없이 에너지원을 섭취하여 생명의 연속성을 유지하게끔 하는 시스템이지만 자칫 과다한 당의 섭취로 나타나기도 한다.

커피콩의 당 함량은 매우 낮아 대표적으로 단맛을 이끄는 과당(Fructose), 포도당(Glucose), 자당(Sucrose)의 경우 0.1~0.2%에 불과하다.

때문에 커피의 단맛은 당성분에 의해 유인된다기보다는 유기산과의 조화에 의존한다는 것이 맞을 것이다.

3) 신맛

식물이 자라면서 크렙슨회로(TCA회로)를 통해 유기산을 생성한다. 또한 열과 화합하면서 로스팅 중에 또한 유기산을 생성한다. 산성을 띠는 유기화합물을 모두 유기산이라 하지만 커피의 유기산들은 분자구조에 카르복실기를 갖는 카르복실산(Carboxylic Acid)이 주류를 이룬다.

광합성에 의하여서는 구연산(Citric Acid), 사과산(Malic Acid) 등이 생성되고 로스팅 과정 중에 초산(Acetic Acid), 젖산(Lactic Acid) 등이 생성된다.

로스팅 중에 생두의 온도가 올라가며 지속적으로 유기산들이 생성되다가, 1차크랙과 2차크랙의 사이에 그 양이 정점을 찍고 2차크랙 직전부터는 로스팅 프로세싱이 진행될수록 급격히 감소한다. 가장 많은 유기산의 발현을 위하여는 배전도를 1차크랙과 2차크랙 사이인 휴지기에서 멈추는 중배전을 한다.

이 유기산들이 커피의 신맛을 발현한다.

커피에서 느껴지는 신맛에 대하여 두 가지 표현을 한다. 하나는 Sour(시게만 느껴지는 맛)이고 다른 하나는 Acidity(신맛과 단맛이 조화를 이루는 맛)로 여기서 중시되는 커피의 신맛은 당연 Acidity이다. 즉 단맛과 조화를 이루는 신맛이 특히 강조되는 것이다.

해발고도가 높은 곳에서 자라는 커피나무들이 낮과 밤의 극심한 기온차에서 스트레스를 많이 받아 풍부한 유기산들을 생성해 낸다. 이 풍부한 유기산들은 곧 커피맛의 품질과도 직결된다.

유기산에는 많은 종류가 있으며 이 유기산의 종류에 따라 각기 신맛의 종류를 달리한다. 유능한 커퍼(Cupper)나 바리스타(Barista)는 이 유기산의 종류를 구분해 내는 훈련을 받기도 한다. 그만큼 유기산의 종류별 특성을 이해하고 이것이 커피 안에서 어떤 맛으로 작용하는지에 대한 이해가 중요하다고 하겠다.

1. 구연산(Citric Acid)

커피 안에 들어 있는 유기산 중에 가장 기본이 되는 유기산이다. 식물이 광합성을 하는 과정에서 생성되며 재배고도가 낮은 곳에서도 잘 생성된다. 잎에서 햇볕을 받으며 물과 이산화탄소로부터 유기물을 생성해 내는 것이다. 모든 식물들은 광합성을 하며 에너지를 생성하기에 기본적으로 구연산이 생성되며 크랩슨회로(TCA Cycle) 중 구연산회로(Citric Acid Cycle)에 의한다.

감귤류나 레몬류의 과일에서 느껴지는 맛으로 깊고 중후하다기보다는 밝은 신맛을 나타낸다.

2. 사과산(Malic Acid)

커피나무가 구연산회로(Citric Acid Cycle)에서 생성된 당을 소화하여 다른 화합물로 변화하며 생성되는 유기산이다. 이는 고도의 커피나무에서 많이 발견되는데 낮은 기온 때문에 호흡의 시간이 길어져 산의 생성속도가 더디어 포도당과 자당이 많이 함유되기 때문이다. 주야의 온도차는 커피나무에 많은 스트레스를 주며 구연산을 NAD+(nicotinamide adenine dinucleotide의 산화형태), 이산화탄소 등과 결합시켜 사과산으로 변환시킨다.

이 또한 구연산회로(Citric Acid Cycle) 안에서 일어나기에 구연산과 사과산은 뗄 수 없는 인과관계를 가지고 있다.

청포도나 자몽 등에서 느껴지는 것처럼 신맛과 함께 올라오는 단맛이 조화를 이루는 사과산의 발현은 우아하고 세련된 고급커피로 평가를 받는다. 그리고 입에서 느껴지는 산의 지속성도 구연산보다 길다.

3. 인산(Phosphoric Acid)

인산은 특이하게 광합성이 아닌 토양의 성분을 커피나무의 뿌리가 흡수하며 생성된다. 당을 소화하면서 토양에 녹아 있는 인과 결합하여 인산이 만들어진다. 때문에 커피나무의 비료로 인성분은 중요시된다. 인산은 특히 식물의 뿌리를 튼튼하게 해준다. 나무가 죽게 되면 다시 인산이 토양으로 돌아가 순환되어 비옥한 토양에는 기본적으로 인산이 함유되어 있다. 그러나 처음 농장을 개간할 때에는 인산비료로 커피나무에 인산을 공급해 준다.

커피를 추출할 때 인산의 비중은 높지 않지만 수소이온을 방출하며 강한 산미로 인식된다. 특히 케냐커피를 특징지을 때 이 인산에서 오는 중후하면서도 인상적인 신맛을 꼽는다. 신맛이 강렬하면서도 묵직하고 균형감 있게 느껴진다.

4. 초산(Acetic Acid)

초산이라 불리기도 하고, 아세트산이라 불리기도 하는 포화지방산이다. 커피나무가 성장 및 광합성을 하면서도 생성되지만 로스팅을 하면서도 생성된다.

강한 자극성의 냄새를 특징으로 하며 주로 식초(5%)에 많이 들어 있는 약산성의 형태로 커피에 녹아들게 된다.

특유의 톡 쏘는 듯한 향미 때문에 맛뿐만 아니라 냄새로도 쉽게 구분이 된다. 에스테르계의 휘발성 물질이 있어 과실향기를 내기도 한다. 실제로 사과 등의 과실에도 많은 초산이 존재한다.

커피에서의 초산은 그다지 좋은 평가를 받지는 못하지만 때로는 과일의 향미로 발현되기도 하고 때로는 박테리아에 의해 발효된 퍼멘티드(Fermented)향미를 내기도 한다.

5. 젖산(Lactic Acid)

젖산은 기본적으로 발효에 의해 생성된다. 포도당이 발효되어 만들어지기도 하고, 사과산이 발효되어 만들어지기도 한다.

산미 중에서는 비교적 부드러운 산의 느낌을 갖는다. 실제로 유산균음료 등에 많이 함유되어 있고 유산(Milk Acid)이라고도 한다. 청량음료나 시럽에도 많이 쓰인다.

커피에 있어서는 바디감을 동반한 신맛으로 발현되거나 부드러운 가염버터처럼 밀키한 느낌으로 전해지기도 한다.

이외에도 느끼한 맛으로 흐르는 신맛을 가진 호박산, 텁텁함과 함께 느껴지는 신맛을 가진 주석산, 쓴맛을 느끼게 하는 클로로제닉산이나 퀴닉산 등 수많은 유기산들이 존재한다. 이 유기산들은 개별적으로 독립의 맛을 형성하는 것이 아니라 서로 긴밀하게 유기작용을 하며 다양하고도 복합적인 커피의 산미를 만들어낸다.

4) 짠맛

커피에는 짠맛을 유발하는 나트륨(Sodium)이나 염화물질(Chloride)이 함유되어 있기는 하지만 극소량으로 실제 직접적으로 느끼기에는 무리가 따른다. 굳이 원인물질을 찾고자 하면 주로 산화무기물에 의하며 산화칼륨, 산화인, 산화칼슘 등이 그것들이다. 소량 들어 있는 염화칼륨(Potassium Chloride)의 경우는 바닷물처럼 쓴맛과 짠맛이 섞여 있는 맛으로 나타난다.

커피를 마시면서 짠맛을 느낀 경우가 있다면 커피에 함유되어 있는 또 다른 성분에 의한 여러 복합작용으로 짠맛처럼 느껴질 수 있다는 연구결과도 있다.

또한 짠맛은 짠맛 그대로 느껴지기보다는 바디감이나 쓴맛으로 연결된다.

주로 과추출되어 고형물질이 너무 많이 녹아 있거나 강배전되어 쓴맛이 강할 때 짠맛도 같이 발현되는 경향이 있다.

5) 감칠맛

원래 알려진 맛의 4가지 요소인 쓴맛, 단맛, 신맛, 짠맛 이외에 1908년 일본에서 다시마를 우려낸 물에서 글루탐산모노나트륨(Monosodium Glutamate, 일명 MSG)의 효능을 발견하며 이 감칠맛은 맛의 5번째 요소로 자리 잡게 되었다. 이를 발견한 이케다 기쿠나에(Ikeda Kikunae) 박사는 이 맛을 우마미(うま味)라 칭하고 연구를 더 발전시켜 인공적으로 MSG를 만들어냈다.

이케다 기쿠나에 박사가 처음 발견한 제5의 맛에 대해서는 오랫동안 학계에서 찬반 의견이 갈라졌었다. 그러나 혀의 감각수용체를 구성하는 세포 중에 글루탐사과 결합하는 수용체가 따로 있다는 사실이 밝혀지면서 5번째 맛의 요소로 인정받게 된 것이다.

일본어 우마미라는 단어로 많이 쓰이며 한국어로는 감칠맛(Savory Taste)이라고 쓰이기도 한다.

일반 단백질에 널리 분포하는 아미노산의 일종인 글루탐산(Glutamic Acid)에 의하여 이 감칠맛이 만들어진다.

글루탐산이 다른 아미노산과 결합하면 분자가 너무 커져 맛을 못 느끼게 된다. 이때 발효나 열을 가하여 분자구조를 끊어주면 이 감칠맛이 나오게 된다. 저분자화가 맛과 향을 증가시키는 감칠맛의 근본이다.

커피에서 감칠맛은 밀키(Milky)한 마우스필(Mouth Feel)이나 혀 전체를 눌러주는 듯한 바디감(Body)과 밸런스(Balance)로 설명될 수 있다.

커피에 있어서 유기산은 감칠맛 형성에도 결정적 기여를 한다. 핵산물질 이외에도 호박산(Succinic Acid) 등은 신맛보다 감칠맛에 더 관여를 한다.

커피가 식으면 저분자화의 효능이 감소하여 이 감칠맛이 상쇄된다.

2. 추출의 기본

1) 추출의 원리

커피원두는 고형물질로 반드시 분쇄 후 물로 가용성 성분을 추출하여 음용한다.

이렇게 분쇄된 커피원두의 가용성 성분을 액체상태인 용매(물)에 녹여 음용 가능한 음료로 만드는 것을 추출이라 하며 여러 가지 추출에 대한 변수나, 다양한 추출방법을 통해 온갖 종류의 커피메뉴가 만들어진다.

커피 추출의 과정은 용해(Dissolution)와 확산(Diffusion)으로부터 시작한다.

용해(Dissolution)는 용질에 해당되는 분쇄된 커피원두와 용매에 해당하는 물, 이 두 물질이 고르게 섞여 원두의 수용성 고형물질 분자들이 물분자 사이사이로 골고루 퍼져 안정적으로 섞이게 되는 현상이다. 이때 단순히 물리적으로 섞이는 것이 아니라 분자구조 하나하나가 균일하게 섞이는 것을 말한다. 물리적으로 섞이기만 하면 시간이 흐를 경우 용질과 용매는 다시 분리되지만, 용해현상이 일어난 물질은 자연적으로는 다시 분리되지 않는다.

용매로 사용되는 물은 극성이 커서 다른 수용성 물질들을 잘 용해시킨다.

확산(Diffusion)은 밀도나 농도 차이에 의하여 물질 속의 특정 분자가 높은 곳에서 낮은 곳으로 움직여나가는 일종의 삼투현상이다. 주로 액체나 기체에서 일어나며, 커피 추출시에는 밀도와 농도가 높아 고형물질이 가득한 분쇄 커피원두에 접한 부분에서 밀도와 농도가 낮은 새로 투입되는 물분자 사이로 퍼져나가게 된다. 확산은 밀도나 농도 차이가 커야 잘 일어난다. 물이나 공기는 밀도나 농도가 낮아 물리적인 힘이 없어도 분자 스스로 확산이 잘 일어난다.

용해와 함께 확산이 일어나며 일련의 추출과정이 안정적으로 진행된다.

즉 커피원두에서 향미를 발할 수 있는 고형물질들은 용매인 물에 의해 용해가 일어나고, 용해된 물은 다시 확산을 통해 지속적으로 추출과정이 진행되는 것이다.

그리고 특별한 도구에 의존하게 되면 압력(Pressure)이 추출의 과정으로 추가된다. 에스프레소가 그 대표적인 예이다.

생두를 로스팅하면 원두로 변화하면서 부피가 두 배 가까이 늘어나고 무게는 15~20% 줄어든다. 또한 온갖 휘발성 물질들이 연소되어 빠져나가면서 원두의 조직은 밀도가 떨어지고 성기게 된다. 또한 가스가 바깥으로 빠져나가는 통로를 형성하며 일정부분 연결된 통로패턴을 가진다. 이때 원두를 전자현미경으로 관찰해 보면 마치 벌집처럼 성긴 조직으로 변화되는데 이를 허니콤(Honeycomb)구조라 부른다.

함수율이 1~2%대까지 떨어지고 바삭하고도 성긴 구조의 커피원두는 쉽게 분쇄될뿐더러 분쇄 후에도 용매인 물과의 접촉면적이 넓어져 보다 용이하게 추출이 이루어진다.

이때 커피와 물이 접촉하는 시간, 물의 온도, 물이 흐르는 유속, 원두의 분쇄도, 추출 방식에 따라 다양한 추출기법이 생겨나며 추출된 커피용액도 다양한 맛을 지니게 된다.

2) 추출의 분류

고전적으로 추출방법에 따라 다음의 5가지 방식으로 분류한다.

1. 탕제(湯劑)식 또는 달임식(Decoction)

커피를 분쇄하여 물과 함께 끓이는 방식이다.

이브릭(Ibrik)이나 체즈베(Cezve)와 같은 터키식 커피나, 분나(Bunna)로 불리는 에티오피아의 전통커피 등이 이에 속한다.

2. 침출(浸出)식 또는 침지(浸漬)식(Leaching)

여러 가지 추출용기에 분쇄된 커피를 넣고 커피의 성분들을 우려낸 후 분쇄된 가루는 버리고 물만 따라내어 음용하는 방식이다.

침출식 더치커피(Cold Brew Coffee)나 프렌치 프레스(French Press)가 이에 속한다.

3. 여과(濾過)식 또는 투과(透過)식(Filtration 또는 Brewing)

가장 흔히 사용하는 추출방법으로 원두를 분쇄하여 여기에 물을 통과시킨 후 이를 필터로 걸러서 커피음료를 만드는 방법이다.

드립식 더치커피(Cold Brew Coffee)나 핸드드립커피 등 주변에서 에스프레소 다음으로 많이 접하는 커피들이 이 여과식 커피이다.

4. 가압(加壓)식(Pressed Extraction)

분쇄된 커피가루에 대기압 이상의 압력을 가하여 일반적인 수용성 성분뿐만 아니라 불용성 지질과 섬유질, 가스도 함께 추출하는 방법이다.

에스프레소와 모카포트 등이 이에 속한다.

5. 진공(眞空)식 또는 진공여과(眞空濾過)식(Vacuum Filtration)

물이 끓으면서 생기는 수증기의 압력을 이용하여 진공상태를 만들어 역으로 하부에서 상부로 커피를 추출하는 방식이다.

사이폰이 대표적이다.

3) 추출농도와 추출수율

커피음료의 맛은 묽거나 진한 정도에 따라 달라진다.

이때 농도는 원두로부터 추출된 커피음료의 물과 커피의 고형물질과의 비율이다.

SCAA(Specialty Coffee Association of America)에서 미국인들을 대상으로 한 연구 결과에 의하면 물속의 고형물질 비율이 1.15~1.35%에서 가장 맛있는 커피맛이 나온다고 한다.

농도가 1.15%가 안 되면 커피맛이 연하게 느껴지고, 1.35%가 넘어가면 진하게 느껴져 쓴맛 등이 불쾌하게 다가올 수 있다.

커피의 농도를 측정하는 단위로는 주로 TDS를 사용한다. TDS값은 ppm으로 나타낸다.

그러나 이는 커피에 포함되어 있는 용존고형물질의 농도를 측정한다기보다는 커피에 포함되어 있는 용존고형물질 중 주로 전해질의 값을 측정한다고 표현하는 쪽이 옳다. 이를테면 같은 고형물질이라도 전류가 더 잘 통하는 소금의 값이 설탕의 값보다 현저하게 높다.

그러나 현재는 이 TDS로 측정된 값이 보편화되어 있어 SCAA에서도 적정 TDS값을 제시하고 있다.

커피의 농도가 1.15%에서는 11,500ppm을 1.35%에서는 13,500ppm을 제시한다.

즉 커피의 농도가 11,500ppm과 13,500ppm의 농도에서 가장 맛있게 느껴진다는 것이다. 참고로 수돗물의 TDS값은 약 100ppm 전후이다.

이 추출농도와 함께 중요한 개념이 추출수율이다.

추출수율은 어떠한 방법에 의해 커피원두로부터 얼마만큼의 커피성분을 추출해 내었는가의 비율을 말한다. 사용한 커피 중 물에 녹아나온 성분의 양이 이 추출수율이다.

다시 말해 추출농도는 (커피추출액에 녹아나온 고형성분의 양/물의 양)으로 산출한다면 추출수율은 (커피추출액에 녹아나온 고형성분의 양/원두의 양)으로 산출한다.

농도와 함께 수율의 개념이 중요한 이유는 원두의 불필요한 성분까지 모두 추출하여 농도만을 맞춘 커피가 맛있을 수는 없다는 이유에서이다. 적당한 비율로 추출되어 적당한 물로 희석되어야 최상의 맛을 갖춘 커피가 될 수 있는 것이다.

SCAA의 연구결과는 추출수율이 18~22% 사이에서 가장 맛있는 커피음료가 완성된다고 한다. 수율 18% 이하에서는 커피원두의 필요성분이 모두 추출되지 못하고 과소추출되어 커피맛이 불안정하며 향미가 적고 신맛이 강한 커피가 되며, 수율 22% 이상에서는 쓴맛이 과다추출되고 잡미가 강한 커피가 된다.

다음의 표는 가장 이상적인 추출농도(Solubles Concentration)와 추출수율(Solubles Yield) 간의 관계를 보여준다.

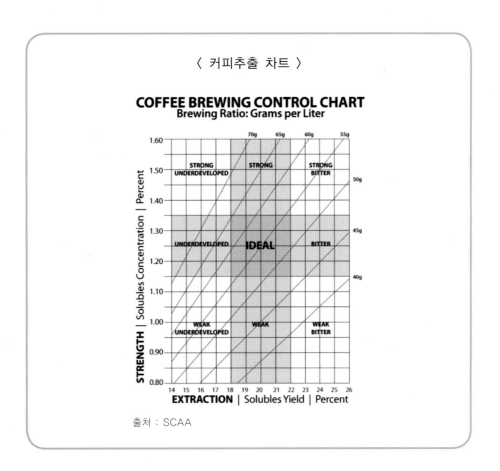

〈 커피추출 차트 〉

출처 : SCAA

4) 추출 시간과 온도

추출하는 과정에서 커피와 물이 접촉하는 시간과 이때의 물의 온도는 맛에 큰 영향을 끼치는 요소가 된다. 우선 기본적으로 이해를 해야만 하는 부분이 커피원두의 맛을 나타내는 분자구조들의 활동성이다.

신맛을 나타내는 구성분자들은 원래 분자활동이 빠르다. 따라서 고온이라 해서 특별히 더 빨라지거나 하지는 않는다. 추출 초기시점에도 분자활동이 빠른 신맛을 가진 구성분자들이 먼저 물에 녹아나온다.

반면 쓴맛을 가진 구성분자들은 분자활동이 매우 느리다. 분쇄된 커피가루의 중심부에서 물과 접한 표면부로 나오는데 어느 정도의 시간이 소요된다. 따라서 충분히 추출시간이 길어지면 커피의 쓴맛이 본격적으로 잘 배어나오게 된다. 그리고 물의 온도가 높다면 평소보다 활동량이 늘어 좀 더 활발하게 물에 용해되며 쓴맛이 강조될 것이다.

따라서 추출할 시에는 처음에는 신맛이 강조되며 점차로 단맛이 강조되고 마지막으로 쓴맛이 강조되는 커피가 추출된다.

물의 온도가 높다면 더 쓴맛이 강조되는 커피가 추출되고, 물의 온도가 낮다면 신맛이 강조되는 커피가 추출된다.

가장 이상적인 추출수의 온도는 90~96도 내외이다. 그보다 높으면 과다추출이 되면서 쓴맛과 떫은맛이 느껴지고 그보다 낮으면 산미가 도드라진다. 85도 아래에서는 산미도 낮아지고 휘발성 향미도 부족한 커피가 추출된다.

추출시간에 따른 커피맛의 비중은 아래 그림과 같다.

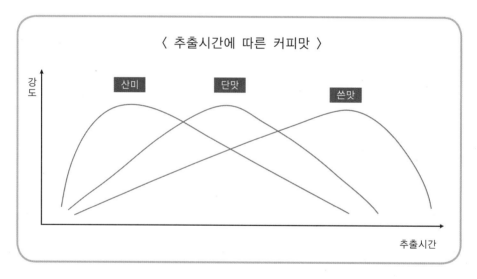

① 처음에는 농도도 진하고 수율도 높으며 단맛과 함께 산미가 강조된다.

② 점차로 신맛이 수그러들면서 단맛이 정점을 발하며 추출된다.

③ 후반으로 가면서 단맛과 신맛이 현저히 줄어들면서 점차로 쓴맛과 떫은맛이 강하게 발현되며 잡미도 추출되기 시작한다.

④ 추출이 더 진행되면 수율도 현저히 떨어지면서 쓴맛도 줄어들면서 잡미가 가득한 커피가 추출된다.

3. 에스프레소

1) 에스프레소 원론

에스프레소는 이탈리어어 Espresso(영어의 Express)라는 이름에서 의미하듯 고객이 주문하면 빠른 시간에 추출하여 제공하는 커피이다. 불과 30초가 채 안 되는 시간 동안에 곱게 갈린 원두를 적당한 온도의 물로 강한 압력을 이용해 빠르고 힘차게 통과시켜 밀도가 높은 암갈색의 에멀전(Emulsion) 용액을 눈앞에 떨어뜨려 제공하는 것이다.

이 조그마한 잔에 담긴 불과 30ml의 용액은 전 세계에서 매일 최소 1억 샷 이상이 추출되어 소비되며 일상의 생활에 활력을 불어넣고 현대인의 휴식과 문화의 한 귀퉁이에서 그 향기를 발하고 있다.

에스프레소 추출은 다음과 같은 분명한 특징을 가지고 있다.

1. 에스프레소 추출의 특징

① 신속한 추출을 필수로 한다

25초 내외의 짧은 시간에 추출이 이루어져야 한다. 35초가 넘어가면 과도한 쓴맛과 거친 잡맛이 섞이게 된다. 반면에 15초 이내로 짧게 추출되면 풋내와 함께 신맛이 나는 불안정한 추출이 된다.

② 9bar 이상의 압력을 가해 추출한다

이 가압추출 요건이야말로 다른 추출방법과 에스프레소를 구분하는 가장 중요한 요소이기도 하다. 9bar란 대기압(1bar)의 9배에 달하는 압력을 말한다. 고압의 물줄기가 커피가루를 통과하며 일반적인 수용성 성분뿐만 아니라 불용성 성분들도 같이 추출되면서 크레마(Crema)라고 하는 오일층을 만들어낸다. 압력이 충분치 않다면 이 오일층은 만들어지지 않는다.

③ 커피의 분쇄와 동시에 즉석에서 추출해야만 한다

주문과 추출 그리고 제공이 동시에 이루어져야 한다. 원두를 분쇄한 지 일정시간이 지나든가, 추출하고 바로 제공되지 않는다든가 하면 에스프레소 본연의 맛을 잃게 된다. 특히 추출 후 어느 정도의 시간이 지나면 휘발성 향들이 대부분 사라지게 되고, 오일층인 크레마도 잃게 되며 밀키하고 부드러운 맛 대신 텁텁하고 짠맛만 남게 되어 즉석에서 추출하여 제공함을 원칙으로 한다.

④ 한 샷의 기준은 분쇄원두 7~10g으로 한다

과거에는 7g을 기준으로 하였으나 점차로 에스프레소를 베이스로 만드는 음료메뉴 잔의 크기가 커지기도 하며 원두의 소비가 대중화되고 약배전이 유행하면서 조금씩 양이 늘어가는 추세이다.

이 양의 기준을 바탕으로 에스프레소머신의 추출 메커니즘이 구성되었으며 커피원두를 담는 포타필터의 바스켓 안에도 이 정도의 양만 들어가게끔 설계되어 있다.

⑤ 한 샷의 추출량은 1oz(25~30ml)로 한다

에스프레소 추출의 초반에는 신맛이 주로 나온다. 이어서 단맛이 나오며 곧 쓴맛이 주로 나오게 된다. 이 맛들이 모두 유기적으로 조화를 이루어야 한 잔의 에스프레소가 완성되는 것이다. 이 맛들의 적절한 조화점들로 백여 년이 넘는 시간 동안 많은 소비자들을 거치며 검증된 가장 이상적인 양이 1oz인 것이다.

에스프레소 추출용 샷잔의 경우 1oz에 눈금으로 표기되어 있는 제품이 대부분이다.

⑥ 에스프레소를 추출하는 물의 온도는 92도(±2도)로 한다

안정적인 온도의 물을 제공하는 보일러를 기반으로 하여 92도의 추출수를 흘러내려 추출하는데 온도가 높거나 낮으면 쓰거나 신맛이 도드라지는 등 원치 않는 맛의 에스프레소가 만들어진다.

에스프레소 추출의 일반적 기준	
추출시간	25초(±5초)
추출압력	9bar
한 샷의 분쇄원두 양	7~10g
한 샷의 추출량	1oz(25~30ml)
추출수의 온도	92도(±2도)

그러나 이와 같은 기준이 절대적으로 적용되는 것은 아니다. 실제로 바리스타의 재량에 따라 원두를 많이 담기도, 적게 담기도 하고, 추출시간을 길게도 짧게 하기도 하며 창의성을 발휘하는 면도 있다. 그리고 머신 제조업체도 다양한 압력을 조절할 수 있는 머신들을 시장에 내놓음으로써 다양하고도 창의적인 에스프레소 제조의 길을 열고 있다.

2) 크레마

에스프레소 용액은 다른 커피 추출물들과는 다른 물리적 특성을 가지고 있다.

9기압이 넘는 압력을 통해 추출되면서 물에 녹는 고형성분인 수용성 성분 이외에도 불용성 오일성분들이 같이 녹아나오면서 특유의 성질을 갖게 된다.

① 밀도가 높다

지질 등의 유성분이 콜로이드상태로 풍부하게 들어 있고 고형성분의 커피입자도 물에 녹아 있으며, 적은 물의 양에 많은 성분들이 농축되어 있어 밀도가 상대적으로 높다.

② 굴절률이 높다

용액은 농도에 따라 표면에서 빛이 굴절하는 각도가 달라진다. 이를 이용해 굴절당도계 등은 용액의 당도를 측정하기도 한다.

에스프레소는 용액 안의 성분들에 의해 일반용액보다 굴절률이 높다.

③ 점도가 높다.

에스프레소에 용해되어 있는 지질성분은 점도를 높여주어 물이나 기타 추출커피보다 2배가량 현저히 높은 점도를 보인다.

④ 표면장력이 떨어진다

에스프레소안의 미세한 거품들의 계면활성제 역할에 의해 표면장력이 떨어진다.

⑤ 지질함량이 높다

총 고형성분도 같이 높아지며 특히 다른 추출에서는 보기 힘든 지질함량이 높다.

이러한 물리적 특성을 가지고 있는 에스프레소의 중심에는 가장 중요한 크레마(Crema)가 있다.

에스프레소 추출 시에 신선한 커피에서 나오는 지방성분이 휘발성 향미성분들과 결합하여 만들어내는 미세한 거품층으로 추출 후 에스프레소 상단에 층을 이루면서 뜨는 지질성분이다.

신선한 커피는 5mm 이상의 두께를 형성하기도 하는데 최소한 3mm의 두께로 에스프레소를 덮고 있어야 그 가치를 발한다.

또한 에스프레소의 표면을 전부 덮어야 하며 중간에 구멍이 뚫려서 아래에 있는 커피 원액이 보여선 안 된다.

오래되어 산패된 원두에서는 크레마가 잘 안 나오거나 점도가 떨어져 크레마층이 성기게 된다.

추출이 잘 된 크레마는 밀도나 점도가 오랜 지속력을 보인다. 최소한 3분 이상 크레마층이 지속되며 스푼으로 밀어내도 가라앉거나 깨지지 않고 곧 다시 층을 이루는 복원력을 보인다. 안정적인 크레마는 신선한 에스프레소의 척도라 할 수 있다.

황금색, 또는 적갈색으로 표현되는 이 크레마는 에스프레소가 추출되어 음용되기까지 온기와 향미가 날아가지 않도록 보존하는 역할도 한다.

로부스타의 경우는 아라비카보다 크레마의 양도 많고 점성도 높다. 때문에 크레마의 다소가 반드시 품질의 고저로 연결되지는 않는다.

그러나 강배전 시에는 적갈색을 띠고, 약배전 시에는 노란 황금색을 띠며 약간의 줄무늬(이를 타이거스킨(Tiger Skin)이라 부른다)를 이루며 적당히 두툼한 두께로 지속성을 가지고 에스프레소 위에 올라가 있는 크레마야말로 에스프레소의 상징인 것이다.

▲ 약배전에서 나오는
연한 색의 크레마

▲ 강배전에서 나오는
거칠고 진한 색의 크레마

▲ 오래된 원두에서 나오는
얇은 크레마

▲ 갓 볶은 원두에서 나오는
가스가 빠지지 않은 크레마

▲ 정상적인 크레마

3) 에스프레소의 추출

① 포타필터(Portafilter)를 왼손으로 잡고 그룹헤드(Group Head)로부터 분리해 오른손으로 마른행주를 잡고 바스켓 안에 있는 물기를 제거한다.

② 포타필터를 그라인더의 도저(Doser) 아래에 위치시키고 그라인더(Grinder)의 스위치를 켜 사용량만큼의 원두를 분쇄한다.

③ 자동 그라인더일 경우에는 미리 세팅된 값만큼의 원두가 갈리어 포타필터의 바스켓에 담긴다. 수동 그라인더일 경우에는 그라인더가 작동하는 동안에 그라인더의 추출 레버를 안쪽으로 당겨 일정량의 분쇄원두를 바스켓에 담는다. 이를 도징(Dosing)이라 한다. 분쇄와 도징을 동시에 하는 이유는 분쇄된 원두는 그 즉시 산패가 시작되기에 최대한 빨리 추출로 옮겨가기 위함이다.

④ 1shot용 바스켓에는 보통 2shot용 바스켓의 절반보다 조금 더 많은 양을 담게 된다.
일반적으로 1shot일 경우에는 9~10g을 2shot일 경우에는 14~20g 정도를 포타필터의 바스켓에 담는다.

⑤ 포타필터의 바스켓에 분쇄원두를 담을 때에는 그라인더의 도저(Doser)에서 분쇄원두가 떨어지면서 한 방향으로 쏠리지 않도록 포타필터를 움직여가며 바스켓에 고르게 떨어지게 한다.

⑥ 바스켓에 분쇄원두를 다 받고 난 후 바스켓에 쌓인 분쇄원두의 표면이 수평이 되도록 손으로 포타필터의 옆면을 툭툭 쳐준 후 오른손을 이용하여 수평 위로 튀어나온 원두를 깎아버린다. 이때 손을 이용하지 않고 그라인더 도저의 뚜껑을 이용하기도 한다.

이 평탄작업을 레벨링(Leveling)이라 한다.

⑦ 포타필터에 표면이 평탄하게 담긴 분쇄원두

▲ 레벨링

를 탬퍼(Tamper)로 일정 힘을 가해 눌러준다.

이때 포타필터는 바리스타 테이블의 끝부분을 받치고 힘을 받아 미끄러지는 일이 발생하지 않도록 포타필터 손잡이 끝부분을 약간 들어 경사지게 하고 팔목이 꺾이지 않는 선에서 탬퍼로 가볍게 누른다. 보통 탬핑 작업 시 미끄러지지 않도록 테이블 위 포타필터를 거치하는 부분에 고무판을 놓는다.

▲ 탬핑

이렇게 탬퍼로 누르는 작업을 탬핑(Tamping)이라 한다.

⑧ 탬퍼는 절대 젖지 않게 보관한다. 탬퍼의 아래가 젖는 경우 탬핑 시 분쇄원두의 레벨링이 깨지기 때문에 탬퍼는 지정된 위치에 항상 보관토록 한다. 바리스타의 개인적 성향에 따라 다양한 재질이나 스타일의 탬퍼가 사용된다.

⑨ 탬핑을 너무 강하게 하면 커피입자 사이의 간격이 좁아지고 다져져서 물길이 빠져나가기 어려워 추출시간이 느려진다. 추출시간이 느려지면 자연적으로 쓴맛이 강조된다.

또한 탬핑을 너무 약하게 하면 커피입자 사이의 간격이 성겨지면서 물길이 빨리 빠져나가 추출시간이 빨라진다. 추출시간이 빨라지면 자연적으로 신맛이 강조된다.

바리스타의 탬핑 압력에 따라서 맛에 차이가 나게 되지만, 실제적으로는 탬핑의 압력보다도 분쇄 굵기로 조절하는 것이 더 효과적이다.

⑩ 육안으로 확인해서 분쇄도가 굵다고 판단되면 바리스타는 좀 더 강하게 힘을 주어 탬핑을 해야 한다. 반대로 분쇄도가 가늘다고 판단되면 좀 더 약하게 탬핑을 한다.

바리스타는 적정 탬핑강도를 통해 적정 추출시간과 수율을 맞추도록 하는 것이다.

탬핑 시에는 어느 한쪽으로 기울어 눌리지 않도록 주의하고 커피케이크의 표면이 수평이 되도록 하는 것이 무엇보다 중요하다.

만일 커피케이크가 기울어지게 되면 추출수가 경사진 쪽으로 흘러내려가 완전한 추출이 이루어지지 않는다.

⑪ 탬핑 후에는 탬퍼의 뒷부분으로 포타필터의 바스켓 쪽을 툭하고 쳐준다.

이유는 포타필터의 가장자리에 붙어 있는 분쇄 원두가루를 포타필터의 바스켓 안으로 떨어뜨리고 바스켓 안에 있는 분쇄원두들이 안정감 있게 자리를 잡아 2차 탬핑을 위한 준비가 되도록 하기 위함이다.

▲ 탭핑

너무 강하게 치면 바스켓 안의 원두케이크에 균열이 생길 수 있기 때문에 조심하도록 한다.

그리고 탬퍼의 손잡이 뒷부분이 아닌 금속부분으로 치거나 포타필터의 결합홈(결합날개)을 치는 일은 없도록 한다. 포타필터에 금속물질로 가격을 하면 상처가 날 수 있고 결합홈에 상처가 나면 압착이 잘 안 될 수도 있다.

탬퍼의 뒷부분으로 포타필터를 치는 행위를 탭핑(Tapping)이라 한다.

⑫ 최근 수년 전부터는 이 탭핑행위를 생략하는 것이 보편화되었다.

탭핑을 통해 포타필터 가장자리에 붙어 있는 원두가루를 활용하고 바스켓 안의 원두가루가 안정감 있게 자리 잡게 하는 이점보다 충격에 의해 원두케이크에 균열이 났을 시 발생하는 불이익이 더 크기 때문이다.

미국 시카고에서부터 시작된 이 탭핑을 생략하는 추출법은 2017년 현재 보편적으로 바리스타계에서 사용되고 있다.

⑬ 탭핑을 했을 경우에는 반드시 2차 탭핑을 하도록 한다.

2차 탭핑은 1차 탭핑보다 조금 더 강하게 해주며 특히 수평을 맞추는 데 신경을 쓰도록 한다.

⑭ 탭핑이 완료되면 포타필터의 가장자리에 붙어 있는 원두가루들을 손이나 솔로 잘 털어준다. 이 포타필터의 가장자리에 원두가루가 묻어 있으면 그룹헤드와의 압착을 방해할뿐더러 그룹헤드의 접촉면인 개스킷의 수명을 단축시키는 역할을 한다.

⑮ 추출 전 물 흘리기로 그룹헤드에 물을 수초간 흘려준다.

▲ 퍼징

이렇게 함으로써 샤워스크린에 붙어 있을 수도 있는 찌꺼기를 한번 더 제거하고 그룹헤드의 온도를 올리는 예열효과로 완전한 추출을 도와준다.

이를 퍼징(Purging)이라 한다.

⑯ 왼손으로 포타필터를 그룹헤드에 삽입하여 장착한다. 사선에서 홈을 맞추어 삽입한 후 오른손으로 에스프레소머신의 몸통을 잡고 포타필터 손잡이를 오른쪽으로 돌려 완전히 개스킷에 밀착시킨다.

▲ 포타필터 장착

⑰ 머신의 추출버튼을 눌러 추출을 시작하고 동시에 미리 예열되어 있는 잔을 받쳐 에스프레소를 받는다.

⑱ 추출이 완료된 다음에는 오른손으로 포타필터를 삽입과 반대방향(왼쪽)으로 돌려 그룹헤드로

▲ 추출

부터 분리한다. 그리고는 즉시 넉박스(Knock Box)에 바스켓에 들어 있는 추출되고 남은 원두 찌꺼기 케이크를 털어넣는다.

⑲ 다시 추출버튼을 눌러 물을 흘리며 원두와 접촉했던 그룹헤드의 샤워스크린과 포타필터의 바스켓을 씻어준다.

⑳ 사용이 완료된 포타필터는 깨끗하게 물기를 제거한 후 에스프레소머신의 워머(Warmer) 위에 보관하는 것이 좋다. 단 지속적으로 사용할 시에는 그룹헤드에 장착해 둔다.

그룹헤드에 불필요하게 오래 장착 시에는 항상 바스켓 내부에 습기가 차 있게 되어 미생물 번식의 위험이 있다.

4) 추출조건 변화와 추출변수들

1. 원두의 분쇄도

원두의 적정 분쇄도는 설탕보다는 조금 가늘고 밀가루보다는 굵은 정도의 입자이다.

이 분쇄도가 적정해야 25초 이내에 1oz의 에스프레소가 추출된다.

만일 농도를 높이기 위해 조금 많은 양의 원두를 담는다고 하면 분쇄도는 상대적으로 굵어야 한다. 반대로 농도를 낮추기 위해 적은 양의 원두를 사용한다면 분쇄도가 가늘어

야 일정 시간(25초) 이내에 추출을 완료할 수 있다.

분쇄도가 가늘면 쓴맛의 입자들이 쉽게 물에 용해되어 쓴맛이 강조된다.

그리고 추출수가 포타필터의 바스켓에 들어 있는 원두 사이에 머무르는 시간이 길어져 잡미의 원인이 될 수도 있다. 더 가늘어지면 추출수가 원두 사이로 들어가지 못하고 약한 틈을 찾다가 원두케이크를 깨고 그 틈새로 집중 추출되어, 다른 부분의 원두에는 추출수가 제대로 미치지 못하는 채널링(Channeling)의 원인이 된다.

분쇄도가 굵으면 추출수가 바로 빠져나가므로 분자활동이 활발한 신맛 정도와 일부의 휘발성 향미만 추출되어 제대로 된 에스프레소의 맛을 느낄 수 없다. 추출이 빠른 에스프레소는 압력에 대한 저항이 걸리지 않아 크레마도 제대로 형성되지 않는다.

2. 추출압력

에스프레소의 추출압력이 높으면 기본적으로 쓴맛이 많이 발현된다.

기본적으로 추출압력이 높을 시에는 과다추출이 발생하지만, 예외적으로 분쇄도가 굵거나 하여 저항이 제대로 걸리지 않을 시에는 추출수가 빨리 통과해 버려 오히려 과소추출이 나올 수도 있다.

머신의 압력펌프는 보통 수도의 압력 3bar 정도와 합쳐서 9bar 정도의 압력을 발생하게끔 설계되어 있다. 그러나 바리스타의 조리방법에 따라 압력의 조절도 가능하다.

최근에는 좋은 원두의 사용이 늘면서 머신의 압력수치를 높게 하는 방법도 응용되고 있다. 9bar가 넘어가 15bar에 이르는 고압에서는 또 그 나름의 특유의 향미를 발현하는 원두도 있어 자유롭게 머신의 압력을 조절하는 고가의 머신이 각광받고 있다.

이러한 원두 품질의 발전은 에스프레소머신 개념의 변화로까지 이어지고 있다.

그러나 추출압력이 낮을 시에는 과소추출로 에스프레소의 풍미를 제대로 느낄 수 없다. 휘발성 향미가 별로 없이 바디감이 현저히 떨어지는 연한 에스프레소가 된다. 크레마의 색상도 연하고 두께도 얇을뿐더러 금방 사라진다.

3. 추출수의 온도

92도 정도의 온도가 적당하나 보일러 내부의 압력이 너무 높으면 거의 끓는점(100도)에 이르는 물이 사용될 수도 있다.

보일러 내부의 압력이 1기압이 넘어가는 점을 감안하면 심지어 100도가 넘는 수증기와 함께 내려오는 물이 추출수로 작용해 원두 사이를 통과하는 경우도 있다.

이렇게 고온에서는 쓴맛이 현저히 강조된다. 크레마의 색도 현저히 진해진다. 크레마의 두께가 두껍게 나오는 듯하지만 지속성이 떨어져 금방 사라지는 현상도 생긴다.

보일러의 압력이 충분치 못하면 추출수의 온도도 낮아진다.

낮은 온도의 추출수는 커피맛을 부드럽게 하는 듯하지만 과소추출로 충분한 바디감과 향미를 살려내지 못한다. 그리고 신맛이 강조되고, 온도가 더 낮아지면 풀내음과 같은 생내가 날 수도 있다.

95도가 넘어가는 고온은 크레마의 색을 진하게 하고 85도 아래의 저온은 크레마의 색을 연하게 한다.

4. 원두량

과거 에스프레소 1shot의 기준 원두량은 7g이었으나 최근 원두산업의 발전과 함께 과다추출이 되어도 잡미가 없는 품질 좋은 원두들이 등장하고 커피잔의 크기도 커지면서 원두 10g까지는 1shot으로 쓰고 있다.

원두량이 많으면 자연적으로 추출수가 흘러나가는 데 시간이 걸리면서 과다추출이 된다.

그렇지만 적절한 분쇄도의 조절로 이를 극복할 수 있으며 오히려 원두의 모든 성분이 다 빠져나오기 전에 추출량이 다 되어 과소추출로 연결될 수도 있다.

이 경우 리스트레또와도 같이 커피의 단맛이 강조되고 쓴맛이 줄어드는 효과도 가져온다.

원두량이 적으면 기본적으로는 추출이 빨라져서 과소추출이 된다.

그러나 적은 양의 원두로 일정량의 추출량을 채우려면 과다추출이 되어버릴 수 있다.

이미 원두가 가진 좋은 성분을 모두 용해해 내고도 적정농도에 이르지 못해 잡미와 불필요한 고형물질들까지도 모두 추출되어 버리기도 하는 것이다.

5 탬핑 강도

탬핑 시에는 바리스타가 힘으로 눌러주는 적절한 강도가 필요하다.

이 적절한 강도에는 다양한 변수가 있어 힘의 적당량을 기준할 수는 없다.

바리스타는 경험과 상황에 비추어 적절한 힘을 조절할 수 있어야만 한다.

즉 분쇄가 너무 굵게 되면 좀 더 힘을 주어 탬핑 강도를 높이고 분쇄가 너무 가늘게 되면 탬핑 강도를 낮추어 추출수가 적절히 빠져나갈수 있도록 한다.

포타필터 안에 너무 많은 양의 원두가 담기면 탬핑을 약하게 해 과다추출을 막고, 너무 적은 양의 원두가 담기면 탬핑을 강하게 해 적당한 저항을 주도록 한다.

크레마가 많이 나오고 지질성분이 많은 원두는 탬핑을 강하게 해 적정 추출속도를 유지하고, 그렇지 않은 원두는 탬핑을 약하게 해줄 필요가 있다.

이렇듯 여러 추출조건이나 원두의 상황에 맞추어 바리스타는 경험치를 통해 적정한 탬핑 강도를 찾는다.

탬핑 강도가 필요조건보다 약하면 추출수가 빨리 흘러 과소추출이 되고 반대로 탬핑 강도가 필요조건보다 강하면 추출수가 늦게 흘러 과다추출이 된다.

그렇지만 실제로는 탬핑의 강도보다도 분쇄도에 더 많은 영향을 받는다. 그러나 이미 분쇄된 원두를 가지고 바리스타는 조금 더 역량을 보일 필요가 있는 것이다.

 Tip

과소추출(Under Extraction)
원두 사이로 추출수가 너무 빨리 통과하여 커피의 향미성분이 제대로 추출되지 못한 상태를 말한다.

과다추출(Over Extraction)
원두 사이로 추출수가 너무 느리게 통과하

▲ 과소추출   ▲ 과다추출

여 커피의 필요 향미성분 이외에도 불필요한 잡미성분들까지 같이 추출된 경우를 말한다.

추출액의 양과 상관없이 추출액에 원두의 성분이 얼마나 녹아 있는가로 과소추출과 과다추출을 이야기한다. 따라서 추출액이 적어도 과다추출이 될 수도 있고 많아도 과소추출이 될 수 있다.

추출조건	과소추출	과다추출
분쇄도	굵은 경우	가는 경우
추출압력	낮은 경우	높은 경우
추출수의 온도	낮은 경우	높은 경우
원두양	많은 경우와 적은 경우 병존	적은 경우와 많은 경우 병존
탬핑강도	약한 경우	강한 경우

6. 크레마의 색

　지나치게 밝은색의 크레마는 물의 온도가 85도 이하로 낮거나 샤워스크린이 막혀 있을 때 발생한다.

　지나치게 짙은 색 또는 깨진 크레마는 물의 온도가 95도가 넘거나 샤워스크린이 막혀 있을때, 포타필터와 필터의 연결에 문제가 생겼을 때 발생한다.

4. 에스프레소머신

1) 에스프레소머신의 발전

에스프레소는 머신의 힘을 빌려 압력을 가해 추출하기 때문에 에스프레소의 발전은 에스프레소머신의 개발 및 발전과 관계가 깊다.

19세기 고도 산업화가 진행되면서 커피추출에만 시간을 뺏길 수 없었던 유럽에서는 보다 빨리 커피를 추출하기 위한 방안을 찾기 시작하였다.

처음에는 물이 아닌 스팀을 이용하여 빠른 시간에 추출하는 방법을 찾아 나섰고, 1884년 이탈리아인 안젤로(Angelo Moriondo)는 스팀으로 구동하는 즉석 커피 제조기기를 고안하였다.

그러나 양산되지는 않았고 17년 후인 1901년에 이탈리아 밀라노 출신인 루이지 베제라(Luigi Bezzera)는 이를 여러 가지로 개선하여 증기압으로 작용하는 초기 에스프레소머신을 개발하고 이를 특허출원하였다. 이를 1905년에 라 파보니(La Pavoni)라는 회사를 설립한 파보니(Desiderio Pavoni)가 구입하여 밀라노의 한 작은 공장에서 상업적으로 생산하기 시작하였다. 파보니는 발명가의 이름을 따서 베제라(Bezzera)라는 이름으로 소량 수제 생산하였는데 이것이 근대 에스프레소머신의 시작이다.

구리, 청동, 황동 등을 소재로 하여 만들어진 원통에 1.5기압의 수증기를 발생시켜 추출하는 방식으로 고온에서 커피의 쓴맛과 잡맛이 추출되는 문제점을 안고 있었다.

추출수는 92도 정도가 적정한데 1기압 이상의 증기압 때문에 추출수는 거의 끓는 물이었다.

현재 어떠한 에스프레소머신도 이러한 방법을 사용하고 있지는 않다.

1946년 가찌아(Achille Gaggia)는 추출압력을 높이기 위하여 펌프를 사용하였고, 스프링 방식의 피스톤으로 스팀압력의 물을 실린더 속으로 밀어넣는 방법을 고안하였다. 바리스타가 레버를 아래로 내리면서 압축이 되어 9bar까지 압력이 올라가 추출되는 방식이다.

여기에는 스프링을 이용한 지렛대의 압력이 사용되어 바리스타의 힘 조절에 따라 추출조건에 변화를 줄 수도 있으며, 증기압을 빌리지 않으므로 추출수의 적정온도를 유지할 수 있었다.

이는 현재까지 기본적으로 사용되고 있는 에스프레소머신의 기본 작동원리이다.

이때 바리스타가 한번에 피스톤 레버로 내리기 적당한 양인 7g의 원두와 1oz의 추출량에 대한 기준이 처음 나왔고, 또 처음으로 9bar의 압력을 사용하면서 크레마도 발견되었다. 처음으로 크레마를 발견한 가찌아는 이를 커피크림(Caffe Crema)으로 이름 짓고 홍보에 나섰다.

1950년대 유럽의 기계산업 부흥을 타고 유럽 전역으로 퍼지게 된 에스프레소머신은 여러 디자이너의 손을 거치며 단장되고 점차 다양화되었다.

제2차 세계대전을 거치면서 더욱 발전하게 된 기계산업과 전기산업 덕분에 1961년 오늘날 전기에 의한 모터펌프를 돌려 9bar의 압력을 만들어내는 머신의 효시가 페마(Faema)에서 출시되었다.

이 페마머신은 추출수가 보일러를 통해 가열되고, 모터와 전동펌프를 이용해 압력을 만드는 것으로 현재도 일체형 보일러에서는 이 방식을 그대로 쓰고 있다.

이 베제라, 가찌아, 페마 3개사는 여전히 오늘날까지 이탈리아 머신산업의 한 획을 긋고 있다.

2) 에스프레소머신의 종류

● 작동원리에 의한 분류

1. 수동식 머신(Manual Espresso Machine)

처음 에스프레소머신이 만들어지던 시대의 원형에 가까운 모델로 단순함과는 달리 고압부터 저압에 이르는 풍부하면서 다양한 맛으로 현재까지도 사랑받고 있다.

최초의 모델은 가찌아(Gaggia)사의 모델이며 현재는 클래식함에서 탈피한 다양한 현대적 모델이 나오고 있다.

바리스타가 피스톤의 물을 지렛대를 이용해 내려서 압력을 만드는 방식에서 스프링의 힘을 활용하면서 좀 더 수월하게 추출이 가능해졌다.

보일러의 압력을 만들어 스팀을 내거나 하는 여러 보조적 장치에는 전자장비들이 쓰인다.

바리스타의 역량이 필요하며, 피스톤 작동 시 최초 15바에 이르는 고압부터 추출이 시작되면서 에스프레소의 풍부한 맛을 연출하여 과거 단순하며 클래식한 장비의 이미지에서 벗어나 새롭게 주목받고 있다.

▲ 수동식 머신

▲ 수동식 머신의
피스톤 그룹헤드 부분

▲ 수동식 머신의
스팀밸브 부분

2. 반자동머신(Semi Automatic Espresso Machine)

현재 가장 일반적으로 사용되는 방식으로 원두의 분쇄와 포타필터 장착 정도를 제외하고는 거의 대부분 전자장비에 의존하고 있다.

그러나 다양한 추출변수로 인하여 역시 바리스타의 숙련된 기술을 필요로 한다.

안정적으로 추출이 가능하면서도 각종 부가적 기능이 바리스타의 기술에 의해 조절이 가능

▲ 반자동머신

하여 다양한 맛을 연출할 수 있어 가장 보편적으로 사용되고 있다.

바리스타의 입장에서도 적은 노력으로 많은 디테일한 부분에 대한 기술적 제어가 가능하며, 메뉴를 만들기도 수월하여 머신의 기준처럼 여겨지고 있다. 실제로 거의 모든 바리스타 경연대회나 자격심사에서는 모두 반자동머신을 사용하고 있다.

최초의 모델은 페마(Faema)사의 모델이며, 최근에는 반자동머신 작동의 많은 부분이 디지털화되어 조정 가능해지면서 더욱 디테일한 맛을 연출할 수 있게 되었다.

3. 자동머신(Automatic Espresso Machine)

원두의 분쇄부터 계량, 추출에 이르기까지 모든 것이 디지털화되어 자동으로 내려지는 방식의 머신이다.

대부분 원두의 분쇄도, 추출량, 추출온도 등을 미리 프로그래밍해 놓으면 원버튼으로 추출되는 형식이다.

장점은 어떠한 바리스타가 추출해도 거의 역량을 발휘할 소지가 없기에 기복이 없는 기준의 맛을 연출하며 빠른 속도와 편리함에 있다. 반면 단점은 다양한 메뉴의 제공이 어려우며, 기존의 세팅값 이외의 추출에는 별도의 작업이 다시 필요하다는 것이다.

인건비의 절감효과와 함께 바리스타가 상주하지 않는 사무실이나 표준의 맛이 필요한 대기업 등에서 사용하고 있다.

▲ 자동머신

4. 그룹헤드의 숫자에 의한 분류

커피머신의 몸체에 부착되어 있는 그룹헤드의 숫자에 따라 원그룹머신(1 Group Machine), 투그룹머신(2 Group Machine), 쓰리그룹머신(3 Group Machine)으로 나뉜다.

▲ 원그룹머신   ▲ 투그룹머신   ▲ 쓰리그룹머신

3) 에스프레소머신의 구조

커피머신에서 가장 중요한 요소는 안정적인 온도와 일정한 추출압력이다. 이 두 가지 요소에 의해 에스프레소커피의 맛과 향 등의 전반적인 품질이 좌우되기 때문이다.

이 안정적인 추출을 위해 에스프레소머신은 수십 킬로에 이르는 몸집에 다양한 구조와 많은 부속장치들을 가지고 있다.

● 외부 구조

1. 전원스위치

커피머신에 전원을 공급하거나 차단하는 역할을 하는 메인 스위치이다. 보통 ON, OFF보다는 0과 1로 표시되어 있다. 스위치 숫자가 "0"으로 가면 "OFF" 상태이고, 숫자가 "1"로 가면 "ON" 상태가 된다. 이 전원공급 스위치는 각 브랜드별로 조금씩 차이가 있다.

2. 압력 게이지

바늘 두 개가 보통 하나는 보일러의 압력을 가리키고, 하나는 추출 시의 압력을 가리킨다.

보일러 내부의 압력은 1에서 1.5 사이를 가리킨다. 내부 압력이 2를 넘어서거나 붉은색 범위에 들어가면 즉시 전원을 끄고 보일러 내의 압력상태를 점검해야만 한다.

추출압력 게이지는 평소에는 수도압 정도인 2에서 3bar 정도를 가리키고 있다가 추출 시에는 펌프가 작동하여 압력이 높아진다. 9bar 정도까지 올라가거나 게이지의 적정구 간으로 표기된 라인까지 올라가면 정상으로 볼 수 있다. 마찬가지로 추출 시 압력게이지 가 너무 낮거나 높으면 점검을 요한다.

3. 포타필터(Portafilter)

▲ 포타필터 몸체

포타필터(Portafilter)는 필터홀더(Filter Holder)로도 불리는데 포타필터의 어원은 이탈리아어인 Protafiltro로 역시 필터홀더와 같은 말이다.

포타필터는 머신과 분리되어 분쇄된 커피를 담아오는 역 할을 한다.

그룹헤드로부터 분리되어 분쇄된 커피를 바스켓에 담아 와 다시 그룹헤드와 결합하여 커피를 추출한다.

▲ 포타필터 구성품
(홀더, 바스켓, 스프링, 스파우트)

완전한 추출을 위해서는 항상 예열되어 있어야 하고, 원두를 담을 때에는 물기를 제거해 주어 건조한 상태여야 한다.

포타필터는 분리되는 바스켓(Basket), 스프링(Spring), 스파우트(Spout)로 되어 있다.

스프링은 단순히 바스켓이 잘 빠지지 않게 고정시켜 주 는 역할이고, 바스켓과 스파우트는 1shot용과 2shot용이 있다. 필요에 따라 교체 사용할 수 있다.

▲ 바텀리스 포타필터 추출

최근에는 포타필터의 아랫부분과 스파우트를 제거한 바텀리스(Bottomless) 포타필터도 제작되고 있다. 이 바텀리스 포타필터는 추출의 과정을 바리스타가 눈으로 확인하며 정확하고도 안정적인 추출이 이루어지는지를 체크할 수 있어 각광받고 있다.

4. 그룹헤드(Group Head)

▲ 두 개의 그룹헤드

에스프레소 추출을 위한 고압의 물이 나오는 곳으로 분쇄된 커피와 직접 맞닿는 부분으로 보일러와 함께 머신에서 가장 중요한 부분이라 할 수 있다. 이곳으로 포타필터가 장착되어 직접적인 추출이 이루어진다.

안정적인 온도유지가 가장 중요하며 이를 위해 예열 시스템이나 보온기능 등을 가지고 있다.

▲ 분리시켜 놓은 그룹헤드

그룹헤드의 내부에는 분리되는 개스킷(Gasket)과 샤워홀더(Shower Holder), 샤워스크린(Shower Screen)이 있다.

개스킷은 고무재질로 되어 있어 그룹헤드와 포타필터가 밀착되게 해주는 역할을 한다. 추출이 진행될 때에는 9bar 이상의 고압이 발생하므로 물이나 압력이 새지 않도록 단단히 막아주는 것이 필요하다. 고온 고압은 고무재질의 개스킷을 부식시키거나 경화시켜 일정시간이 지나면 기능을 상실하게 한다. 따라서 6개월 정도에 한번씩 교체해 주는 것이 필요하다.

샤워스크린 역시 찌꺼기나 커피오일이 끼어 구멍이 막히게 되면 균형 있는 추출이 어렵게 된다. 샤워스크린에서 미세한 물줄기가 균일하게 커피표면에 분사되지 못할 경우 커피 크레마가 깨지거나 원치 않는 향미로 흘러갈 수도 있다. 늘 청결히 사용해 주고 1년 정도의 교체주기를 갖는다.

5. 스팀 밸브

보일러 상단부에 갇혀 있던 스팀을 빼주는 장치이다.
좌우로 돌리는 방식과, 위 아래로 내리는 방식이 있다.

6. 스팀 노즐

보일러 상단부의 스팀이 나오는 통로이다.

스팀은 100도 이상으로 매우 뜨겁기 때문에 노즐을 손으로 잡을 시 손잡이 역할을 하는 안전고무가 끼워져 있다.

노즐로 작업 시에는 반드시 이 스팀 노즐 고무손잡이만을 잡고 움직이도록 한다.

특히 전체 스팀 노즐 중에서 실제로 바리스타가 사용하는 머신에서 튀어나온 봉부분을 스팀완드라 한다.

스팀완드의 끝부분에는 스팀 노즐 팁(Tip)이 붙어 있다. 이 팁에 있는 구멍을 통해 스팀이 분출되는데 구멍의 숫자나 위치 등을 조절하여 더욱 미세한 거품을 낼 수도 있다.

7. 온수 노즐

보일러 안에 있는 뜨거운 물이 나오는 노즐이다. 스팀과 같이 있던 물이 나오기 때문에 과도하게 뜨거운 물이 나오므로 보통 바로 사용하지는 않는다. 보일러 내부의 뜨거운 물이 계속 배출되면 다시 차가운 물이 보충되면서 보일러 내부의 온도나 압력이 달라질 수 있으므로 실제 메뉴를 만들 때에는 온수노즐보다는 별도의 온수 디스펜서를 사용한다.

8. 드립트레이(Drip Tray)

메뉴를 만들 시 머신을 통해 여분의 물들이 흐르게 된다. 이때 이 물을 받는 받침대로 구멍을 통해 배수로로 흘려보낸다.

9. 컵 워머(Cup Warmer)

에스프레소머신의 제일 상단부는 내장된 히터에 의한 예열판이 있거나 보일러의 온기가 올라오기 때문에 메뉴제조에 쓰이는 컵 등을 올려놓고 예열할 수 있도록 되어 있다.

10. 추출 버튼 패널

보통 그룹별로 버튼이 형성되어 있으며 브랜드별로 다양한 버튼 형태를 가진다.

주로 한 그룹당 1shot의 작은 양 추출, 1shot의 많은 양 추출, 2shot의 작은 양 추출, 2shot의 많은 양 추출, 연속추출 버튼으로 구성되어 있고, 그 외 온수추출버튼이 있다. 이 중 연속추출버튼과 온수추출버튼을 제외하고는 바리스타의 편의성에 의하여 추출되는 물의 양을 세팅할 수 있게끔 되어 있다. 따라서 메뉴에 적절한 추출량을 세팅하여 두면 운영시간 내에 편리하게 사용할 수 있다.

고가의 머신에는 흔히 디지털화된 패널이 존재하여 바리스타의 추출시간이나 추출량에 대한 체크에 도움을 준다.

● 내부 구조

1. 정수필터

정수필터가 실제로 커피머신의 내부에 존재하지는 않는다. 그러나 일반 지하수나 수돗물의 경우 석회질이나 불순물이 함유될 수 있으며 이는 정밀한 커피머신에 손상을 주거나 수명을 단축시킬뿐더러 커피 맛에도 심각한 영향을 준다.

따라서 안정적인 커피맛과 커피머신의 수명연장을 위해서는 반드시 정수필터를 통과한 물만을 에스프레소머신 내부로 보내야만 한다.

2. 펌프

에스프레소를 추출할 시 9bar 이상으로 올려주는 압력을 만드는 역할을 한다.

수돗물의 압력이 기본적으로 2~3bar가량 작용하기 때문에 그 압력에 더해 인위적으로 모터를 돌려 압력을 올린다. 펌프의 헤드에는 압력을 조절할 수 있도록 설계된 부분이 있다.

▲ 펌프

이곳을 1자형 드라이버 등으로 돌려서 필요한 압력의 크기를 조절할 수 있다. 시계방향으로 돌리면 압력이 높아지고 반시계방향으로 돌리면 압력이 떨어진다. 공장에서는 주로 9bar에 맞추어 출고되고, 이는 바리스타의 성향에 맞추어 적절히 재조정할 수 있다.

▲ 펌프헤드의 압력조절 나사

3. 솔레노이드밸브(Solenoid Valve)

솔레노이드밸브란 원래 코일의 전자석을 활용해 전기가 들어오면 개폐막이 올라가 밸브가 열리고 전기가 들어오지 않으면 다시 개폐막이 내려가 밸브가 닫히는 구조의 전자밸브를 말한다. 보통 2way와 3way로 구분하는데 펌프

에서 보일러로 들어가는 전자밸브나 온수전자밸브는 2way이며 열교환기에서 그룹헤드로 나가는 밸브는 3way밸브이다.

특히 커피머신에서는 펌프에서 보일러로 들어가는 밸브를 통상적으로 솔레노이드밸브라 한다.

4. 보일러

보일러는 추출에 있어서 커피머신의 심장부라 할 수 있다. 안에 히터가 내장되어 있어 전기로 물을 가열하여 뜨거운 물과 함께 스팀을 만들어내는 구조이다.

안에 항상 물을 담고 있으며 커피추출에 필요한 모든 물을 공급한다.

보일러는 그 구조에 따라 일체형 보일러, 듀얼보일러, 독립보일러로 나뉜다. 대부분 일체형 보일러가 보급되어 있으나 고가형 머신에서는 독립보일러가 쓰인다.

일체형 보일러는 스팀과 온수, 그리고 추출수가 하나의 보일러 안에서 모두 생성된다.

보일러 안에는 그룹헤드의 수만큼 열교환기가 존재한다. 보일러 내부에는 70%가량의 물과 30%가량의 스팀으로 채워져 있다. 이 물과 스팀이 메뉴제조에 사용되고 에스프레소 추출에는 열교환기 안에 들어 있는 물이 사용된다.

열교환기에 가득 찬 물은 보일러의 압력과 열로 인하여 데워지고, 펌프의 압력으로 추출이 된다.

보일러의 물을 많이 사용하게 되면 냉수가 자동으로 유입되면서 추출수의 온도가 같이 떨어진다. 그리고 스팀을 많이 사용하면 스팀압을 올리기 위해 보일러가 작동되므로 추출수의 온도가 올라가게 된다. 따라서 일체형 보일러는 추출이 불안정하다는 문제점을 내포하고 있다. 반면에 제작비가 저렴하다는 것이 장점이어서 가장 많이 보급되어 있다. 이와는 달리 추출에 필요한 물을 위한 보일러를 따로 만들어놓은 구조가 듀얼 보일러이다. 즉 두 개의 보일러와 두 개의 히터를 가지고 스팀과 온수를 하나의 보일러로 만들고, 추출수를 다른 별도의 보일러로 만드는 방식이다. 이때 추출수를 만드는 보일러는 메인 보일러보다는 작게 설계된다.

독립보일러는 듀얼보일러처럼 추출수를 만드는 보일러를 독립시키되 각각의 그룹헤드마다 하나씩 개별로 독립보일러를 만들어 각각의 추출조건에서 최상의 컨디션을 유지하게끔 만든 구조이다. 보일러 전체를 데우는 것이 아니고 온도센서에 의해 추출 시마다 물의 온도가 자동으로 제어되기 때문에 바리스타가 원하는 구체적인 맛의 표현도 가능하다.

▲ 보일러　　　　▲ 보일러를 중심으로 한 관로　　　　▲ 독립보일러가 장착된 그룹헤드

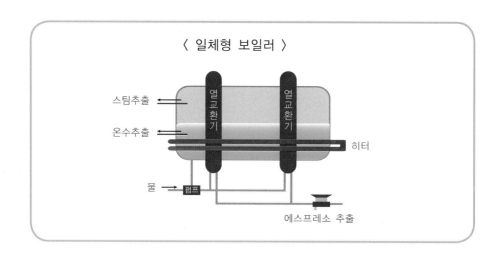

〈 일체형 보일러 〉

스팀추출

온수추출

열교환기

열교환기

히터

물 → 펌프

에스프레소 추출

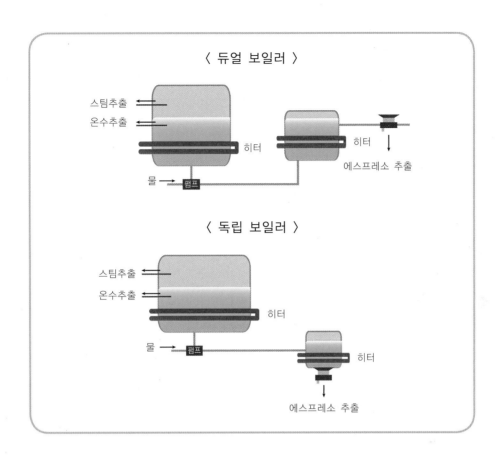

〈 듀얼 보일러 〉

스팀추출
온수추출
히터
물
펌프
에스프레소 추출
히터

〈 독립 보일러 〉

스팀추출
온수추출
히터
물
펌프
히터
에스프레소 추출

5. 에어밸브

커피머신의 압력을 처음 ON시켜 올릴 때에는 보일러 안에
있는 공기를 빼주면서 가열하지 않으면 팽창한 공기가 정상
적인 온수와 스팀이 만들어지는 데 방해요소로 작용한다. 따
라서 점차로 물이 데워지면서 보일러 내부의 공기가 자연스럽
게 에어밸브를 통해 조금씩 빠져나가도록 하여야 한다. 에어밸브의 고무가 노후화되면
보일러의 압력이 계속 새어나가기 때문에 경우에 따라서는 에어밸브를 장착하지 않는
모델도 있다.

6. 과압방지밸브

보통 보일러의 압력은 1에서 1.5 사이이지만 이상작동으로 압력이 더 올라갈 수도 있다. 일정 압력 이상 더 올라가면 과압방지밸브의 스프링이 힘을 버티지 못하고 열려 압력이 바깥으로 분출된다. 과압방지밸브는 일종의 안전장치인 셈이다. 과압방지밸브가 작동하면 즉시 머신을 끄고 원인을 찾도록 해야 한다.

7. 수위감지기

보일러의 70% 정도는 항상 물이 올라차 있다. 이렇게 보일러 내부에 들어차 있는 물의 수면 높이를 감지하는 센서이다. 보일러 내부의 물을 사용하면 즉시 외부의 차가운 물이 적정 수위까지 자동으로 공급된다.

8. 열교환기

반자동머신에만 있는 원통 실린더 형태의 탱크로 보일러 내부에 결합되어 있다. 그룹헤드의 숫자만큼 열교환기가 존재한다. 이곳에 들어온 물은 보일러의 물에 의해 같이 데워졌다가 펌프의 압력으로 추출수로 사용된다.

9. 히터

보일러의 하단부에는 물을 데울 수 있는 전기히터가 장착되어 있다. U자형의 긴 봉 형태로 되어 있다. 보일러에 물이 모두 빠져나간 상태에서 히터가 작동되면 파손의 우려가 있다. 그리고 수돗물의 성분 때문에 스케일이 많이 낄 수 있기 때문에 주기적으로 디스케일링(Descaling)을 진행해 주면 좋다. 히터에 스케일이 많이 끼면 고장의 원인이 되지는 않지만 열전달이 잘 안 되어 안정적인 온도의 유지가 어려워진다.

10. 보일러 압력 조절기

보일러의 압력은 기본적으로 1bar에서 1.5bar가량을 유지하고 있다. 그러나 바리스타의 입장에서 보일러의 온도나 압력이 조금 더 높거나 낮을 필요가 있을 시 수동으로 이를 조절할 수 있다. 일체형 보일러의 경우 온도와 압력을 별개로 조절할 수는 없고 함께 높이거나 함께 낮추어야만 한다. 상단부에 보이는 조절나사를 +방향으로 돌리면 온도와 압력이 올라가고 −방향으로 돌리면 온도와 압력이 떨어진다. 스프링의 힘에 의해 수동으로 조절되는 방식이며 보통 케이스가 덮여 있지만 쉽게 열고 조절이 가능하다.

11. 역류방지밸브

열교환기로 들어간 뜨거운 물이 다시 역류하는 것을 막아준다.

솔레노이드밸브도 역류밸브의 역할을 한다.

12. 플로우메터

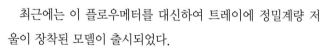

내부에 자석이 들어 있어 자석의 회전수로 추출되는 물의 양을 감지하는 장치이다. 추출수의 적당한 양을 공급하는 역할을 하며 정상작동을 하지 않는다면 추출수가 계속 나가게 될 것이다.

▲ 플로우메터

최근에는 이 플로우메터를 대신하여 트레이에 정밀계량 저울이 장착된 모델이 출시되었다.

플로우메터를 통과한 물은 포타필터의 분쇄원두 사이에 머물고 있을 수도 있어 전량 모두 추출에 사용된다고 할 수는 없다.

따라서 이미 추출되어 포타필터에서 떨어지는 용액을 측량하면 좀 더 정확할 수 있다. 기술의 발전이 새로운 시도로 연결되고 있는 사례의 하나로 볼 수 있다.

▲ 플로우메터를 대신하는 트레이의 전자저울

13. 온수전자밸브

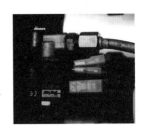

온수추출을 제어하는 밸브이다. 온수밸브는 외부에 설계된 스팀밸브와는 달리 내부에 전자밸브로 설계되어 있다. 프로그램에 따라 일정량의 물이 추출되기도 한다. 전류가 흐르면 밸브가 열려 온수가 추출되고 전류가 차단되면 밸브가 막히는 구조로 솔레노이드(Solenoid) 2way밸브의 일종이다.

14. 추출전자밸브

고압의 물이 그룹헤드로 가기 전에 작동하는 전자식 밸브이다. 다른 밸브와는 달리 추출되는 커피와 가장 가까이 있으므로 이물질로 인한 잦은 고장의 가능성이 있다. 포타필터에 커피가루 없이 물흘림을 많이 해주는 것도 추출전자밸브의 고장률을 떨어뜨리는 데 도움이 된다.

온수전자밸브처럼 전류가 흐르면 밸브가 열려 온수가 추출되고 전류가 차단되면 밸브가 막히는 구조로 솔레노이드(Solenoid)밸브의 일종이다. 그러나 추출전자밸브는 3방향으로 나 있는 3way 형상을 띤다. 한 방향은 보일러에서 나오는 물의 관로이고, 하나는 그룹헤드로 향하는 관로이며, 나머지 하나는 고압이 걸려 있거나 추출 후 남아 있는 압력이나 물이 흘러나갈 수 있도록 배수로를 향한 관로이다. 그룹헤드 청소 시 물이 추출전자밸브까지 역류하여 함께 청소가 된다.

4) 커피머신의 원리

① 정수된 물이 펌프 안으로 들어간다.

② 펌프의 압력에 의해 물이 보일러와 열교환기로 들어간다. 듀얼보일러나 독립보일러의 경우에는 메인보일러와 보조보일러로 들어간다.

③ 보일러로 들어가는 물은 솔레노이드밸브를 통해 사용한 만큼 계속적으로 보충이 된다.

④ 보일러는 히터에 의하여 가열되어 70%의 끓는점의 뜨거운 물과, 30%의 끓는점이

넘는 스팀이 압력을 받으며 들어차 있다.

⑤ 보일러 상단부 스팀이 차 있는 곳의 스팀밸브를 통하여 스팀이 제공된다.

⑥ 보일러 하단부 뜨거운 물이 차 있는 곳의 온수밸브를 통하여 온수가 제공된다.

⑦ 열교환기 또는 보조 보일러의 추출수는 추출 시마다 펌프의 압력으로 추출전자밸브와 플로우메터를 거쳐 그룹헤드로 강한 압력과 함께 나간다.

⑧ 이때 추출전자밸브는 추출에 관한 제어를 하며 추출 후 남은 압력과 물을 퇴수시킨다. 또 플로우메터는 적정량의 추출수를 흘려보낸다.

⑨ 추출을 위하여 빠져나간 만큼의 물이 다시 공급된다.

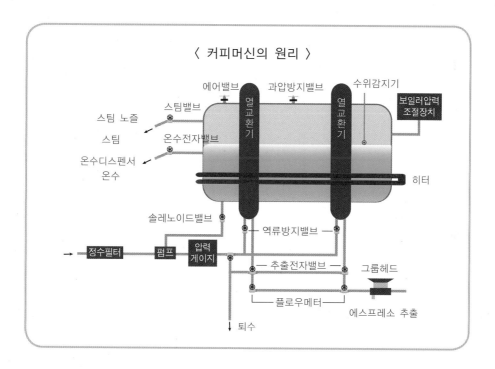

〈 커피머신의 원리 〉

5) 머신의 유지 보수

에스프레소머신은 바리스타에게 필수적인 아이템이기에 항상 청결하게 유지하는 것이 중요하다. 올바른 사용과 청결한 유지 외에도 내구성을 높이고 내용연수를 연장하기 위하여 다음과 같은 유지보수 노력을 할 필요가 있다.

1. 그룹헤드 청소

매일 머신의 사용을 마감할 때 다음의 순서로 그룹헤드를 청소하도록 한다.

① 포타필터를 그룹헤드로부터 분리한다.

② 그룹헤드에 물을 내리며 청소용 브러쉬를 사용하여 샤워필터와 개스킷 사이의 찌꺼기를 말끔히 제거한다.

③ 최소한 주 1회는 샤워필터와 개스킷을 완전히 분리한 후 세제에 담가 모든 커피때를 제거하고 깨끗하게 말려준다.

④ 포타필터의 필터바스켓을 제거하고 아래가 막혀 있는 블라인더 바스켓으로 바꿔 장착한다.

⑤ 블라인더 바스켓에 적당량의 전용세제를 넣는다.

⑥ 블라인더 바스켓을 장착한 포타필터를 그룹헤드에 끼운다.

⑦ 약 15초간 추출버튼을 눌러 펌프를 작동시키다 끄고 20초간 기다렸다가 다시 15초간 작동시키는 행동을 최소 5회 이상 계속한다.

▲ 약 1/4 티스푼 정도의 전용세제를 넣은 블라인더 바스켓

이때 세제를 녹인 뜨거운 물이 블라인더 바스켓에 막혀 그룹헤드 뒤로 역류하여 그룹헤드와 관로는 물론 추출밸브까지 청소가 된다.

⑧ 청소가 완료되면 포타필터를 그룹헤드로부터 분리한다.

⑨ 충분히 물을 흘려 안에 잔류세제가 남아 있지 않도록 한다.

⑩ 자동청소기능이 있는 에스프레소머신의 경우는 자동청소버튼을 눌러 청소를 진행한다.

2. 스팀 노즐 청소

스팀 노즐은 매일 수시로 청소해 주어야만 한다.

노즐의 안쪽에 붙어 있는 우유는 고온에서 쉽게 상하기 때문에 어떠한 시간을 정해두고 청소를 한다기보다는 다음 순서대로 수시로 청소를 진행해 준다.

① 스팀 노즐의 외부를 행주로 깨끗이 닦아준다.

② 스팀 노즐을 물이 담긴 스팀피처에 담근다.

③ 스팀밸브를 열었다 닫았다를 반복하며 스팀완드의 안쪽을 청소한다.

④ 스팀밸브를 잠글 때 압력차이 때문에 물이 스팀완드의 안쪽으로 빨려들어갔다가 다시 밸브를 열면 나오면서 청소가 된다. 전용세제를 사용하면 더욱 좋다.

⑤ 청소가 완료된 후에는 깨끗한 물에 노즐을 담그고 밸브를 열었다 잠갔다를 반복하며 충분히 린스를 해주고, 스팀완드 내에 남아 있는 잔여물을 충분히 빼내준다.

3. 샤워스크린(Shower Screen)과 개스킷(Gasket) 교환

개스킷은 지속적인 포타필터와의 마찰로 인하여 마모가 일어난다. 그리고 고무성질의 소재가 열을 받아 경화되어 고무로써의 압축탄성을 잃게 되어 밀착이 잘 이루어지지 않게 된다. 밀착이 완전하지 않으면 고압의 압력이 유지되지 않거나 물이 새는 경우가 발생한다. 따라서 주기적으로 교환을 필요로 한다.

▲ 완전히 분리된
샤워필터(좌)와 개스킷(우)

매일 사용을 기준으로 하였을 때 보통 6개월마다 교환을 필요로 한다. 너무 오랜 기간 동안 교환해 주지 않을 경우 고무의 경화가 과하게 일어나는데다 그룹헤드의 안쪽에 닿는 부분이 녹아 눌어붙어 분리가 쉽지 않을 수 있다. 이 경우는 경화된 개스킷을 송곳과 망치로 깨내야만 하는 경우도 있다. 이 때 그룹헤드에 손상이 쉽게 갈 수 있다. 때문에 주기적 청소와 함께 적정 교환주기를 지켜주는 것도 중요하다.

적정시점에서 교환하는 개스킷은 송곳이나 스푼 등으로 손쉽게 분리가 가능하다. 결합시에는 포타필터를 이용해 압착시켜 결합한다. 포타필터 위에 올려 그대로 결합하면 손쉽게 그룹헤드 안으로 결합된다.

개스킷과 함께 그룹헤드 안쪽에 끼워져 있는 샤워스크린도 마찬가지이다.

추출 시에는 미세한 물줄기가 균일하게 포타필터의 분쇄원두로 떨어지게 해야 하는데, 오랜 기간 사용하면서 미세한 망의 균일성이 떨어지기도 하고, 제거되지 않은 이물질이나 오일이 끼기도 하여 역시 적정시점의 교환을 필요로 한다. 보통 1년마다 교환하도록 한다.

샤워스크린은 직접적으로 분쇄된 원두와 맞닿는 부분이다. 따라서 청결이 유지되지 않을 경우는 맛과 위생의 양면에서 문제가 발생할 수 있다. 샤워스크린의 문제 발생 시에는 추출 시 크레마의 형태도 균일하지 못한 모습을 보인다. 크레마가 지나치게 옅거나 또는 지나치게 짙을 수 있다.

교환주기와 상관없이 잦은 청소로 늘 청결하게 유지하는 것이 위생과 커피의 품질 양면에서 긍정적이다.

4. 보일러 디스케일링(Descaling)

밀폐된 공간에 물이 갇혀 있는 보일러의 구조상 내부에는 스케일(Scale)이 끼게 마련이다. 아무리 정수가 잘된 물을 사용한다 하더라도 최소한의 석회질이 오랜 시간 누적되면서 보일러 내부에 하얗게 들러붙는다.

특히 히터에 끼는 스케일은 열전도율을 떨어뜨려 안정적인 추출을 방해한다.

스케일은 보일러의 온도가 올라가는 과정이나 떨어지는 과정에서 많이 발생한다. 때문에 잠깐 머신을 사용하지 않을 때에는 일부러 꺼두지 않고 계속 켜두는 경우도 많다.

보일러의 스케일 제거작업은 보통 전문가의 손에 의탁한다. 그러나 최근에는 기계에 대한 바리스타의 관심이 고조되고, 청소용 약품도 시중에 판매되고 있어 직접 디스케일링작업에 도전하는 경우도 적지 않다.

디스케일링작업을 위해서는 머신 보일러의 물을 완전히 비운 후 전용세제를 희석한 물을 주입하는 방식으로 스케일을 제거한다. 스케일 제거작업 후에는 보일러의 물탱크에 깨끗한 물을 주입 후 비워주는 방식으로 여러 번 세정하여 만약에 있을지 모르는 위생상의 문제가 발생하지 않도록 한다.

6) 그라인더와 탬퍼

1. 그라인더의 구조와 원리

그라인더는 추출을 위해 원두를 분쇄하는 장비로 분쇄원두의 굵기를 조절함으로써 추출에 다양한 변수를 줄 수 있다. 완벽한 한 잔의 에스프레소를 추출하기 위하여는 균일한 분쇄를 그 전제조건으로 한다.

① 호퍼(Hopper) : 원두를 담는 통이다. 호퍼에 담긴 원두는 사용함에 따라 지속적으로 밑으로 내려가면서 아래쪽에 있는 그라인더 날에 의해서 분쇄가 이루어진다.

1kg의 원두를 담을 수 있는 호퍼가 일반적으로 많이 쓰인다.

② 도저(Doser) : 그라인더 날에 의해서 분쇄가 이루어진 원두가 담기는 통이다.

자동그라인더의 경우 도저리스(Doserless)로 도저 없이 분쇄된 원두를 바로 포타필터에 담도록 되어 있는 구조도 있다.

▲ 그라인더 구조

원두는 분쇄와 동시에 산패가 진행된다. 분쇄가 되고나면 산소가 접촉하는 면적이 급격하게 넓어져 급속히 산패된다. 따라서 분쇄는 주문과 동시에 이루어져야 한다.

그렇다면 도저 안에 분쇄된 원두가 떨어지면 바로 포타필터로 들어가 추출이 이루어지는 것을 원칙으로 한다. 도저 안에 분쇄된 원두가 들어 있는 경우는 바람직하다고 볼 수 없다.

③ 날(Burr) : 그라인더의 날은 플랫(Flat)형과 코니컬(Conical)형으로 구분한다.

▲ 도저가 없는(Doserless) 전자동 그라인더

플랫형은 아래의 날은 고정되어 있고 위의 날이 분당 1500회가량 회전하면서 원두를 으깨면서 분쇄한다. 회전속도가 높다 보니 소음도 상대적으로 심하고 열 발생도 심하여 원두맛의 변형을 초래할 가능성도 있다. 위에서 투입하여 옆으로 분쇄되어 나가는 구조라 원심력을 이용하기 위하여 빠른 회전은 필수조건이다. 그러나 최근에는 저속 저소음형 플랫방식도 출시되고 있다. 무엇보다도 균일한 분

▲ 플랫형 그라인더 날 (Flat Burr)

쇄도는 플랫형의 가장 큰 장점이다.

코니컬형 역시 아래의 원뿔형 날은 고정되어 있고 상부의 날이 회전하면서 분쇄를 한다. 상대적으로 느린 속도인 분당 500회 정도 날이 회전을 하므로 소음과 열 발생이 적다. 때문에 원두 자체의 성분보존에는 유리하지만 균일하지 못하게 갈리는 단점도 있다.

자동그라인더가 아닌 손으로 돌리는 핸드밀의 경우도 이 방식이 쓰인다. 과거 플랫형은 블렌딩원두에 적합하고 코니컬형은 향미손실이 적어 싱글오리진원두에 적합한 것으로 알려졌으나 실제적으로 분쇄방식에 따라 약간의 향미 차이는 나지만 각기 모두 장단점을 가지고 있기 때문에 어떠한 원두에 적합하다고 규정짓는 것은 무의미하다고 하겠다.

▲ 코니컬형 그라인더 날
(Conical Burr)

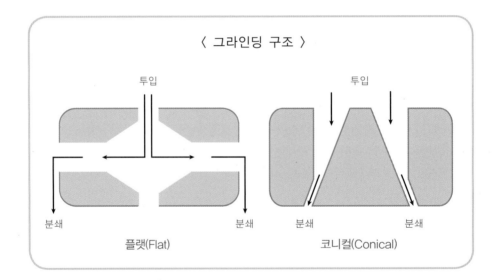

〈 그라인딩 구조 〉

투입

투입

분쇄　　　　분쇄　　분쇄　　　　분쇄

플랫(Flat)　　　　　　코니컬(Conical)

2. 그라인더의 분쇄도 조절

에스프레소 추출에는 늘 수없이 많은 환경의 변수가 존재한다. 주로 그 환경의 변수는 그라인더의 분쇄도를 조절하면서 어느 정도 조율을 한다.

각기 다른 원산지와 다른 품종의 원두의 추출속도나 조건들이 같을 리가 만무하다. 설

령 같은 원두라 하더라도 로스팅하고 나서 경과된 시간에 따른 산패 정도, 그날의 온도나 습도의 상태, 그라인더 날의 마모 정도, 고객의 취향 등에 따라 분쇄도를 달리하여야만 한다. 따라서 그라인더 분쇄입자의 조절은 바리스타가 늘 신경을 집중해야만 하는 부분이다.

대부분의 그라인더는 시계방향으로 돌리면 분쇄도가 가늘어지고, 반시계방향으로 돌리면 분쇄도가 굵어진다. 두 개의 날이 서로 밀착하여 분쇄되는 과정에서 시계방향으로 돌리면 나사가 들어가듯 두 날의 간격이 좁아지기 때문이다.

원두가 가늘게 분쇄되면 에스프레소는 쓴맛이 강조된다. 굵게 분쇄되면 바디감이 사라지고 신맛이 강조된다. 적정추출시간인 25초 정도가 유지될 정도 굵기의 분쇄도가 가장 적당하다.

3. 그라인더의 유지보수

그라인더의 날은 늘 커피찌꺼기로부터 자유롭지 못하다. 분쇄된 커피찌꺼기는 항상 그라인더의 날 틈새에 끼어 있으며 커피오일은 보이지 않는 곳에서 균일한 추출을 방해하며 날을 손상시키는 존재이다.

▲ 윗날 청소

그라인더 날의 청소상태가 좋지 않아 균일한 분쇄가 이루어지지 않는다면 커피맛에서는 쓴맛이 올라온다. 균일하게 갈리지 못하면 비교적 가는 입자들이 굵은 입자 사이에 끼게 되면서 추출속도를 느리게 하고, 작은 입자들로부터 쓴맛을 표현하는 분자들이 손쉽게 추출되어 나오면서 쓴맛이 강조된다. 특별한 이유 없이 갑자기 원두에서 쓴맛이 나오기 시작했다면 그라인더의 청소상태를 의심해 봐야 한다.

▲ 아랫날 청소

그라인더는 매일 청소하여 늘 청결한 상태를 유지하도록 하고 항상 균일한 추출이 이루어지도록 하여야만 한다.

단순히 외부만을 깨끗이 하는 것이 아니다. 그라인더 날을 청소용 솔로 깨끗이 청소하여 이물질이 남아서 산패가 이루어지지 않도록 한다. 날을 완전히 분리해서 윗면과 아랫면 그리고 특히 찌꺼기가 잘 끼는 날의 홈 부분이나 볼트 부분을 유의해서 청소하도록 한다. 틈새에 끼어 있는 원두찌꺼기는 산패되어 추출되는 커피에 좋지 않은 향을 끼칠 수 있다.

매일 분해 청소가 용이치 않을 때에는 시중에서 판매하는 그라인더 날 청소용 태블릿(Tablet)을 호퍼에 넣고 갈아주는 것도 좋다. 이 태블릿은 옥수수 등의 곡식으로 만들어졌기 때문에 이러한 태블릿 대신 쌀 등의 곡식 한 움큼을 갈아주는 것으로 청소를 대신할 수도 있다.

그라인더의 날이 마모되면 균일한 분쇄가 이루어질 수 없다. 아무리 강도가 좋은 금속이라 하더라도 보통 500kg 분쇄 후에는 날을 교환해 주는 것을 권장하고 있다(Flat Burr 기준). 코니컬형(Conical)의 날은 플랫형(Flat)의 날보다 내구성이 더 좋고 내용연수가 훨씬 더 길다.

4. 탬퍼(Tamper)

오래전부터 바리스타의 역할로 탬핑(Tamping)은 중요하게 여겨져 왔다. 따라서 바리스타 개인의 손에 맞는 탬퍼를 소장하기도 하고, 탬퍼의 형태와 기능도 점차로 진화를 거듭해 왔다.

탬퍼의 소재와 종류는 다양하다. 어느 정도 무게감을 지니고 있어 바리스타가 손쉽게 탬핑을 할 수 있는 스테인리스 소재가 가장 많이 쓰인다. 그 외에 알루미늄이나 나무, 플라스틱 소재의 탬퍼는 바리스타가 탬핑의 강도를 조절하기 용이하다는 장점 때문에 쓰이고 있다.

탬퍼는 항상 습하지 않은 곳에 보관하고 바닥에 물기가 닿지 않도록 청결한 곳에 보관한다. 탬퍼 바닥면은 원두와 직접 맞닿는 부분이며 물기가 있으면 포타필터 내 분쇄원두 표면의 균일성을 망가뜨리게 된다.

최근에는 탬핑을 통해 분쇄된 원두를 다져주는 의미보다 수평을 맞추는 레벨링(Leveling)에 더 포커스가 맞추어져 있다. 그래서 탬퍼 대신 수평을 맞추어주는 것에 특화된 레벨러(Leveler)를 사용하는 경우도 있다.

또한 오랜 작업시간 때문에 혹시나 있을 수 있는 터널증후군 등을 예방하고 좀 더 손쉽게, 그리고 더 정밀하고 균일하게 작업하기 위해 오토탬퍼(Auto Tamper)도 개발되어 보급되고 있다.

▲ 오토탬퍼(Auto Tamper)

◀ 일반적 탬퍼(Tamper)

◀ 레벨러(Leveler)

◀ 레벨러와 함께
쓰이는 탬퍼

5. 핸드드립

1) 핸드드립커피의 의의

드리퍼와 필터에 분쇄된 원두커피를 담고 뜨거운 물을 중력의 힘으로 떨어뜨려 커피를 추출하는 방식을 핸드드립이라고 한다.

커피를 추출하는 여러 방법 중 가장 일상생활에 근접해 있으면서도 각각의 커피가 가진 특유의 향미를 가장 잘 표현하는 방법 중 하나로 핸드드립이 꼽힌다.

드립커피(Drip Coffee), 드립브루(Drip Brew), 매뉴얼드립(Manual Drip), 푸어오버커피(Pour Over Coffee) 등이 각각의 미묘한 차이는 있지만 실제에 있어서는 모두 핸드드립 또는 핸드드립커피와 같은 뜻으로 사용된다.

핸드드립이란 단어는 다분히 일본의 영향을 받고 있지만 현재 가장 보편적으로 사용하는 단어이기에 그대로 사용토록 한다.

핸드드립은 기본적으로 서버(Server) 위에 드리퍼(Dripper)를 거치하고 안에 필터(Filter)를 넣어 여과장치를 만들고 분쇄원두를 넣은 후, 중력의 힘으로 가는 물줄기를 떨어뜨려가며 추출한다.

때문에 드리퍼와 필터의 사용이 필수적이고 서구에서는 필터커피(Filter Coffee)라고 하기도 한다.

우리가 가장 흔히 쓰는 종이로 된 필터는 독일인 멜리타 벤츠(Melitta Bentz) 여사가 1908년에 고안하였다. 그녀는 곧 멜리타라는 회사를 만들고 드리퍼를 만들기 시작했다.

이 멜리타(Melitta) 드리퍼는 오늘날 쓰이는 많은 종류의 드리퍼의 효시가 되었다.

그 후 핸드드립커피는 일본에서 크게 각광받으면서 성장하였다.

칼리타, 고노, 하리오 등 많은 드리퍼들이 일본에서 개발되었으며 드립방법 또한 여러 가지가 고안되며 발전해 왔다.

핸드드립은 바리스타의 손기술과 드립을 하는 여러 환경적 요건에 따라 향미를 달리한다.

즉 드리퍼의 종류, 필터의 종류, 원두의 종류, 물의 양, 물의 온도, 드립시간, 물줄기의 굵기, 붓는 방향 등 많은 변수의 영향을 받는 추출법이다.

바리스타의 경험과 연륜이 그대로 묻어나고 커피산지의 특성과 색이 그대로 전해지기에 에스프레소 다음으로 전 세계에서 많이 소비되고 있다.

〈 핸드드립커피 〉

2) 핸드드립커피의 특징

핸드드립커피는 에스프레소커피와 함께 커피메뉴의 양대산맥을 이룬다. 에스프레소커피와 비교하여서는 다음과 같은 큰 특징을 갖는다.

① 에스프레소커피는 여러 가지 원산지가 섞인 블렌딩된 커피를 주로 사용하여 왔다. 그러나 핸드드립커피는 해당 커피산지의 맛을 그대로 살려주기 때문에 주로 단종커피(Single Origin)를 사용한다.

그러나 최근에는 에스프레소도 원두의 고급화와 추출기술의 발달로 인하여 점차로 단종커피(Single Origin)의 사용이 늘어가는 추세이다.

② 에스프레소는 기계의 힘을 빌려 짧은 시간(25초)에 추출하는 것을 큰 특징으로 한다. 그러나 핸드드립커피는 인간의 손에 의해 비교적 오랜 시간(3~5분)에 걸쳐 추출한다.

③ 에스프레소는 수용성 물질뿐만 아니라 지용성 물질까지 추출되어 크레마와 복잡하면서도 진한 바디의 맛이 추출된다. 반면에 핸드드립은 깔끔하면서도 단조로운 개별 특성의 맛을 특징으로 한다.

④ 에스프레소로 만들 수 있는 메뉴는 다양하다. 여러 가지 부재료를 첨가할 수도 있고, 다른 메뉴와 혼합을 할 수도 있다. 그러나 핸드드립커피는 본연의 모습 그대로 제공되는 것을 기본으로 하여 메뉴가 제한적이다.

⑤ 에스프레소는 어느 정도 정해진 룰에 따른 추출로 정형화된 커피이다. 그러나 핸드드립은 바리스타의 역량이 많이 들어가며 다양한 방법과 도구를 통해 여러 가지 변화를 줄 수가 있다.

3) 핸드드립커피의 원리

분쇄된 원두의 틈 사이로 최초에 부어진 물(뜸들이기)들이 자리를 잡으면 원두의 수용성 성분들이 용해되기 시작한다. 이때 추출수의 온도로 인하여 분쇄원두 공간의 압력이 올라가면서 원두의 수용성 성분이 물에 용해되어 나오며 추출수의 농도가 높아진다. 물에 용해되지 못한 휘발성 성분들은 좋은 향기를 내며 공기 중으로 확산되거나 표면의 거품층을 형성한다.

원두와 접한 부분이 아니어서 용해가 일어나지 않는 곳도 확산을 통하여 전체적으로 추출수의 농도가 높아지게 된다.

연이어 다시 부어지는 물은 중력의 힘으로 아래로 내려오면서 기존의 원두 틈에 있던 고농도의 추출수를 아래로 떨어지게 한다. 커피원두층에 머무면서 커피의 여러 에센스를 흡수한 물은 필터 아래쪽을 통과한다. 커피가루는 필터에서 걸러지고, 필터를 통과한 액체성분만 서버 안에 담긴다.

농도가 떨어진 분쇄원두 사이로 새로 들어온 추출수는 다시 용해와 확산과정을 거치며 농도를 높인다.

또다시 부어지는 물은 이 고농도의 추출액을 다시 중력의 힘으로 밀어내는 과정을 반복한다.

드리퍼 안쪽에 세로로 나 있는 돌기로 립(Rib)이 있다. 이 립이 높고 많을수록 립 사이의 공기의 흐름이 원활하여 추출수가 고형성분을 머금고 쉽게 서버로 흘러내리게 한다.

뜸들이기가 충분치 않거나, 드리퍼 안의 분쇄원두 사이의 유속이 너무 빠르면 충분한 용해와 확산이 일어나지 않아 과소추출이 된다. 반면에 유속이 너무 느리면 과다추출이 된다.

적절한 추출농도와 수율은 에스프레소커피와 마찬가지로 농도 1.2%에 수율 20%이다.

4) 핸드드립 방법

핸드드립에 있어서 가장 중요한 것은 물줄기의 굵기나 유속 등이 바리스타가 의도한 대로 안정적으로 이루어지게 하는 데 있다. 그래야만 예상하고 원했던 향미가 적절히 잘 구현될 수 있다.

안정적인 물줄기를 위한 자세는 개인마다 신체 조건이나 개성이 모두 다르기에 어떠한 자세를 규정짓는 것은 불가능하다. 단지 안정적인 몸의 균형과 용이한 물줄기 컨트롤을 위해 다리를 어깨넓이로 벌리고 오른쪽 다리를 약간 뒤로 빼주는 것이 좋다. (오른손잡이 기준)

그리고 드립주전자를 잡는 오른손은 자연스럽게 몸통에 가깝게 붙이고, 왼손은 탁자 위에 올려 편안한 자세를 유지한다.

손목의 스냅을 이용하기보다는 팔 전체를 이용해 물줄기를 컨트롤하며 부어 나간다.

① 드립 종이 필터를 접는다.

원뿔형인 고노, 하리오 등은 한번만 접으면 되지만, 사다리꼴형인 칼리타 등은 두 번을 접는다. 첫 번째는 아무 방향으로나 접지만 두 번째는 먼저 접은 방향과 반대방향으로 접는다.

▲ 원뿔형 드리퍼의   ▲ 사다리꼴형 드리퍼 종이필터의   ▲ 사다리꼴형 드리퍼 종이필터의
　종이필터 접기　　　　　　첫 번째 접기　　　　　　두 번째 방향(첫 번째와 반대) 접기

② 분쇄한 원두를 필터에 담고 옆을 쳐주면서 분쇄원두의 표면부를 평탄하게 만든다.

③ 중심부부터 나선형으로 균일하면서도 가는 물줄기를 부어 원두 사이에 뜸들이기 물이 스며들게 한다.

〈 뜸들이기 물붓기 방법 〉

④ 뜸들이기 물의 양은 드리퍼에서 서버로 아주 약간의 추출수가 몇 방울 떨어지는 정도가 가장 좋다. 너무 적은 뜸들이기 물은 충분히 적시지 않아 추출이 늦어지고 원치 않는 잡미가 추출될 수도 있다. 너무 많은 뜸들이기 물은 빠른 속도로 흘러 충분히 커피의 고형성분을 내포하지 못해 바디감이 떨어지고 연한 과소추출 커피가 만들어진다.

⑤ 뜸들이기의 시간은 30초 정도가 보편적이나 원두의 양과 물의 양, 원두의 상태, 바리스타가 의도하는 맛의 방향 등을 고려하여 훨씬 늘어날 수도 줄어들 수도 있다.

⑥ 신선한 원두의 경우는 뜸들이는 동안 커피가 표면에서 부풀어올라 마치 발효가 잘 된 빵을 연상시킨다. 가운데 원두가 가장 많기 때문에 가스 분출량도 가장 많아 가운데가 가장 높게 불룩하고 가장자리로 갈수록 낮은 빵과 같은 형태의 부풀림을 만든다.

⑦ 뜸들이기가 끝나면 추출을 위해 뜸들이기 때 부은 물줄기보다는 조금 굵은 물줄기로 물을 붓는다.

중심부에서 바깥방향으로 갈수록 원두를 담은 드리퍼의 깊이가 낮아지기 때문에 원두량도 적어진다.

따라서 중심부에서는 좀 더 촘촘히 물을 붓든가, 좀 더 느리게 물을 붓든가 등의 방법으로 붓는 물의 양을 늘리고 바깥쪽으로 갈수록 붓는 물의 양을 줄인다.

가장 바깥쪽인 필터종이에는 직접적으로 물이 닿지 않도록 한다. 종이의 잡맛이 스미거나 드리퍼의 벽을 타고 그대로 서버로 내려가 연해질 수도 있기 때문이다.

⑧ 물을 붓는 형태나 방법은 다양하게 존재한다. 특히 드리퍼의 종류나 바리스타가 의도하는 맛에 따라 여러 종류의 패턴으로 물을 부을 수 있다. 가장 많이 쓰이는 것은 나선형 선드립이다.

〈 다양한 선드립의 예 〉

⑨ 적정량의 물을 안분하여 3~4회에 걸쳐 추출수를 붓는다. 드립을 하고 나서는 잠시 기다려 추출수가 원두의 고형성분을 용해하고 확산시킬 시간을 준 뒤 다시 붓기를 3~4회 반복한다.

⑩ 서버에 담긴 커피에 적정량의 뜨거운 물로 희석하여 제공한다.

5) 다양한 핸드드립 도구

1. 멜리타(Melitta)

종이필터를 처음 사용한 드리퍼이자 근대 드리퍼의 효시이다. 최초의 멜리타 드리퍼는 금속이었으나 현재는 플라스틱을 비롯한 여러 재질로 제작된다.

멜리타 드리퍼를 이용한 추출의 가장 기본적 요소는 추출구가 한 개뿐이라는 것이다. 따라서 배출이 느려지기 때문에 드리퍼 안에 다량의 물이 항상 고여 있다.

▲ 멜리타 드리퍼와 서버

따라서 사용자는 기술적 부담 없이 물줄기를 흘려 내릴 수 있다. 조심스레 추출수를 안분하여 내리지를 않고, 원하는 양을 그냥 계속 내려 보낸다.

립이 길고 많아 물이 고여 있어도 쉽게 서버로 흘러가게 도와준다.

전체적으로 개성진 맛보다는 부드러운 맛을 구현한다.

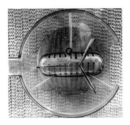

▲ 멜리타 드리퍼의 바닥모습과 구멍

2. 칼리타(Kalita)

멜리타 개발 이후 일본에서 이를 변형시켜 개발된 드리퍼이다. 멜리타와 가장 큰 차이점은 구멍이 3개가 나 있다는 것이다. 대체로 드립의 표준처럼 여겨지며, 커피맛이 특별한 왜곡 없이 그대로 잘 표현된다.

추출구가 3개인데 립(Rib)도 높고 많아 추출속도도 빠르며 추출하는 바리스타에 따른 맛의 기복이 많지 않다. 드리퍼의 맨 위는 원형이지만 맨 아래는 타원형이라 커피양이 많은 센터를 중심으로 하여 타원형을 그려주면서 물을 부어야 전체 원두의 고형성분이 균일하게 용해되어 나온다. 칼리타 세라믹 드리퍼의 경우 열전도율이 높아 사용전에 충분히 예열하여 추출수의 온도를 드리퍼에 빼앗기지 않도록 한다.

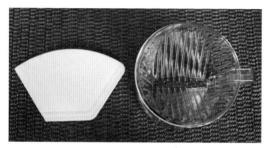
▲ 칼리타 드리퍼와 필터

▲ 칼리타 세라믹 드리퍼

3. 하리오(Hario)

일본의 하리오 드리퍼와 고노 드리퍼는 원추형 드리퍼이다.

멜리타나 칼리타와 같은 반원추형과는 달리 드리퍼 내에서 물의 흐름이 원활하고 비교적 단조롭다. 구멍은 가운데에 하나지만 멜리타와는 달리 매우 크다. 따라서 추출속도도 빠르고 부드러운 맛을 잘 연출해 낸다.

▲ 하리오 드리퍼

유사한 고노드리퍼보다 구멍도 더 크고 립(Rib)도 더 길어 하리오의 큰 특징 중 하나인 빠른 추출이라는 장점을 살려 바쁜 매장에서 유용하게 사용되는 모델이기도 하다. 립(Rib)은 나선형으로 휘어 있다. 보통 물줄기를 가늘게 하여 부드럽지만 풍부한 맛을 즐기고자 한다.

▲ 하리오 드리퍼와 필터, 서버

4. 케멕스(Chemex)

　1941년 독일에서 만들어져 실용적이면서도 감각적인 디자인적 요소로 인해 동양문화권보다는 북미나 호주에서 많이 사용되었지만 최근 우리나라에서도 유저층을 계속 넓혀가고 있다. 특징은 서버와 드리퍼가 일체형이라는 것이다. 그리고 드리퍼에 기교가 들어가 있지 않고 단순히 물병과도 같은 구조에 필터만 올려놓은 모습이다. 케멕스는 다른 드리퍼가 가진 립(Rib)의 비슷한 역할을 하는 에어채널(Air Channel)이

▲ 케멕스 드리퍼

있다. 이것도 맛에 영향을 준다기보다는 실용성에 기인한다. 전체적으로 특별한 양식 없이 캐주얼하게 드립을 하여 커피를 즐기는 데 유용하다. 다량의 드립을 한번에 할 수 있어 실용적인 면도 서구사회에서 인기를 끈 이유 중의 하나이다.

5. 핀 드리퍼(Pin Dripper)

　주로 베트남에서 사용되는 핀 드리퍼는 필터를 반영구적으로 사용할 수 있는 금속필터이다. 서버에 연유와 얼음을 받치고 상단의 드리퍼에 강배전한 원두를 갈아 내리면 베트남식 커피인 카페 쓰다(Ca Phe Sua Da)가 만들어진다. 필터는 단순히 금속에 구멍이 뚫린 것이기 때문에 입자가 굵은 커피가루는 걸러주지만 입자가 가는 커피가루는 같이 내려지면서 음료를 혼탁하게

▲ 핀 드리퍼

만들기도 한다. 종이필터에 흡수되는 성분 없이 그대로 떨어지기 때문에 주로 진하고 풍부한 맛을 연출한다. 반면에 추출이 늦고 맛이 많이 거칠다. 그러나 베트남 커피처럼 연유 등 다른 성분과 혼용하여 음용하면 매우 훌륭한 메뉴를 만들어낸다.

6. 비알레띠(Bialetti) 세라믹 드리퍼

　모카포트를 만드는 것으로 유명한 비알레띠사의 세라믹 드리퍼이다. 케멕스처럼 캐주얼하게 즐길 수 있게 고안된 드리퍼로 특별한 추출기술 없이 누구나 즐길 수 있다. 추출구는 작지만 립(Rib)이 일자이며 세라믹 재질이라 손쉽게 추출된다.

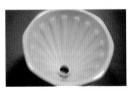
▲ 비알레띠 세라믹 드리퍼

7. 스틸 드리퍼(Still Dripper)와 웨이브필터(Wave Filter)

웨이브필터는 웨이브가 만들어내는 공간으로 인하여 드리퍼와 일정한 간격을 두게 되어 드리퍼의 영향을 적게 받는다. 때문에 균형 잡힌 맛의 커피를 균일하게 내릴 수 있는 장점이 있다. 독특한 주름구조의 필터는 최근 들어 눈에 띄는 시각적 효과와 함께 많이 애용되고 있다. 스틸 드리퍼는 립

▲ 스틸 드리퍼와 웨이브필터

(Rib)이 없어 추출과정에서 그만큼 변수가 적다. 따라서 단순하고 일관된 맛의 유지에 유리하지만, 바리스타의 의지에 따라 향미를 조절할 수 있는 여지가 적어진다. 웨이브필터는 이 단점을 조금은 극복할 수 있다.

8. 융드리퍼

종이 드리퍼가 흡수하는 지방성분까지도 같이 추출되어 바디감이 좋고 맛이 더 풍부하다. 종이 드리퍼는 커피의 지방성분을 흡수하면서 잡미도 같이 잡아주어 깔끔하고도 밝은 느낌의 커피가 추출되지만 융드리퍼는 그와는 반대로 많은 복합적인 맛이 같이 어우러지는 풍성한 맛과 밀도 높은 바디감을 느낄 수 있다.

융은 반복적으로 사용이 어려우며 매번 사용할 때마다 세척을 해야 하고, 10회 이상 사용하여 융의 조직이 손상되고 커피 이물질이 많이 끼면 교환해 주어야 한다.

▲ 융드리퍼

	종이 (필터) 드리퍼	융드리퍼
장점	• 일회용 필터로 처리가 간편하다. • 필터 비용이 상대적으로 저렴하다. • 깔끔하면서도 선명한 맛을 낸다. • 원두 본연의 맛이 잘 표현된다.	• 바디감이 좋고, 맛이 풍부하다. • 맛의 여운이 오래 지속된다.

단점	바디감이 떨어지고 마우스필이 건조하다.	• 위생적인 처리에 노력이 들어가며 추출이 번거롭다. • 필터 비용이 상대적으로 비싸다.

6) 추출변수

변수	결과
많은 뜸들이기 물량	• 추출시간이 짧아진다. • 충분히 뜸들일 시간 없이 추출되므로 과소추출되어 농도가 연하다.
적은 뜸들이기 물량	• 추출시간이 길어진다. • 잡미가 강조되며 맛이 텁텁해진다.
가는 물줄기	• 드리퍼 내의 원두 사이에서의 유속이 느려 고형물질을 잘 용해한다. • 원두의 굵기가 굵은 커피의 단점을 커버할 수 있다. • 진한 커피가 추출된다.
굵은 물줄기	• 드리퍼 내 원두 사이에서의 유속이 빨라 고형물질을 잘 용해하지 못한다. • 원두의 굵기가 가는 커피의 단점을 커버할 수 있다. • 연한 커피가 추출된다.
가는 분쇄도	• 분쇄된 커피입자 간 간격이 좁다. • 드리퍼 내 원두 사이에서의 유속이 느려 고형물질을 잘 용해한다. • 진하고 쓴 커피가 추출된다.
굵은 분쇄도	• 분쇄된 커피입자 간 간격이 넓다. • 드리퍼 내 원두 사이에서의 유속이 빨라 고형물질을 잘 용해하지 못한다. • 연하고 신 커피가 추출된다.
낮은 물온도	• 분쇄된 커피원두의 맛을 표현하는 분자들의 활동이 느리다. • 과소추출되어 맛이 풍부해지지 않는다. 신맛이 강조된다.
높은 물온도	• 분쇄된 커피원두의 맛을 표현하는 분자들의 활동이 빠르다. • 과다추출되어 잡미까지 포함하게 된다. • 쓴맛이 강조된다.

6. 콜드브루(더치커피)

1) 더치커피의 유래

더치커피는 커피의 와인 또는 커피의 눈물이라 일컫어지며 최근 몇 년 전부터 한국 커피시장의 큰 트렌드로 자리매김하고 있다.

또한 다양한 메뉴와의 결합이 가능하여 우유, 맥주, 아이스크림 등 다양한 식재료와 결합하며 새로운 메뉴로 재탄생하기도 한다.

주로 얼음과 함께 차게 마시는 특성상 여름철 수요가 많으나 일 년 내내 지속적 소비가 유행처럼 번지고 있다.

더치커피(Dutch Coffee)라는 명칭은 네덜란드식 커피라는 뜻으로, 과거 근세 대항해시절 세계를 식민지로

▲ 더치커피 도구

두고 호령하던 네덜란드해군이 본토를 떠나 커피를 못 마시게 되면 활력을 잃게 되자 고안된 것으로 찬물에 미리 커피를 내린 후 배 안에서 오랫동안 보존하며 음용한 데서 유

래되었다는 것에 바탕을 두고 있다.

그렇지만 사실 더치커피라는 명칭을 쓰는 나라는 우리나라와 일본 이외에는 그리 많지 않으며 네덜란드에서조차 더치커피라는 용어를 사용하지 않는다. 이러한 전설도 상업화에 능한 일본인에 의해서 만들어진 이야기라는 것이 커피업계에는 좀 더 신빙성 있는 정설로 받아들여지고 있다.

좀 더 정확한 명칭으로는 콜드브루커피(Cold Brew Coffee)가 맞는 말이며, 더치커피라는 말은 이 콜드브루커피의 별명 정도로 이해하면 되겠다.

2) 더치커피의 추출법

더치커피는 찬물을 분쇄된 커피원두에 한 방울씩 떨어뜨려 8~10시간에 걸쳐 장시간 추출하기에 커피의 와인 또는 커피의 눈물이라는 수식어가 따라다니며, 다른 추출방법의 커피보다 비교적 고가에 판매되고 있다. 그렇지만 더치커피의 추출방법에는 한 방울 한 방울 떨어뜨리며 장시간 추출수를 조절해 가며 정성을 다해 내리는 드립식 방법만 있는 것이 아니라 큰 탱크에 대량으로 커피를 분쇄하여 찬물과 함께 넣고 오랜 시간 두었다가 정제해서 물과 분쇄된 원두를 분리해 내는 침출식 방법도 있다.

▲ 더치커피 추출을 위한
물방울이 떨어지는 모습

근본적으로 드립식 공법과 침출식 공법은 콜드브루커피라는 취지에서 실온 이하의 물로 장시간 추출한다는 기본에는 다름이 없다.

그렇지만 드립식 공법이 시간과 노력은 더 들어가지만 맛과 향에서 더 우수함은 말할 나위도 없지만, 시중에 나오는 대량생산 더치의 생산공법이 드립식이 아니라 침출식임은 당연한 이야기이다.

더치커피의 맛은 커피 원재료의 맛보다는 추출방법인 콜드브루잉(Cold Brewing)에 많이 좌우된다.

특성으로는 초콜리티(Chocolaty)하면서도 캐러멜리(Caramelly)한 향과 맛을 꼽을 수 있으며 냉장보관 등을 통한 숙성을 권장한다. 추출 후 냉장보관할 시 산소와의 결합으로 수일 경과 후에는 저온숙성으로 인한 맛의 풍미가 더 깊어지는 것을 경험할 수 있다.

다음은 드립식 추출법이다.

① 원두의 분쇄도는 에스프레소의 굵기보다 조금 더 굵은 정도로 갈아준다.

② 여과기의 아래쪽에 원두가 밀려내려가지 않도록 필터를 깔고 적정량의 분쇄된 원두를 넣는다.

추출수 500ml당 약 70~80g 정도의 원두량이 적당하다. 1리터의 더치용액에는 150g 정도의 원두가 사용된다.

③ 골고루 물길이 흘러 원두를 적실 수 있도록 표면을 평평하게 다져둔다.

④ 표면을 평평하게 한 원두 위에 필터를 올려 물을 필터부터 적신 후 원두에 스며들도록 한다.

⑤ 상부 물탱크의 밸브를 조금 열어 물방울이 한 방울씩 여과기 안으로 떨어지도록 한다.

이때 떨어지는 속도는 1~1.5초에 한 방울의 속도가 적당하다.

다른 추출과 마찬가지로 물방울의 속도가 빠르면 가벼운 맛이, 느리면 무거운 맛이 추출되기에 적절한 밸브의 조절을 통해 원하는 맛을 연출하도록 한다.

⑥ 신선한 원두의 경우 물이 닿으면 부풀어 오르게 되어 탄산가스로 인해 여과기에 커피가 넘쳐 흐를 수도 있다.

미세한 밸브는 원치 않는 이물질로 인해 중간에 밸브가 막혀 물이 안 떨어지고 이때 여과기의 커피는 물을 공급받지 못해 말라갈 수도 있다.

균일하지 못한 분쇄원두는 특정 물길이 열려 그리로만 계속 추출수가 빠져나가는 채널링(Channeling)현상이 나올 수도 있다.

따라서 더치커피 추출 시에는 수시로 원두의 적심상태와 물 떨어짐 상태를 체크해 가며 밸브를 조절해야만 한다.

⑦ 여과기 안에 있는 분쇄원두가 모두 적셔지면 그 아래 병으로 한 방울씩 더치커피가 떨어진다.

⑧ 처음에 떨어지는 커피액이 농도는 상당히 높으나 이 농도는 빠른 속도로 감소된다.

⑨ 5시간에서 12시간에 걸친 추출이 끝나면 원두 찌꺼기를 치우고 병에 담긴 더치커피

를 저온에서 수일간 숙성시킨다.

⑩ 숙성이 완료된 더치커피는 기호에 따라 물이나 얼음에 희석하여 제공한다.

3) 더치커피와 카페인

더치커피에 대한 오해 중 대표적인 것이 카페인에 관한 것이다. 많은 사람이 더치커피를 즐기는 이유 중 하나로 저카페인을 꼽고 있다.

카페인은 높은 온도에서 잘 녹아나오기에 더치커피는 찬물로 추출하기 때문에 카페인이 적을 것이라는 게 통상적인 생각이다.

그러나 카페인이 녹아나오는 정도는 온도와 함께 커피와 물의 접촉시간에도 비례한다.

비록 찬물에는 적은 양의 카페인이 녹아나오지만, 에스프레소(25초), 핸드드립(3분)등에 비하여 터무니없이 길어지는 더치커피의 추출시간(최소 6시간)은 충분한 양의 카페인을 녹여낼 여지가 있는 긴 시간이다.

때문에 얼음으로 더치커피를 내리지 않는 이상 더치커피에 녹아 있는 카페인의 양은 일반적인 아메리카노에 비해서 많을 수 있다는 것이 주지의 사실이다.

4) 질소커피(Nitro Coffee)

과거에는 없던 더치커피를 소재로 한 많은 전문 메뉴점들이 등장하고 있으며, 그중 더치커피를 이용한 더치맥주점은 이미 수개의 체인화 사업체가 국내에도 탄생하였다.

아직 우리나라에 이른 소개단계이긴 하지만 최근 해외 유명커피숍에서는 더치커피에서 한 걸음 나아가 더치커피에 질소를 첨가하는 공법(Nitrogenization)으로 탄생된 질소커피가 선보이고 있다.

질소를 더치커피 내에 용해시켰기에 커피 위에 살포시 앉은 거품은 마치 흑맥주를 연상시키며 맥주의 탄산감과 함께 좀 더 크리미(Creamy)한 부드러움이 결정체를 이루고 있다.

7. 프렌치 프레스(French Press) 추출

유리로 된 용기에 분쇄된 커피를 넣고 뜨거운 물을 부어 거름망이 달린 프레스기로 눌러 커피를 우려내는 추출방법 이다.

프렌치 프레스는 상당히 간단한 추출도구로 세계 전역 으로 쉽게 퍼졌기에 다양한 이름을 가지고 있다. 이탈리 아에서는 Cafettiera a stantuffo(영어로 Potted coffee maker의 뜻)라고 부르며, 호주나 아프리카에서는 플런저 (Plunger)로 불린다. 정작 프랑스에서는 프렌치 프레스라 는 이름 대신 일반화된 상표(Bodum 등)로 부른다. 이 프 렌치 프레스란 말은 미국과 캐나다에서 쓰기 시작하였으며 현재는 플런저(Plunger)와 함께 가장 일반적으로 쓰이는 말이다.

단순한 침출방법으로 커피를 우려내고 그 찌꺼기는 말끔

▲ 프렌치 프레스

▲ 프렌치 프레스의 금속필터

히 제거하기 때문에 커피의 기본적인 맛을 느낄 수 있다.

종이 커피필터를 사용하지 않아 오일류와 함께 잡미 등도 같이 느껴질 수 있다. 오일 성분은 바디감의 상승으로 작용하지만 잡미는 조금 텁텁하게 느껴질 수 있다.

1) 프렌치 프레스 추출방법

① 커피원두를 충분한 굵기로 분쇄한다.

▲ 프렌치 프레스

이때 원두의 굵기가 충분히 굵지 않으면 커피에 잡미가 많이 섞이거나 프레스기의 거름망 사이로 빠져나갈 우려가 있다. 또 너무 굵으면 커피의 고형성분이 제대로 우러나오지 않을 수도 있다.

핸드드립커피보다 조금 더 굵은 정도로 1.5mm 정도가 알맞다.

② 예열된 프렌치 프레스의 유리몸통 안에 적정량의 분쇄원두를 넣는다.

추출수 100g당 6g 정도의 분량이 알맞다.

SCAA의 권고기준은 660g의 물에 36g의 원두사용이다.

③ 원두가 담긴 프렌치 프레스의 유리몸통에 뜨거운 물을 80%가량 붓는다.

약 2분간 뚜껑을 덮고 가만히 놔둔다.

④ 뚜껑을 열고 스틱으로 원두에 들어간 물을 잘 저어 와류(渦流)를 일으켜 커피성분이 잘 빠져나오도록 한다.

⑤ 남은 20%가량의 뜨거운 물을 붓는다.

⑥ 스푼을 이용해 표면에 뜬 오일이나 부유물들을 걷어내고 뚜껑을 닫는다.

⑦ 3~4분이 경과하면 프렌치 프레스 몸통의 뚜껑에 함께 붙어 있는 프레스기를 조심스럽게 눌러 원두찌꺼기를 짜준다.

⑧ 그 상태 그대로 커피잔에 음료를 따라 제공한다.

⑨ 프렌치 프레스의 거름망은 커피찌꺼기가 쉽게 끼므로 모두 분리하여 세척한 후 마무리한다.

8. 모카포트(Moka Pot) 추출

물을 가열하여 만들어지는 수증기의 압력을 이용해서 에스프레소에 가까운 가압추출 방식으로 메뉴를 만들어내는 방법이다.

그러나 에스프레소머신보다는 훨씬 경제적이고도 간단한 구조로, 작은 커피머신이라는 뜻의 Macchinetta del Caffe라는 이름으로도 불린다.

모카포트는 1933년 알폰소 비알레띠(Alfonso Bialetti)라는 이탈리아인에 의해 만들어졌다. 그리고 곧 모카익스프레스(Moka Express)라는 이름으로 양산을 시작해 저렴한 가격과 실용성으로 이탈리아 모든 주방의 필수품이 되다시피 하였다.

그러나 모카익스프레스는 추출압력이 충분치 않아 크레마가 제대로 형성되지 않는다.

이를 보완하여 브리카(Birkka)라는 제품이 나와 크레마 형성이 원활하게 되는 모카포트가 출현하게 되었다.

▲ 비알레띠 모카포트

이는 상단부의 커피가 추출되는 부분을 압력밸브추로 막아 추출압을 높인 것으로 만족스러운 크레마를 위하여는 아주 적절한 조치였다.

비알레띠 회사는 처음에 프랑스의 알루미늄산업으로부터 기술을 인도받았기 때문에 제품의 재질을 주로 알루미늄으로 만든다.

우리가 흔히 사용하는 모카(Mocha)단어가 아닌 Moka를 사용함은 최초 비알레띠의 명명에서 유래된 것이다.

1) 모카포트의 추출원리

추출도구는 상단부와 하단부로 나뉘며 하단부에서 물이 끓으면서 수증기의 압력이 필터바스켓에 있는 원두를 통과하며 용해시켜 상단부로 커피가 추출되는 방식이다.

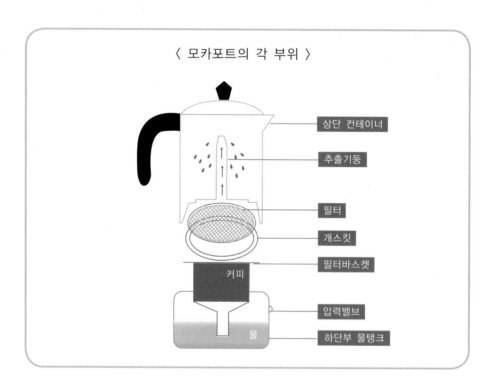

〈 모카포트의 각 부위 〉

상단 컨테이너
추출기둥
필터
개스킷
필터바스켓
커피
압력밸브
하단부 물탱크
물

▲ 모카포트의 상단부(왼쪽), 하단부(중앙), 필터(오른쪽)

수증기가 강하게 생성될수록 압력이 높아져 커피 맛이 풍부해진다. 에스프레소처럼 9bar까지는 못 올라가지만 브리카(Brikka)의 경우 4~5bar 이상 올라가며 수용성물질 이외에 지용성물질도 잘 추출되어 만족스러운 바디감과 크레마를 얻을 수 있다.

브리카는 상단부의 추출입구가 압력밸브추로 막혀 있어서 하단부의 물이 끓어도 수증기의 압이 그대로 축적된다. 어느 일정시점의 압에서는 압력밸브추가 열리면서 커피가 추출이 되는데 이때 크레마도 같이 올라오는 것이다.

2) 모카포트 추출방법

① 적정량의 강배전된 원두를 가늘게 분쇄한다.

에스프레소처럼 풍부한 바디감과 좋은 질감의 크레마를 얻고자 하면 조금 강배전된 원두가 좋다. 그리고 분쇄도도 에스프레소보다는 조금 굵지만 충분히 가늘게 분쇄한다.

② 하단부에 물을 부어 채운다.

주의할 점은 압력밸브의 높이보다는 낮게 물을 채우는 것이다.

③ 중단부의 필터 바스켓에 분쇄한 커피를 담는다.

이때 충분한 압력을 받을 수 있도록 필터바스켓이 모두 들어찰 정도의 충분한 양의 분쇄원두를 담는다.

전체적으로 고른 밀두른 갖도록 균일하게 담고 상단표면을 평평하게 살짝 다져준다.

④ 필터바스켓의 원두 위에 종이필터를 올린다.

⑤ 필터바스켓을 하단부에 끼워넣고, 모카포트의 하단부와 상단부를 압력이 새지 않도록 단단히 결합한다.

⑥ 가스레인지 등의 열원 위에 올려놓고 천천히 가열한다.

⑦ 물이 끓고 수증기가 중간에 끼인 필터바스켓으로 올라가기 시작하면 커피가 추출된다.

⑧ 조금씩 추출되던 커피는 순간적으로 크레마와 함께 밀려 나온다.

⑨ 바로 불을 끄면 추출은 계속되는데, 완전히 종료될 때까지 잠시 기다린다.

⑩ 모카포트 상단부에 든 커피추출액을 예열된 커피잔에 따라 제공한다.

⑪ 모카포트의 상, 하단부 결합부위나 필터바스켓의 연결부분, 그리고 압력밸브추 주변은 쉽게 이물질이 낄 수 있으므로 바로 분리 청소하여 마무리한다.

▲ 추출을 위해 물과 원두를 담은 모습. 분쇄한 원두는 바스켓이 올라차게 담고, 물은 반드시 사진 오른쪽 모카포트 하단부의 압력밸브보다 낮게 담는다.

9. 사이폰(Syphon) 추출

액체를 낮은 곳에서 높은 곳으로 올린 후 이를 다시 낮은 곳으로 내리기 위해 휘어진 관을 사이폰(Siphon)이라고 한다. 관과 튜브를 뜻하는 고대 희랍어를 어원으로 하며 Siphon과 Syphon이 같은 뜻으로 쓰인다. 이것이 커피추출의 한 방법으로 이름을 짓는 데에는 일본기업 고노(Kono)의 역할이 크다. 1920년대 고노사가 사이폰을 이용한 커피추출기구를 만들어 상업화에 성공하면서 이의 이름을 사이폰으로 지었다.

현재는 이러한 사이폰을 구조물로 이용하고 진공(眞空)여과(濾過)식으로 추출하는 도구의 대명사로 사이폰이라 부른다. 최초의 진공여과방식 추출은 1830년대 유럽에서 시작된 것으로 알려졌으며, 1840년대에 프랑스인 배쉬(Vassieux) 여사가 두 개의 유리로 된 구형태의 플라스크를 상하로 맞물려 현대식 사이폰과 같은 원리로 추출되는 도구를 만들어 상업화를 시작하였다. 이 사이폰 커피의 가장 큰 매력은 시각적 효과에 있다. 과학실험을 연상케 하는 플라스크들이나 비커 사이로 증기나 커피추출물이 오르락내리락 하는 모습은 사이폰만의 커다란 특징이다. 그렇지만 역으로 물이 끓고 추출에 오랜 시간이 걸리면서 커피의 휘발성 향미가 음용 시에는 많이 사라져 커피의 향미를 그대로 즐기기에는 적절치 않은 추출법으로 평가받기도 한다.

1) 사이폰의 원리

전통적으로 사이폰의 열원으로는 가스램프나 알코올램프를 써왔다. 그러나 최근에는 이를 전기전열체나 빛과 함께 열을 내는 할로겐램프 등으로 대치하고 있다. 사이폰의 구조는 수증기가 올라왔다 커피를 머금고 다시 내려가는 상부의 로드와 물을 넣고 끓이는 하부의 구형 플라스크, 그리고 알코올램프나 할로겐램프를 쓰는 열원으로 구성되어 있다.

〈 사이폰의 각 부위 〉

로드

필터

필터홀더

플라스크

손잡이

알코올램프

받침대

상부의 로드에는 사이폰필터와 필터홀더가 들어가 있고, 하부의 플라스크에는 추출 후에 음료를 제공할 수 있도록 손잡이와 받침대가 붙어 있다. 상부의 로드는 아래로 유리관이 길게 나와 있는 구조로 하부의 플라스크에 담그면 물까지 닿게 된다. 그 유리관 위에 필터가 장착되어 있어 추출된 커피가 다시 플라스크로 내려갈 때 걸러지게 된다.

하단의 플라스크에 담긴 물을 열원으로 가열을 하면 수증기가 압력을 만들어 하단 플라스크의 뜨거운 물이 상단의 로드에 연결된 관을 통해 위로 올라간다. 위로 올라간 뜨거운 물은 분쇄된 커피가루와 섞이며 커피액을 추출하고 온도가 떨어지면서 다시 하단의 플라스크로 돌아오는 원리이다. 이때 쓰이는 필터는 드립커피와 만찬가지로 융필터 또는 종이필터를 쓴다. 종이필터는 일회성으로 청소가 용이하며, 지방성 성분을 흡수하기 때문에 보다 깔끔한 커피가 추출된다. 융필터는 여러 번 사용이 가능하고, 지방성 성분을 흡수하지 않고 그대로 흘려보내기 때문에 바디감과 향미가 더욱 풍성한 커피가 추출된다.

2) 사이폰 추출방법

① 필터를 필터홀더에 끼운다. 융필터를 사용한다면 부드러운 면이 안쪽으로 가도록 한다.

② 로드 위에서 필터홀더를 집어넣고 고리를 아래에서 잡아당겨 로드에 필터홀더를 넣는다.

③ 필터홀더의 끝쪽에 나온 고리스프링을 잡아당겨 로드 유리관의 아래 끝부분에 걸어서 고정시킨다. 고리스프링은 반드시 유리관의 안쪽에 위치하도록 하여 혹시 모를 파손에 방지한다.

처음에는 아래에서 물이 올라와 압력이 아래에서 위로 가해지므로 필터가 위로 들리지 않도록 고리스프링을 아래에 걸어 고정시키는 것이다. 고리스프링을 걸 때 특히 유의하여 필터가 로드의 한가운데 오도록 한다. 필터가 기울어지면 정상추출을 방해할 수 있다.

④ 원두를 모카포트보다는 조금 굵고 핸드드립보다는 조금 가는 정도의 굵기로 적당량을 분쇄한다. 물 100g당 10g의 원두가 적당하다.

SCAA는 31g의 커피에 추출수 567g을 권장한다.

⑤ 분쇄한 원두를 상단부 로드에 담는다.

로드의 옆을 툭툭 쳐서 분쇄된 원두가 수평으로 담기도록 한다.

⑥ 하단부의 구형 플라스크에 미리 준비한 뜨거운 물을 붓고 열원을 점화한다.

⑦ 로드를 플라스크에 밀착시키지 말고 가볍게 걸쳐놓는다.

만약 이때 밀착시켜 놓으면 하부 플라스크의 물이 끓지 않은 상태에서 온도에 의한 압력차로 밀려 올라오므로 가볍게 걸쳐만 놓는다.

⑧ 플라스크의 물이 100도에 가까워지면서 기포와 함께 수증기가 발생한다.

⑨ 열원을 바깥쪽으로 빼주면서 로드를 플라스크에 밀착 결합시킨다.

로드가 플라스크에 결합되면 다시 열원을 안쪽으로 넣어준다.

⑩ 플라스크 내의 압력에 의해 물이 유리관을 따라 상부의 로드로 밀려 올라오면서 커피가 추출된다.

이때 상부의 로드로 올라가 커피와 접하는 추출수의 온도는 92도 정도가 된다.

⑪ 물이 다 올라오면 스틱으로 10회가량 신속히 저어준다.

이때 커피와 접촉한 뜨거운 물에서는 거품이 발생한다.

추출이 잘 된 사이폰 커피일수록 거품이 조밀하고 일정하다.

⑫ 1~2분 후에 다시 한번 저어주며 열원을 끈다.

⑬ 상단 로드에서 추출된 커피액이 필터로 걸러지면서 하단의 플라스크로 다시 내려온다.

⑭ 손잡이를 잡고 사이폰의 하단 플라스크를 기울여 커피를 잔에 따라 제공한다.

〈 사이폰 추출과정 〉

▲ 사이폰의 필터

▲ 로드에 필터홀더의
고리스프링을 거는 모습

▲ 로드에 분쇄된 원두 담기

▲ 하단의 플라스크에 물 붓기

▲ 로드를 플라스크에 올려놓기

▲ 로드를 플라스크에 결합하기

▲ 로드에서 커피가 추출되는 모습

▲ 나무나 플라스틱으로 저어주기

▲ 커피가 상단에서 하단으로
내려오는 모습

▲ 사이폰 커피 제공장면

10. 이브릭(Ibrik), 체즈베(Cezve) 추출

마치 탕약을 달이는 듯한 커피 추출도구인 이브릭이나 체즈베를 이용하는 추출은 역사상 가장 오래된 커피 추출방법이다.

커피의 발원지인 아프리카에서 아라비아반도로 넘어간 커피는 이 지역을 지배하던 오스만투르크제국의 음료가 되었다. 이들은 긴 손잡이가 달린 냄비형태의 그릇에 커피와 물, 그리고 때에 따라서는 약간의 향신료를 넣고 같이 끓여 커피액만을 걷어 마셨다.

오스만트루크제국은 오늘날 터키 지역이라 터키식 커피(Turkish Coffee)로 널리 알려져 있다.

현재 터키뿐만 아니라 중동지역에는 여전히 널리 사용되고 있으며 이브릭이나 체즈베로 커피를 추출하는 경연대회도 열리고 있다.

원래 이브릭(Ibrik)은 터키어로 '물병'을 뜻한다. 그리고 체즈베(Cezve)는 '커피포트'를 뜻한다. 통상적으로 이브릭은 뚜껑이 달린 추출기구, 체즈베는 뚜껑이 없는 추출기구를 지칭한다. 영어권에서는 이브릭이 먼저 전파되어 체즈베나 이브릭의 구분 없이 그냥 이브릭으로 쓰이기도 한다.

1) 이브릭 추출법

이브릭에 의한 추출법은 참으로 단순하다. 그러하기에 인류의 가장 오래된 추출법이기도 한 것이다. 적당량의 커피원두를 이브릭이라고 하는 긴 손잡이가 달린 구리용기에 물과 함께 넣는다. 이때 쓰는 분쇄원두는 마치 밀가루와도 같이 곱게 빻는다. 때로는 에스프레소보다 더 곱게 빻는다.

지역적 특성이나 취향에 따라 설탕이나 향신료와도 같은 첨가물을 넣기도 한다.

이브릭에 담긴 물과 고운 커피가루가 끓어오르며 거품을 일으키면 이를 저어준 후 불에서 떼어 온도가 떨어지면서 거품이 가라앉도록 한다. 다시 불 위에 올렸다가 또 끓어오르면 불에서 떼는 과정을 여러 차례 반복한다.

이렇게 수차례 반복적으로 끓어 오르며 커피의 고형성분들이 상당량 추출되면 무척 진하면서도 묵직한 맛의 커피가 완성된다. 미세한 커피가루 역시 뜨거운 용액 사이사이에 끼어들며 혼탁한 커피음료가 된다.

다 끓이고 난 후에는 따로이 필터를 사용하지 않기 때문에 이브릭을 바닥에 두고 잠시 기다리며 커피가루가 바닥에 가라앉을 수 있는 시간을 준다.

그리고 이브릭의 상단부에 있는 주둥이를 통해 위의 커피용액만을 컵에 따라서 제공한다.

이때 남은 커피가루의 모양을 보고 점을 치는 습관이 오랜 전통으로 터키에 남아 있다.

 Tip

〈분쇄도의 굵기 순〉
프렌치 프레스 〉 핸드드립 〉 더치커피 〉 사이폰 〉 모카포트 〉 에스프레소 〉 이브릭, 체즈베

VII. 커피메뉴

1. 에스프레소 기반

1) 에스프레소(Espresso)

에스프레소는 이탈리아어로 빠르다(Express)는 어원에서 유래되었다. 즉 빠른 속도로 그 즉시에서 신속하게 추출이 이루어지는 아주 진한 이탈리아식 커피메뉴이다.

기본적으로는 ① 7~9g의 ② 가늘게 분쇄된 원두로 ③ 9bar의 압력을 이용해 ④ 92도의 물로 ⑤ 25초간 ⑥ 1oz의 용액을 추출한 것을 에스프레소라 이른다.

약 1oz(25~30ml)의 양으로 추출된 에스프레소는 에스프레소용 잔에 담겨 제공된다.

이 도자기로 만들어진 조그마한 에스프레소용 잔을 데미타세(Demitasse)라고 부른다. 데미타세는 프랑스어로, 데미(Demi)는 절반크기를 일컫고, 타세(Tasse)는 컵을 말함이다. 즉 데미타세(Demitasse)는 절반크기의 컵이라는 명칭으로 에스프레소를 담기에 적절할 정도로 크기가 작다.

에스프레소는 양이 작기 때문에 추출이 완료되면 금방 식는다. 따라서 데미타세를 충분히 예열하여 에스프레소가 쉽게 식는 것을 막아야 한다.

에스프레소는 기본적으로 쓴맛과 함께 고소하면서도 달콤한 맛을 가지고 있다.

또한 에스프레소는 대부분의 커피메뉴의 기본이 되는 커피의 심장과도 같은 메뉴이다.

 Recipe

1. 1shot일 경우에는 9~10g 정도, 2shot일 경우에는 14g~20g 정도의 원두를 가늘게 분쇄하여 포타필터의 바스켓에 담는다.
2. 에스프레소머신의 그룹헤드에 포타필터를 장착한다.
3. 9bar의 압력으로 92도(±2도)의 물을 25초(±5초) 동안 내려 1oz의 에스프레소를 추출한다.
4. 미리 예열해 두었던 데미타세잔에 에스프레소를 부어 제공한다.
   데미타세잔에 바로 에스프레소를 받을 경우 잔 주변으로 커피가 튀어 깔끔하지 않게 보일 수 있기 때문에 보통 1oz 눈금이 그려진 샷잔에 추출액을 받은 후 데미타세잔에 옮겨 붓는다.

▲ 에스프레소 1oz 추출

▲ 에스프레소잔에 담긴 에스프레소

2) 리스트레또(Ristretto)

에스프레소가 추출될 때 각 시간별로 추출되는 성분과 맛이 다르다.

추출 초기에는 신맛이 추출되고 중기에는 단맛이 후반부에는 쓴맛이 주로 추출된다.

이는 맛을 구성하는 각기의 분자활동량이 다르기 때문이다. 활동성이 좋은 신맛을 나타내는 분자들은 추출 초기에 물에 녹아나오며, 활동성이 낮은 쓴맛을 나타내는 분자들은 추출 말기에 물에 녹아나온다.

따라서 25초의 기준 추출시간 중 후반부의 5초나 10초가량을 끊어주면 말미에서 나오는 쓴맛이 감소되어 좀 더 부드럽고 단 에스프레소 메뉴를 만들 수 있다.

이렇게 추출시간이 줄어들어 양이 적은 에스프레소를 리스트레또(Ristretto)라 한다. 이탈리아어로 Ristretto는 매후 협소함을 뜻한다.

이때 유의할 것은 추출시간은 빨라지고 추출량이 줄어들지 않는 경우는 리스트레또라 하지 않는다는 것이다.

이 경우는 에스프레소가 과소추출된 것이다.

에스프레소가 가진 맛 중 고소함과 단맛은 배가되고, 쓴맛은 줄어들며, 깔끔함이 인상적으로 남게 되는 메뉴이다.

Recipe

1. 1shot일 경우에는 9~10g 정도, 2shot일 경우에는 14~20g 정도의 원두를 가늘게 분쇄하여 포타필터의 바스켓에 담는다.
2. 에스프레소머신의 그룹헤드에 포타필터를 장착한다.
3. 9bar의 압력으로 92도(±2도)의 물을 15~20초간 내려 15~20ml의 리스트레또를 추출한다.
4. 에스프레소보다 더 작은 양이 추출되기에 주로 2shot을 기본적으로 사용하여 2개의 샷잔에 추출액을 받는다.
5. 미리 예열해 두었던 데미타세잔에 리스트레또를 부어 제공한다.

▲ 리스트레또 1oz 미만 추출

3) 룽고(Lungo)

리스트레토와는 반대되는 의미로 일반적인 에스프레소보다 추출시간도 길게 하고 추출량도 늘린 메뉴이다.

룽고란 단어는 이탈리아어로 '길다'란 뜻으로 영어의 롱(Long)과 같은 단어이다.

유의할 점은 추출량의 증가와 함께 추출시간도 증가하여야 하는 것이다.

즉 에스프레소의 기본 추출조건과는 동일하되 25초 만에 끊지 않고 좀 더 긴 시간 동안 추출이 지속되는 것이다.

바리스타에 따라 40~50ml 정도를 추출하기도 하고, 거의 한 잔의 음료가 완성되는 100ml 이상을 추출하기도 한다.

만일 그대로 제공한다면 에스프레소보다는 많은 양에 적은 농도의 음료가 된다.

그리고 아메리카노를 만든다고 하면 같은 샷일 경우 룽고는 일반적인 에스프레소보다 더 진한 맛이 된다.

그러나 추출의 후반부에서는 쓴맛을 표현하는 분자물질들이 주로 추출되며, 30~40초가 지나가면 추출농도가 급격히 낮아지기 때문에 너무 과도한 양을 추출하는 것은 바람직하지 않다.

주로 진한 아메리카노를 만들 때 쓰이며, 룽고 자체의 맛은 깔끔함보다는 대중적인 고소한 맛을 지향한다.

 Recipe

> 1. 1shot일 경우에는 9~10g 정도, 2shot일 경우에는 14~20g 정도의 원두를 가늘게 분쇄하여 포타필터의 바스켓에 담는다.
> 2. 에스프레소머신의 그룹헤드에 포타필터를 장착한다.
> 3. 9bar의 압력으로 92도(±2도)의 물을 최소 30초 이상 내려 최소 40ml 이상의 룽고를 추출한다.
> 4. 50ml 이상의 룽고를 추출한다면 샷잔이 아닌 제공되는 일반 커피잔에 그대로 받도록 한다.

5. 미리 예열해 두었던 데미타세잔에 룽고를 부어 제공하거나 일반 커피잔에 담긴 룽고를 그대로 제공한다.

▲ 룽고 1oz 이상 추출

4) 도피오(Doppio)

도피오는 이탈리아어로 더블(Double)을 뜻한다.

말 그대로 두 잔의 에스프레소를 의미한다. 투샷(Two Shot)의 에스프레소 50~60ml를 내려 제공한다.

리스트레또나 룽고도 도피오로 제공될 수 있다.

에스프레소가 너무 적은 양이 제공되기에 좀 더 충분히 즐길 수 있는 양의 에스프레소를 제공하기 위하여 만들어지는 메뉴이다.

기본적으로 맛은 에스프레소와 동일하다.

 ## Recipe

1. 기본적으로 2shot이며 14~20g 정도의 원두를 가늘게 분쇄하여 포타필터의 바스켓에 담는다.
2. 에스프레소머신의 그룹헤드에 포타필터를 장착한다.
3. 9bar의 압력으로 92도(±5도)의 물을 25초(±5초) 동안 내려 2oz(50~60ml)의 도피오를 추출한다.
4. 에스프레소의 2배 분량의 추출물이므로 2개의 샷잔에 추출액을 받는다.

5. 미리 예열해 두었던 데미타세잔이나 이보다 조금 더 큰 도피오 전용잔에 도피오를 부어 제공한다.

▲ 도피오잔에 추출한 2shot

5) 아메리카노(Americano) vs 롱블랙(Long Black)

에스프레소를 뜨거운 물로 희석하여 제공하는 음료로 미국인의 캐주얼(Casual)한 성향과 잘 맞아떨어져 아메리카노라는 이름이 붙게 되었다. 이 아메리카노는 현재 전 세계에서 가장 많이 즐기는 음료로 자리 잡았다.

롱블랙은 호주나 유럽문화권에서 주로 사용되는 이름의 메뉴로 아메리카노와는 별 차이가 없이 쓰인다.

단지 아메리카노는 에스프레소 샷 위에 뜨거운 물을 부어 진한 농도의 커피가 아래에서부터 확산되는 방식이고, 롱블랙은 뜨거운 물 위에 에스프레소 샷을 부어 진한 농도가 커피의 윗부분에서부터 확산되는 방식이다.

맛에서는 미묘한 차이가 감지된다. 롱블랙이 조금 더 진하게 느껴지고 아메리카노가 조금 더 부드럽게 느껴지는 정도이다.

커피 크레마의 경우 아메리카노는 샷 위에 물이 들어가면서 크레마가 깨지고, 롱블랙은 물 위에 샷을 조심스럽게 부으면서 크레마를 최대한 살릴 수 있다.

아무래도 호주나 유럽 지역에서 커피크레마를 더욱 중시하면서 제조법의 변형이 생긴 것으로 보인다.

제조의 용이성에 있어서는 아메리카노가 더 실용적이고 조금 더 빠른 속도로 제조가 가능하다.

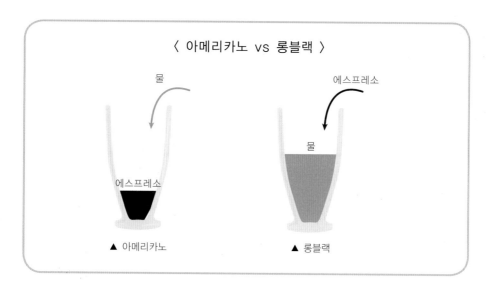

〈 아메리카노 vs 롱블랙 〉

물

에스프레소

에스프레소

물

▲ 아메리카노

▲ 롱블랙

 # Recipe

아메리카노(Americano)

1. 1shot일 경우에는 9~10g 정도, 2shot일 경우에는 14~20g 정도의 원두를 가늘게 분쇄하여 포타필터의 바스켓에 담는다.
2. 에스프레소머신의 그룹헤드에 포타필터를 장착한다.
3. 9bar의 압력으로 92도(±2도)의 물을 25초(±5초) 동안 내려 1shot일 경우에는 1oz, 2shot일 경우에는 2oz의 에스프레소를 예열된 커피잔에 추출한다.
4. 에스프레소가 들어간 커피잔에 뜨거운 물을 부어 제공한다.

롱블랙(Long Black)

1. 1shot일 경우에는 9~10g 정도, 2shot일 경우에는 14~20g 정도의 원두를 가늘게 분쇄하여 포타필터의 바스켓에 담는다.
2. 에스프레소머신의 그룹헤드에 포타필터를 장착한다.
3. 9bar의 압력으로 92도(±2도)의 물을 25초(±5초) 동안 내려 1shot일 경우에는 1oz, 2shot일 경우에는 2oz의 에스프레소를 샷잔에 추출한다.
4. 뜨거운 물이 들어가 있는 커피잔 위에 샷잔에 들어 있는 에스프레소를 부어 제공한다.

▲ 일반적인 머그잔의 아메리카노

▲ 뜨거운 물 대신 얼음과 물을 부은
아이스 아메리카노

2. 밀크 베이스

1) 우유 스티밍(Milk Steaming)의 준비와 원리

　에스프레소에 우유가 들어가는 모든 뜨거운 메뉴는 반드시 우유 스티밍이 수반된다.

　이때 우유 스티밍 과정 중에 우유의 온도가 올라가며 만들어지는 우유거품이 곱고 미세할수록 메뉴의 단맛은 더욱 배가되며 입안에서 느껴지는 감촉(Mouth Feel) 또한 부드러워 훌륭한 한잔의 메뉴로 완성될 수 있다.

　또한 우유거품이 고울수록 메뉴의 지속성도 뛰어나 쉽게 거품이 사라져 메뉴가 볼폼 없이 변하는 경우가 없게 된다.

　이러한 고운 우유거품을 벨벳밀크(Velvet Milk) 또는 실키 폼 밀크(Silky Form Milk)라고 한다.

　공기방울이 큰 거친 우유거품은 혀에 닿았을 때 거품 폼이 느껴지는 거친 감촉이지만 벨벳밀크와 같이 입자가 고운 우유거품은 거의 거품이 느껴지지 않으면서도 거품 안의 공기가 혀를 자극하며 더욱 단맛을 배가시켜 준다.

　이러한 스팀밀크는 에스프레소머신에 부착되어 있는 스팀 노즐을 이용하여 만든다.

보일러 내부에 있는 강한 압력으로 인하여 만들어지는 수증기를 발산하여 이를 우유 안에 주입하여 스팀밀크를 만든다.

우유거품이 생성되는 원리는 스팀이 스팀 노즐을 통해 나와 우유 안으로 들어가면서 압력차로 인하여 주위의 공기를 같이 가지고 우유 안으로 들어가게 되는 것이다.

마치 빠른 속도로 비행기가 지나가면 그 주위의 공기가 같이 빨려 들어가는 것과 같은 이치이다.

이때 스팀 노즐이 우유 표면과 멀어 너무 많은 공기를 주입시키면 거친 거품이 형성되고, 스팀 노즐이 우유 표면 안에 위치해 있어 공기를 주입시키지 못하면 거품이 없이 수증기로 인해 우유의 온도만 급격히 올라가게 된다.

따라서 스팀 노즐이 우유 표면에 닿을 듯 말 듯하면서 적정량의 공기가 주입되도록 해야만 한다.

이렇게 주입된 공기는 스팀 노즐에서 나오는 강한 압력으로 인해 스팀피처(Steam Pitcher) 안에서 회전하고 쪼개지고 부서지면서 아주 미세한 공기방울로 나뉘게 된다.

이렇게 주입과 회전 분배가 되면서 벨벳밀크로 만들어지는 것이다.

2) 우유 스티밍의 방법

1. 우유의 선택과 보관

스티밍에 사용되는 우유는 저지방이나 멸균우유보다는 일반적인 우유를 사용토록 한다.

유지방은 거품에 탄력을 주며 벨벳밀크를 오래 지속시켜 준다. 유지방 함량이 높을수록 더욱 부드럽고 지속성이 강한 거품이 만들어진다.

보관은 최대한 차가운 곳에서 한다. 스티밍되는 우유의 온도가 낮으면 낮을수록 스티밍이 손쉬워질 뿐 아니라 더욱 곱고 미세한 거품이 만들어진다.

2. 스팀피처(Steam Pitcher)의 선택

우유를 넣고 스팀을 가하는 용기를 스팀피처라 한다.

다양한 용량의 스팀피처가 시중에 유통되고 있는데 스팀피처가 클수록 고운 거품이 만들어지며 사용하기도 용이하다.

큰 스팀피처가 사용하기 편리한 이유는 우유의 용량이 많으면 온도가 올라가는 시간이 길어 충분히 공기를 주입하고 혼합해 줄 수 있는 시간이 마련되기 때문이다.

또한 충분한 주입과 혼합의 시간은 우유거품을 곱고 미세하게 만들어줄 수 있다.

그렇지만 스팀피처가 크면 그만큼 많은 양의 우유가 사용되기 때문에 낭비의 우려도 있어 적정한 크기의 스팀피처를 선택하도록 한다.

보통 한 잔의 라떼를 만들기 위하여는 500ml 정도 크기의 스팀피처가 유용하다.

재질은 스테인리스가 적합하다. 바리스타는 스티밍되고 있는 스팀피처 안 우유의 온도를 실시간으로 파악해야 하는데, 유리나 도자기는 열의 전도가 늦어 이를 즉시 파악할 수가 없다.

3. 스팀밀크의 온도

우유는 고온에서 세포벽이 파괴되며 카제인과 유청 단백질이 녹아나오면서 응고가 시작된다. 유청 단백질은 락토알부민(Lactoalbumin) 및 락토글로불린(Lactoglobulin)이 대부분을 차지하는 주요 성분이며 열에 잘 응고가 된다.

이미 40도가 넘어가면 우유성분 중 단백질이 농축되고 공기와 지방 사이의 경계면에 단백질이 서서히 응고될 준비를 시작한다.

따라서 스티밍은 70도 이전에 약 65도가량에서 끝내야 한다.

또한 공기의 주입도 40도 이전, 약 35도가량에서 마무리를 지어야 한다.

따라서 실온에 보관한다면 공기주입 마무리까지 온도가 올라가는 시간이 너무 짧기에 가급적이면 저온에 보관하여 최대한 온도를 올릴 수 있는 시간을 벌고 주입된 공기를 혼합할 수 있는 시간을 만드는 것이 좋다.

반면 스티밍 시간이 길어지면 오랫동안 수증기가 들어가 자칫 맛을 밋밋하게 만들 수도 있다.

따라서 가급적 차게 보관하여 저온에서 스티밍을 시작하되 강한 압력으로 20~30초 이내로 빨리 공기의 주입과 혼합을 마무리하도록 한다.

4. 스팀 노즐에서 물 빼주기

보일러를 가열하면 물이 끓는점 이상으로 올라가 보일러의 밀폐된 공간 안에서 압력과 함께 고온의 증기가 생기게 된다. 물이 기화되어 증기가 되면 부피가 증가하고 이렇게 증가한 부피는 보일러 내부의 압력을 올린다. 이때 밸브를 열면 노즐을 통해 고온의 스팀이 강하게 분사되는데 노즐 내부는 보일러 내부와는 달리 고온의 증기압이 형성되어 있지 않기 때문에 물이 차 있게 된다. 이 물을 빼주는 작업이 반드시 먼저 선행되어야 한다. 만일 이 물이 메뉴에 섞이게 되면 밋밋한 맛이 연출되는 것이다.

잠시 밸브를 열어두면 노즐을 통해서 물이 빠지고 이내 곧 스팀이 분사된다. 스팀이 분사되는 것을 확인하면 다시 밸브를 잠근다.

5. 공기 주입

차갑게 보관한 스팀피처에 약 40% 정도 이내로 우유를 채워준다.

스팀 노즐을 우유 표면에서 1cm 정도 더 아래로 내려 담그고 스팀밸브를 열어준다.

이때 우유 표면에서 1cm 정도 담그는 이유는 처음 스팀이 나올 시 공기압이 튀어 우유 표면에 거친 거품이 생기지 않도록 하기 위함이다.

▲ 스팀피처 파지 자세

스팀이 나오기 시작하면 스팀피처를 살짝 아래로 내려 스팀 노즐이 우유 표면에 위치하도록 한다.

스팀 노즐은 칙칙 소리를 내며 주변의 공기를 우유 안으로 끌고 들어가며 미세한 거품이 생성된다. 우유는 거품을 함유하면서 부피가 늘어나 점차로 표면이 위로 올라오게 되는데, 스팀 노즐이 잠기지 않도록 스팀피처를 표면이 올라오는 만큼 아래로 내려 스팀 노즐은 계속 표면에 위치하도록 한다.

한 손으로는 스팀피처를 파지하고 한 손으로는 스팀피처의 표면에 손을 대어 온도를 확인한다. 온도가 적당히 올라 손이 뜨겁게 느껴지기 시작하면 40도에 이른 것이니 공기 주입을 중단하고 주입된 공기의 혼합과정으로 넘어간다.

6. 공기 분쇄와 혼합

40도가 넘어가면 주입된 공기를 잘게 쪼개면서 우유와 혼합될 수 있도록 계속해서 롤링(Rolling)을 시켜준다.

주로 가벼운 공기방울은 피처 내부에서 위에 위치하는데 스팀 노즐을 위에 위치시켜 공기방울을 밑으로 내려가며 소용돌이치게 하여 더 잘게 분쇄하면서 우유와 혼합되도록 한다.

주의할 점으로 노즐이 너무 깊이 잠기면 상부의 롤링이 원활치 않아 우유와 우유거품이 분리될 수 있다는 것이다. 특히 우유와 우유거품이 분리되지 않도록 적정 온도에 도달할 때까지 우유의 상단부와 하단부가 같이 롤링되도록 한다.

손을 피처 표면에 댔을 때 참을 수 없을 정도로 뜨겁다고 느껴지는 정도가 되면 70도 가까이 올라간 상태이다. 그 이전 65도 정도에서 마무리를 짓고 스팀 노즐을 뺀다.

이때 스팀 노즐을 잠그지 않고 빼게 되면 공기가 표면에 튀어 벨벳밀크가 망가지므로 반드시 스팀 노즐을 먼저 잠근 다음에 노즐을 제거한다.

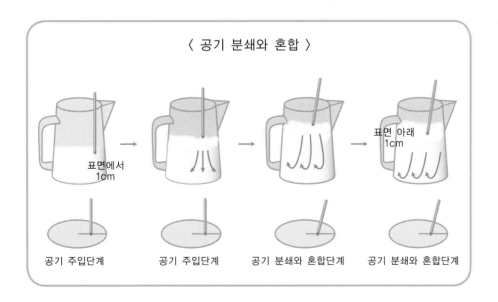

〈 공기 분쇄와 혼합 〉

표면에서 1cm → 표면 아래 1cm

공기 주입단계 → 공기 주입단계 → 공기 분쇄와 혼합단계 → 공기 분쇄와 혼합단계

7. 스팀 노즐 청소

스티밍작업이 완료된 후에는 신속하게 스팀 노즐을 청소하도록 한다.

노즐에 묻어 있던 우유 잔여물은 열에 의해 금방 굳어버리며 노즐 안쪽이나 틈에 끼어서 제거되지 않은 우유는 변질과 부패의 우려도 있기에 사용 즉시 신속하게 제거토록 한다.

노즐 내부에 묻어 있던 우유를 제거하기 위하여는 스팀을 충분히 분사해 주고 외부는 젖은 행주로 꼼꼼하게 닦도록 한다.

노즐 안에 있는 우유를 더 잘 제거하기 위하여는 스팀 피처에 깨끗한 물을 받아 노즐을 담그고 밸브를 열었다 닫았다를 반복한 후 충분히 스팀을 분사해 주면 노즐이나 노즐 끝에 있는 팁(Tip)이 좀 더 청결히 청소가 된다.

▲ 행주로 스팀 노즐 감싸기

3) 라떼아트의 원리

커피의 크레마는 오일성분이다. 우유 또한 유지방을 함유하고 있다. 두 가지 지방 물질이 서로 조화를 이루지 못하고 분리되어 있거나 뭉쳐 있으면 육안으로 보기에도 좋지 않고 맛도 부자연스러워 소비자의 선호를 받지 못할 것이다.

에스프레소의 생명과도 같은 요소인 크레마에 벨벳밀크로 스티밍된 고운 우유가 결결이 들어가 만들어지는 밀크 기반의 음료는 바리스타의 예술적 감각이 표현되는 것뿐만 아니라 최상의 고운 우유거품과 최적의 크레마 상태로만 만들어지는 경쟁력 있는 메뉴라 할 것이다. 단순한 에스프레소 기반의 메뉴나 시럽 등의 향이 강한 재료가 들어가는 메뉴는 바리스타 고유의 영역이 발휘될 부분이 상대적으로 적다.

그렇지만 크레마와 우유거품이 각기 선명하게 분리되면서도 조화를 이루는 밀크베이스의 음료는 바리스타만의 특화된 영역으로 이루어지는 메뉴인 것이다.

라떼아트를 위하여는 필수적으로 안정적이면서 풍부한 크레마가 필요하다.

갓 볶여서 나온 원두는 가스성분을 많이 함유하고 있어 크레마 거품의 두께는 두터우나 거칠고 안정성이 떨어진다. 또한 로스팅된 지 오래된 원두는 크레마의 거품층이 얇을

뿐더러 지속성도 떨어진다. 가장 좋은 상태의 원두는 숙성된 지 수일 정도 지나 안정적이면서도 풍부한 크레마가 추출되는 원두이다.

다음으로 중요한 것이 미세하고 고운 벨벳밀크이다.

우유 안에 들어 있는 유지방은 공기와 결합하지 못하지만 스팀이 들어가 온도가 높아지면 세포벽 사이로 단백질이 녹아나오면서 지방과 공기를 같이 감싸게 된다. 이렇게 미세한 공기방울을 끌어안은 벨벳밀크는 가벼워서 지방성분인 크레마 위에 뜨게 된다.

이렇게 커피잔 위에 뜨는 거품은 미세한 손놀림으로 그림의 형상을 갖추기도 하고 패턴을 형성하기도 하는 것이다.

즉 크레마는 도화지 역할을 하고 우유는 물감역할을 하며 두 지방성분들이 서로 섞이지 않고 자신들의 영역을 형성하면서 조화를 이루어 그림이 그려지는 것이다.

4) 라떼아트의 방법론

라떼아트는 잔의 모양, 우유를 붓는 높이, 우유가 크레마 사이로 들어가는 유량, 유속, 우유거품의 질, 바리스타의 핸들링 등에 따라 다양한 형태의 모습으로 나타난다.

우선 잔의 모양이 너무 깊은 경우는 다양한 형태의 패턴이 어렵다. 그리고 잔의 하단부가 각이 져 있는 경우도 부드러운 유속을 방해하기 때문에 적당하지는 않다. 그렇지만 바리스타의 개인적 숙련에 따라 자신만의 라떼아트가 만들어질 수도 있다.

우유를 붓는 높이에 따라 우유거품을 크레마 밑으로 밀어넣는 단계와 크레마 위에서 원하는 모양을 내는 단계로 나눌 수 있다.

높은 위치에서 우유를 붓게 되면 낙하에 가속도가 붙어 강하게 크레마층을 뚫고 잔의 아래로 내려간다. 즉 크레마 위에 모양이 얹히지 않고 아래쪽으로 우유가 들어가게 된다.

아래로 들어간 우유가 가지고 있는 가벼운 거품층은 크레마의 하부로 올라가 크레마와 섞이면서 안정화가 된다.

낮은 위치에서 우유를 붓게 되면 낙하에 속도가 붙지 않기 때문에 그대로 크레마층 위에 얹히게 되어 크레마와 섞이지 않고 진한 갈색과 대비되는 하얀색의 무늬를 형성한다. 이때 바리스타의 손놀림에 따라 다양한 모양이나 패턴이 형성된다.

따라서 처음에는 어느 정도 높은 위치에서 우유를 부어 커피잔의 절반 이상을 채우고 다시 위치를 낮추어 부으면서 모양을 만들어 나가는 것이다.

이때 커피잔을 기울여주면 에스프레소의 표면이 넓어져 크레마 안정화에 도움이 된다. 그리고 피처의 주둥이 부분이 에스프레스의 표면에 더 가깝게 밀착되므로 우유가 좀 더 안정적으로 크레마 위에 올라가게 된다.

우유가 부어지고 모양이 나타나면 음료의 표면이 점차 잔의 위로 올라오므로 이때 점차로 기울인 잔을 수평으로 하며 메뉴를 완성한다.

피처를 높은 위치에서 부어 잔에 우유를 채우고 다시 낮추어 핸들링을 할 때 시작점과 마무리점, 핸들링의 방법 등에 따라 여러 가지 패턴을 형성한다. 크레마 사이사이로 적절한 유량의 스팀밀크가 적절한 유속으로 들어가 결이 만들어지며 모양이 자리 잡는다.

보통 결하트와 로제타를 라떼아트의 기본적인 베이직 패턴으로 본다.

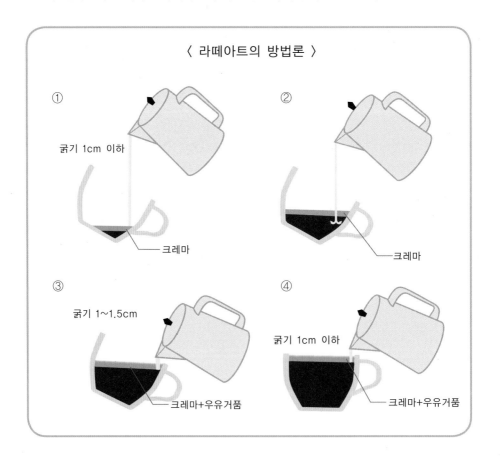

〈 라떼아트의 방법론 〉

① 굵기 1cm 이하 — 크레마

② — 크레마

③ 굵기 1~1.5cm — 크레마+우유거품

④ 굵기 1cm 이하 — 크레마+우유거품

1. 결하트

① 스팀피처를 일정 높이 이상 위치시키며 벨벳밀크를 0.5~1cm 이하의 굵기로 에스프레소 위에 흰 얼룩이 생기지 않고 크레마가 안정화되도록 천천히 붓는다.
이때 잔은 20도가량 기울인다.

② 잔의 중간 정도까지 벨벳밀크가 올라차면 스팀피처를 잔에 거의 닿을 정도의 위치까지 내려 1~1.5cm 정도의 굵기로 조심스레 크레마 위로 우유를 얹는다.
이때 붓는 시작점은 잔의 중간 아래시점이다.

③ 스팀피처를 좌우로 천천히 흔들어준다. 자연스럽게 우유가 크레마 위에서 결이 만들어지면서 퍼져나가는 것이 보인다.

④ 시작점에서 조금 밀어 올리는 느낌으로 계속 S자로 흔들어주며 잔의 위로 음료가 올라옴에 따라 잔을 수평으로 세워준다.

⑤ 마지막으로 5mm 이하의 가는 줄기로 스팀피처를 잔의 끝 위로 끌어올리듯 부으며 마무리한다.

안성된 결하트

2. 로제타

① 스팀피처를 일정 높이 이상 위치시키며 벨벳밀크를 0.5~1cm 이하의 굵기로 에스프레소 위에 흰 얼룩이 생기지 않고 크레마가 안정화되도록 천천히 붓는다.
이때 잔은 20도 이상 기울인다.

② 잔의 중간 정도까지 벨벳밀크가 올라차면 스팀피처를 잔에 거의 닿을 정도의 위치까지 내려 1~1.5cm 정도의 굵기로 조심스레 크레마 위로 우유를 얹는다.
이때 붓는 시작점은 잔의 중간부분 약간 위에서 시작한다.

③ 스팀피처를 좌우로 천천히 흔들어준다. 자연스럽게 우유가 크레마 위에서 결이 만들어지면서 퍼져나가는 것이 보인다.

④ 이때 기울였던 잔을 조금씩 세우면 우유의 결이 하트처럼 뭉치지 않고 간격이 벌어져 로제타 나뭇잎의 초석이 된다.

⑤ 하트와는 반대로 시작점에서 아래로 내려가면서 계속 S자로 흔들어준다. 이때 잔의 기울기는 거의 수평상태이다.

⑥ 마지막으로 5mm 이하의 가는 줄기로 스팀피처를 잔의 끝 위로 끌어올리듯 부으며 마무리한다.

완성된 로제타

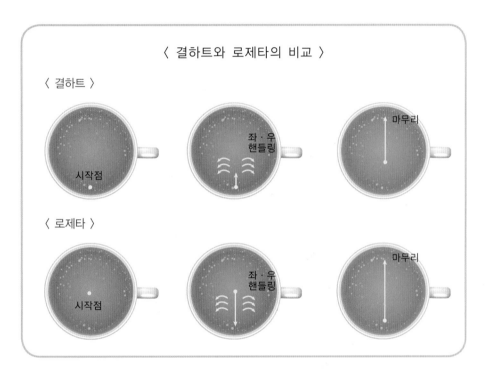

〈 결하트와 로제타의 비교 〉

〈 결하트 〉

시작점

좌·우
핸들링

마무리

〈 로제타 〉

시작점

좌·우
핸들링

마무리

3. 튤립

① 스팀피처를 일정 높이 이상 위치시키며 벨벳밀크를
0.5~1cm 이하의 굵기로 에스프레소 위에 흰 얼룩이 생
기지 않고 크레마가 안정화되도록 천천히 붓는다.
이때 잔은 20도 이상 기울인다.

② 잔의 중간 정도까지 벨벳밀크가 올라차면 스팀피처를 잔에 거의 닿을 정도의 위치까지 내려 1~1.5cm 정도의 굵기로 조심스레 크레마 위로 소량의 우유를 얹는다.

이때 붓는 시작점은 잔의 중간지점에서 시작한다. 소량을 하트를 그릴 때처럼 좌우로 약간의 핸들링을 하며 붓는다.

③ 한 템포 띄워 처음에 부은 위치에서 약간 떨어진 위치에 한 덩어리의 벨벳밀크를 툭하고 밀어 떨어뜨리는 느낌으로 잔의 표면 위치에서 부으며 앞으로 밀어 하트를 만든다.

④ 또 한 템포 띄워 두 번째 부은 위치에서 조금 더 아래쪽으로 떨어진 위치에 한 덩어리의 벨벳밀크를 툭하고 밀어 떨어뜨리는 느낌으로 잔의 표면 위치에서 부으며 앞으로 밀어 하트를 만든다.

⑤ 마지막으로 5mm 이하의 가는 줄기로 스팀피처를 잔의 끝 위로 끌어올리듯 부으며 마무리한다.

완성된 튤립

4. 밀어넣기

① 스팀피처를 일정 높이 이상 위치시키며 벨벳밀크를 0.5~1cm 이하의 굵기로 에스프레소 위에 흰 얼룩이 생기지 않고 크레마가 안정화되도록 천천히 붓는다.

이때 잔은 20도 이상 기울인다.

② 잔에 중간 정도까지 벨벳밀크가 올라차면 스팀피처를 잔에 거의 닿을 정도의 위치까지 내려 1~1.5cm 정도의 굵기로 조심스레 크레마 위로 소량의 우유를 얹는다.

이때 붓는 시작점은 잔의 중간지점으로 한다.

작은 점을 찍는다는 느낌으로 좌우로 약간의 핸들링을 하며 붓는다.

③ 한 템포 띄워 처음에 부은 위치에서 약간 아래쪽으로 떨어진 위치에 한 덩어리의 벨벳밀크를 툭하고 밀어 떨어뜨리는 느낌으로 잔의 표면 위치에서 붓는다.

이때 처음 떨어뜨렸던 우유덩어리가 그 다음 밀어 떨어뜨린 우유덩어리에 의해서 밀려 좌우로 퍼져 나가는 것이 보인다.

④ 또 한 템포 띄워 두 번째 부은 위치에서 약간 아래쪽으로 떨어진 위치에 한 덩어리의 벨벳밀크를 툭하고 밀어 떨어뜨리는 느낌으로 잔의 표면 위치에서 붓는다.

이 때 처음 떨어뜨렸던 우유 덩어리와 그 다음 떨어뜨린 우유덩어리가 이번에 밀어 떨어뜨린 우유덩어리에 의해서 좀 더 넓게 좌우로 퍼져 나가는 것이 보인다.

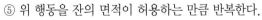

⑤ 위 행동을 잔의 면적이 허용하는 만큼 반복한다.

⑥ 마지막으로 5mm 이하의 가는 줄기로 스팀피처를 잔의 끝 위로 끌어올리듯 부으며 마무리한다.

완성된 밀어넣기 튤립

5. 프리푸어링(Free Pouring)

단어 그대로 어떠한 패턴에 의하지 않고 바리스타가 마치 예술작품을 만들거나 그림을 그리듯 창의성을 가지고 스팀밀크를 커피잔에 부어나가며 그림을 그리는 기법이다.

벨벳밀크의 거품이 적당하고 에스프레소의 크레마가 충분하다면 잔 위에 부은 우유가 흐르지 않고 그대로 떠 있거나, 아니면 바리스타가 미리 예측한 정도로 흘러 좌우가 비대칭한 그림을 그릴 수 있다.

잔을 기울이는 각, 스팀피처의 높이, 들이붓는 우유의 굵기와 양, 우유를 붓는 잔의 위치 등을 이용해 다양한 그림을 그려낸다.

완성된 좌우 비대칭 아트

6. 초코아트

벨벳밀크를 붓는 방법을 통해 모양을 내기도 하지만, 초코소스가 크레마나 벨벳밀크 위에 뜨는 점을 이용해 모양을 내기도 한다.

이때도 벨벳밀크의 거품이 곱고 부드러워야 초코소스가 오랜 시간 표면에 일정 모양을 유지하면서 떠 있을 수 있다.

에칭펜을 사용하여 모양을 내기 때문에 에칭아트라고도 한다.

특별히 스팀밀크를 부으며 핸들링하는 기술을 필요로 하지 않기 때문에 초보 바리스타들도 쉽게 배워 따라할 수가 있다.

5) 베리에이션 메뉴

1. 카페 라떼(Caffe Latte)

카페(Caffe)는 이탈리아어로 커피 그리고 라떼(Latte)는 이탈리아어로 우유라는 뜻으로 에스프레소에 우유를 넣어 만든 음료이다.

우유를 데우는 과정에서 스팀을 넣어 거품을 만들어 제공한다. 커피잔에 올라가는 거품의 두께는 5mm 이상 1cm 이내가 가장 적당하다.

거품은 곱고 미세할수록 단맛이 더 잘 표현된다. 고운 거품으로 표면은 마치 비단처럼 윤이 나야 해서 라떼에 들어가는 스팀우유를 벨벳밀크(Velvet Milk)라고 한다.

주로 뜨거운 음료로 제공되지만 최근 들어 얼음이 들어간 냉음료의 형태로 제공되기도 한다.

냉음료로 제공될 시에는 스팀으로 거품을 내지 않고 그냥 찬 우유를 사용한다.

 # Recipe

카페 라떼(Caffe Latte)

1. 1shot일 경우에는 9~10g 정도, 2shot일 경우에는 14~20g 정도의 원두를 가늘게 분쇄하여 포타필터의 바스켓에 담는다.
2. 에스프레소머신의 그룹헤드에 포타필터를 장착한다.
3. 9bar의 압력으로 92도(±2도)의 물을 25초(±5초) 동안 내려 1shot일 경우에는 1oz(25~30ml), 2shot일 경우에는 2oz(50~60ml)의 에스프레소를 라떼잔에 추출한다.
4. 라떼잔에 에스프레소가 추출되는 동안 준비된 우유 약 220ml가량을 스팀으로 가열하여 약 65도 정도까지 끌어올린다.
5. 스팀피처에 든 데워진 우유를 라떼잔 안에 든 에스프레소 위에 부어 제공한다.

아이스 카페 라떼(Iced Caffe Latte)

1. 1shot일 경우에는 9~10g 정도, 2shot일 경우에는 14~20g 정도의 원두를 가늘게 분쇄하여 포타필터의 바스켓에 담는다.
2. 에스프레소머신의 그룹헤드에 포타필터를 장착한다.
3. 9bar의 압력으로 92도(±2도)의 물을 25초(±5초) 동안 내려 1shot일 경우에는 1oz(25~30ml), 2shot일 경우에는 2oz(50~60ml)의 에스프레소를 샷잔에 추출한다.
4. 약 400ml의 잔의 표면 높이까지 올라오도록 얼음을 넣어주고 나머지는 우유를 6~7부 정도까지 채운다.
5. 추출한 에스프레소를 아이스 라떼잔에 부어 마무리한 뒤 제공한다.

▲ 카페 라떼

▲ 아이스 카페 라떼

2. 카푸치노(Cappuccino)

에스프레소에 우유와 우유거품이 함께 들어가는 메뉴로 카페 라떼와의 차이로는 우유 거품을 들 수 있다.

라떼보다는 조금 더 거칠고 많은 양의 거품이 메뉴 안에 들어간다.

제공되는 메뉴의 거품 두께는 최소 1cm 이상 되어야 하며 풍성한 우유거품이 눈으로 보여야 한다.

라떼잔을 사용할 경우 각 성분에 대한 잔의 높이에 대한 비율로는 위에서부터 거품 : 우유 : 에스프레소가 1 : 1 : 1 이 되도록 해준다.

양에 따른 비율로는 거품 : 우유 : 에스프레소가 2 : 2 : 1 의 비율로 잔 안에 들어가게 된다.

주로 뜨거운 음료로 제공되지만 최근 들어 얼음이 들어간 냉음료의 형태로 제공되기도 한다.

냉음료로 제공될 시에는 스팀으로 거품을 내지 않고 찬 우유를 거품기나 프렌치 프레스를 사용하여 거품을 낸다.

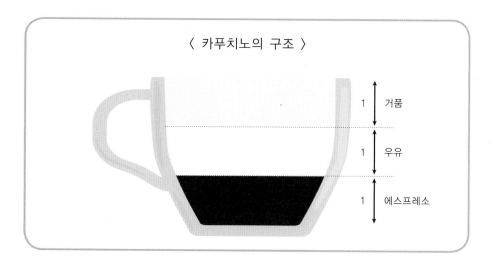

〈 카푸치노의 구조 〉

1 거품

1 우유

1 에스프레소

 # Recipe

카푸치노(Cappuccino)

1. 1shot일 경우에는 9~10g 정도, 2shot일 경우에는 14~20g 정도의 원두를 가늘게 분쇄하여 포타필터의 바스켓에 담는다.

2. 에스프레소머신의 그룹헤드에 포타필터를 장착한다.

3. 9bar의 압력으로 92도(±2도)의 물을 25초(±5초) 동안 내려 1shot일 경우에는 1oz(25~30ml), 2shot일 경우에는 2oz(50~60ml)의 에스프레소를 카푸치노잔에 추출한다.

4. 카푸치노잔에 에스프레소가 추출되는 동안 준비된 우유 약 200ml가량을 스팀으로 가열하여 약 65도 정도까지 끌어올린다. (라떼보다 많은 거품을 내야 하므로 라떼보다는 조금 더 적은 양의 우유를 스팀피처 안에 준비한다.)

5. 스팀피처에 든 데워진 우유를 라떼잔 안에 든 에스프레소 위에 붓는다.

6. 피처 안에 들어 있는 거품우유 중 아랫부분을 먼저 붓고, 상단부의 거품부분을 나중에 부어 카푸치노잔의 상단부에 거품이 오르도록 하여 마무리한다.

아이스 카푸치노(Iced Cappuccino)

1. 1shot일 경우에는 9~10g 정도, 2shot일 경우에는 14~20g 정도의 원두를 가늘게 분쇄하여 포타필터의 바스켓에 담는다.

2. 에스프레소머신의 그룹헤드에 포타필터를 장착한다.

3. 9bar의 압력으로 92도(±2도)의 물을 25초(±5초) 동안 내려 1shot일 경우에는 1oz(25~30ml), 2shot일 경우에는 2oz(50~60ml)의 에스프레소를 샷잔에 추출한다.

4. 약 220ml 정도의 우유를 거품기나 프렌치 프레스에 넣고 거품을 낸다.

5. 약 400ml의 잔의 표면 높이까지 올라오도록 얼음을 넣어주고 나머지는 거품을 낸 우유를 6부 정도까지 채운다.

6. 추출한 에스프레소를 카푸치노잔에 붓는다.

7. 거품을 카푸치노잔 위에 마저 올려 마무리한다. 필요시 코코아가루 등으로 토핑한 후에 제공한다.

▲ 카푸치노

▲ 아이스 카푸치노

3. 플랫화이트(Flat White)

호주에서 시작되어 인기를 얻고 있는 에스프레소와 벨벳밀크를 혼합한 음료이다.

카페라떼와 기본적으로 같지만 상대적으로 에스프레소의 양이 많아 더 진하고 우유거품은 질이 더 고운 것이 차이점이다.

에스프레소를 중심으로 즐기되 우유(White)를 섞어 좀 더 편안하게(Flat) 즐기기 위해 만들어진 음료이다. 메뉴에서 우유거품은 5mm 이내의 두께로 가능한 한 부드럽게 거품을 내도록 한다. 에스프레소를 중심으로 즐기는 메뉴이기 때문에 기본적으로 2shot을 추출하여 메뉴를 만든다.

우유가 많이 들어가 에스프레소의 맛을 너무 희석하지 않도록 잔은 가급적 라떼잔보다 조금 작은 것을 사용한다.

 Recipe

1. 14~20g 정도의 원두를 가늘게 분쇄하여 포타필터의 바스켓에 담는다.
2. 에스프레소머신의 그룹헤드에 포타필터를 장착한다.
3. 9bar의 압력으로 92도(±2도)의 물을 25초(±5초) 동안 내려 2oz(50~60ml)의 에스프레소를 플랫화이트잔에 추출한다.

4. 플랫화이트잔에 에스프레소가 추출되는 동안 준비된 우유 약 150~200ml가량을 스팀으로 가열하여 약 65도 정도까지 끌어올린다.

5. 스팀피처에 든 데워진 우유를 플랫화이트잔 안에 든 에스프레소 위에 부어 제공한다.

▲ 플랫화이트

4. 피콜로라떼(Piccolo Latte)

역시 호주에서 시작하여 인기를 얻고 있는 에스프레소와 벨벳밀크를 혼합하여 만든 음료이다. 이탈리아어로 피콜로는 작다(Small)는 뜻이며 작은 잔에 부드러운 플랫화이트를 즐기기 위한 음료이다. 작은 잔에 주로 1샷의 에스프레소를 사용하며 우유의 거품역시 플랫화이트처럼 최소화하여 부담없이 즐긴다.

우유 기반이라기보다는 에스프레소 기반으로 음료의 맛을 즐기되 2shot이 부담스러울경우 적절한 메뉴라 하겠다.

 Recipe

1. 9~10g 정도의 원두를 가늘게 분쇄하여 포타필터의 바스켓에 담는다.
2. 에스프레소머신의 그룹헤드에 포타필터를 장착한다.
3. 9bar의 압력으로 92도(±2도)의 물을 25초(±5초) 동안 내려 1oz(25~30ml)의 에스프레소를 피콜로잔에 추출한다.

4. 피콜로잔에 에스프레소가 추출되는 동안 준비된 우유 약 100ml가량을 스팀으로 가열하여 약 65도 정도까지 끌어올린다.

5. 스팀피처에 든 데워진 우유를 피콜로잔 안에 든 에스프레소 위에 부어 제공한다.

▲ 피콜로라떼

〈 커피의 구조 〉

카페 라떼 — 거품 5mm~1cm / 우유 / 에스프레소

카푸치노 — 거품 1cm 이상 / 우유 / 에스프레소

플랫화이트 — 거품 5mm 이내 / 우유 / 에스프레소

피콜로라떼 — 거품 5mm 이내 / 우유 / 에스프레소

5. 카페모카(Caffe Mocha)

에스프레소와 벨벳밀크 이외에 초코시럽을 첨가한 메뉴이다.

과거 예멘의 모카항에서 송출되던 커피의 단맛에 대한 유명세로 초코시럽이 들어간 단 커피음료가 카페모카로 이름지어졌다.

우유 위에 생크림이나 초코소스로 장식한 후 마무리를 할 수도 있다.

주로 뜨거운 음료로 제공되지만 최근 들어 얼음이 들어간 냉음료의 형태로 제공되기도 한다. 냉음료로 제공될 시에는 스팀으로 거품을 내지 않고 찬 우유를 그냥 사용한다.

 Recipe

카페모카(Caffe Mocha)

1. 1shot일 경우에는 9～10g 정도, 2shot일 경우에는 14～20g 정도의 원두를 가늘게 분쇄하여 포타필터의 바스켓에 담는다.
2. 에스프레소머신의 그룹헤드에 포타필터를 장착한다.
3. 9bar의 압력으로 92도(±2도)의 물을 25초(±5초) 동안 내려 1shot일 경우에는 1oz(25～30ml), 2shot일 경우에는 2oz(50～60ml)의 에스프레소를 카페모카잔에 추출한다.
4. 카페모카잔에 에스프레소가 추출되는 동안 준비된 우유 약 220ml가량을 스팀으로 가열하여 약 65도 정도까지 끌어올린다.
5. 에스프레소가 추출된 카페모카잔에 적당량의 초코소스와 초코시럽을 넣고 저어준다.
6. 스팀피처에 든 데워진 우유를 카페모카잔 안에 든 에스프레소 위에 붓는다.
7. 만들어진 음료 위에 생크림을 토핑하거나 초코소스를 뿌려 마무리한 뒤 제공한다.

아이스 카페모카(Iced Caffe Mocha)

1. 1shot일 경우에는 9～10g 정도, 2shot일 경우에는 14～20g 정도의 원두를 가늘게 분쇄하여 포타필터의 바스켓에 담는다.
2. 에스프레소머신의 그룹헤드에 포타필터를 장착한다.
3. 9bar의 압력으로 92도(±2도)의 물을 25초(±5초) 동안 내려 1shot일 경우에는 1oz(25～30ml), 2shot일 경우에는 2oz(50～60ml)의 에스프레소를 샷잔에 추출한다.
4. 약 400ml의 잔의 표면 높이까지 올라오도록 얼음을 넣어주고 나머지는 우유를 7부 정도까지 채운다.
5. 적당량의 초코소스와 초코시럽을 넣고 저어준다.
   아이스음료일 경우 초코소스만을 사용한다면 잘 안 녹을 수도 있다.
6. 추출한 에스프레소를 잔에 붓는다.
7. 생크림으로 토핑하거나 초코소스를 위에 뿌려 마무리한 뒤 제공한다.

▲ 카페모카

▲ 아이스 카페모카

6. 카페 마끼아또(Caffe Macchiato)

카페 마끼아또는 에스프레소 마끼아또(Espresso Macchiato)라고도 불린다.

마끼아또(Macchiato)는 이탈리어어로 점 또는 얼룩을 뜻한다. 즉 추출한 에스프레소 위의 크레마에 점을 찍듯 또는 얼룩을 내듯 약간의 우유거품을 올려 제공하는 메뉴이다.

아주 소량의 우유와 우유거품을 넣기에 에스프레소잔과 같은 작은 잔A에 제공한다.

에스프레소 위에 2~3스푼의 우유거품만을 올려서 제공하기도 하고, 소량의 우유를 스팀을 낸 후 모양을 내면서 부어 제공하기도 한다.

 Recipe

1. 1shot일 경우에는 9~10g 정도, 2shot일 경우에는 14~20g 정도의 원두를 가늘게 분쇄하여 포타필터의 바스켓에 담는다.
2. 에스프레소머신의 그룹헤드에 포타필터를 장착한다.
3. 9bar의 압력으로 92도(±2도)의 물을 25초(±5초) 동안 내려 1shot일 경우에는 1oz(25~30ml), 2shot일 경우에는 2oz(50~60ml)의 에스프레소를 데미타세에 주출한다.

4. 데미타세에 에스프레소가 추출되는 동안 준비된 우유 소량을 스팀으로 가열하여 약 65도 정도까지 끌어올리며 거품을 낸다.

5. 스팀피처에 든 데워진 소량의 거품우유를 데미타세에 든 에스프레소 위에 붓거나, 2~3스푼의 우유거품을 떠올리거나 하여 제공한다.

▲ 카페 마끼아또

▲ 작은 잔의 카페 마끼아또가 일반 라떼잔 안에 들어가 있다.

7. 라떼 마끼아또(Latte Macchiato)

카페 마끼아또와는 반대로 스팀 우유 위에 점을 찍듯 또는 얼룩을 내듯 에스프레소를 부어 제공하는 메뉴이다. 카페 마끼아또보다는 훨씬 많은 양의 우유가 들어가고 에스프레소는 주로 1샷이 사용된다. 일반적으로 보통 크기의 커피잔에 제공된다.

라떼와는 달리 에스프레소가 스팀우유와 섞이지 않도록 살며시 들이부어 풍부한 우유의 부드러운 맛을 즐길 수 있다.

 Recipe

1. 9~10g 정도의 원두를 가늘게 분쇄하여 포타필터의 바스켓에 담는다.
2. 에스프레소머신의 그룹헤드에 포타필터를 장착한다.
3. 9bar의 압력으로 92도(±2도)의 물을 25초(±5초) 동안 내려 1oz(25~30ml)의 에스프레소를 샷잔에 추출한다.
4. 에스프레소가 추출되는 동안 준비된 우유 약 250ml가량을 스팀으로 가열하여 약 65도 정도까지 끌어올린다.

5. 스팀피처에 든 데워진 우유를 라떼잔 안에 붓는다.

6. 추출해 둔 1샷의 에스프레소를 조심스럽게 라떼잔 안의 우유 한가운데 들이부어 마무리한 뒤 제공한다.

▲ 라떼 마끼아또

8. 아인슈패너(Einspanner)

오스트리아의 비엔나에서 즐겼던 생크림을 올렸던 커피에서 유래되어 일명 "비엔나커피"로도 불린다.

여러 가지 비엔나(Vienna) 스타일의 커피가 있지만 기본적으로 에스프레소를 약간의 물로 희석하여 여기에 생크림을 휘핑하여 올린 것을 아인슈패너라 한다.

 Recipe

1. 1shot일 경우에는 9~10g 정도, 2shot일 경우에는 14~20g 정도의 원두를 가늘게 분쇄하여 포타필터의 바스켓에 담는다.

2. 에스프레소머신의 그룹헤드에 포타필터를 장착한다.

3. 9bar의 압력으로 92도(±2도)의 물을 25초(±5초) 동안 내려 1shot일 경우에는 1oz(25~30ml), 2shot일 경우에는 2oz(50~60ml)의 에스프레소를 샷잔에 추출한다.

4. 샷잔의 에스프레소를 아인슈패너잔에 붓고 에스프레소양의 3배 정도의 물을 붓는다.

5. 휘핑해 둔 생크림을 올려 마무리한 뒤 제공한다.

▲ 부드러운 생크림을 올린
아인슈패너

▲ 단단한 생크림을 올린 아인슈패너

9. 카페 꼰 파나(Caffe Con Panna)

이탈리아어인 꼰 파나(Con Panna)는 '크림과 함께'라는 뜻이다. 즉 생크림과 함께 마시는 에스프레소를 뜻한다.

에스프레소 위에 생크림을 휘핑하여 올린다.

양이 작기 때문에 주로 데미타세에 제공한다. 아인슈패너는 에스프레소를 물로 희석하여 생크림을 올리지만 카페 꼰 파나는 에스프레소 위에 생크림을 바로 올린다.

 ## Recipe

1. 1shot일 경우에는 9~10g 정도, 2shot일 경우에는 14~20g 정도의 원두를 가늘게 분쇄하여 포타필터의 바스켓에 담는다.
2. 에스프레소머신의 그룹헤드에 포타필터를 장착한다.
3. 9bar의 압력으로 92도(±2도)의 물을 25초(±5초) 동안 내려 1shot일 경우에는 1oz(25~30ml), 2shot일 경우에는 2oz(50~60ml)의 에스프레소를 데미타세에 추출한다.
4. 데미타세 위에 휘핑해둔 생크림을 올려 마무리한 뒤 제공한다.

▲ 카페 꼰 파나

 Tip

생크림 휘핑법

1) 생크림 휘핑기 사용

가장 일반적으로 카페에서 사용되는 방법이다. 손쉽게 생크림 휘핑이 만들어지지만 단단한 생크림은 질감이 떨어지는 단점이 있다.

① 휘핑기를 열고 통 안에 생크림을 500㎖ 이하로 넣어준다.

② 고무패킹에 잘 맞게 단단히 밀착하여 닫는다.

③ 개스킷 홀더에 질소캡슐을 넣고 시계방향으로 돌려 닫는다.

④ 질소캡슐에서 가스가 모두 주입될 때까지 기다린다.

⑤ 휘핑기를 위아래로 수차례 흔들어준다.

⑥ 메뉴 위에 휘핑크림을 올릴 때에는 메뉴 위로 바로 올리지 않고 컵의 벽면으로 돌려가면서 올린다.

▲ 생크림 휘핑기

▲ 생크림 휘핑기로 생크림을 올리는 모습

2) 미니 전동 거품기 사용

① 스팀피처에 절반 정도의 생크림을 채운다.

② 생크림 표면에서 1cm 정도 아래에서 미니 전동 거품기의 작동을 시작한다.

③ 잠시 후 미니 전동 거품기를 표면에서 살짝 가라앉은 정도의 위치로 올려 전체적으로 생크림을 피처 안에서 회전시키면서 거품을 낸다.

▲ 미니 전동 거품기로 휘핑하는 모습

3) 생크림 믹서 사용

① 생크림 믹서통에 최대 40% 이하로 생크림을 채운다.

② 믹서의 날개를 천천히 회전시킨다.

③ 점차 빠른 속도로 날개를 회전시키다 마무리 즈음에는 다시 천천히 회전시킨다.

④ 생크림 표면에 규칙적이면서 고운 결이 생기기 시작하면 마무리한다.

▲ 생크림 믹서로 휘핑하는 모습

생크림은 항상 차게 보관하여야 한다. 특히 질소탱크를 쓰는 생크림 휘핑기를 사용할 시 상온에서는 생크림의 거품이 사라지며 탄성이 없어지기 때문에 반드시 냉장 보관한다.

한번 거품이 죽어 탄성이 사라진 생크림은 다시 질소를 주입하여도 탄성이 살아나지는 않는다.

VIII. 커핑

1. 관능적 커피 향미 평가의 원리와 의의

커피에는 1,000개에 이르는 향미를 발현하는 다양한 존재의 휘발성 화학분자물질들이 존재하여 커피의 맛과 향을 구성한다. 이 물질들의 평균 분자량은 150개 정도로 분자량의 수와 휘발성의 정도에 따라 향미의 정도는 달라진다.

또한 이 물질들의 다양한 조합은 전체적인 풍미를 달리한다. 이렇게 조합과 강도로 달라질 수 있는 향미에 대한 경우의 수를 고려한다면 천문학적인 숫자에 이르는 향미의 다양성이 존재한다.

그 밖에도 각각의 온도에서 휘발되는 향기물질도 다를 것이며, 커피를 마시고 난 후의 잔여감에 의한 애프터 테이스트(After Taste) 등과 같은 변수도 이를 더욱 복잡하게 만들고 있다.

그 천문학적인 숫자에 달하는 다양한 향미는 인간이 커피를 음용 시 코와 입에 있는 상피세포의 감각수용체와 결합하여 반응하는 자극을 뇌에 전기적 신호로 보냄으로써 비로소 느껴지는 것이다. 이러한 커피의 향미 특성을 물리 화학적 기계로 측정하기에는 너무나 많은 조합의 다변성(多辯性)이 있어 무리가 따른다. 따라서 사람의 감각기관이 측정기구가 되어 커피의 특성을 평가하는데 이를 관능평가라 한다. 커피를 음용하는 것은 사람이고 좋고 나쁨의 기준을 정하는 것도 사람이기에 사람의 미각과 후각을 통해 감지되는 반응을 측정하고 평가하며 또 이를 분석하는 것이 가장 합리적인 것이다.

이 관능평가는 가장 오래된 방법이자 가장 보편적으로 사용되는 방법이다.

이러한 커피의 관능평가를 하는 행위 자체를 커핑(Cupping : 명사로 사용)이라 한다. 단 이러한 관능평가에는 엄격한 기준이 수반되어야만 평가의 정확성과 객관성이 담보된다. 많은 커피 관련기관들이 평가의 정확성을 높이기 위한 조건과 기준을 만들고 있으며 현재 가장 보편적으로 쓰이는 기준과 방법은 SCA(Specialty Coffee Association)에 의한 것이다.

또한 관능평가에 임하는 사람은 각각의 커피의 품종이나 지역, 생산공정에 따른 차이를 충분히 이해하고 제반지식을 갖추어야만 보다 더 정확하고도 계량적인 평가가 가능하다. 그리고 나서 특성에 대한 결과를 정확히 해석해 낼 수 있는 것이다.

이러한 관능평가를 하는 사람을 커퍼(Cupper)라 칭한다. 커퍼는 커핑 제반에 걸친 기술적 방법 이외에도 측정된 관능평가의 결과를 제3자가 이해할 수 있도록 이를 계량화하거나 묘사하는 기술도 갖추고 있어야 한다. 계량화된 자료는 정보의 교류나 정보의 축적을 통해 소통되면서 더욱 발전하는 모티브가 형성된다.

이러한 측정을 위하여는 일차적으로 커퍼가 가지고 있는 감각기관의 민감도인 센서리(Sensory)에 의존한다. 기본적으로 남자보다는 여자가, 나이 든 사람보다는 나이가 어린 사람이 센서리가 더 좋다. 이 센서리를 평가하고 단련하기 위해 트라이앵글레이션(Triangulation)이나 페어링(Pairing) 등의 훈련기법이 강조되기도 한다.

 Tip

트라이앵글레이션(Triangulation)
두 개는 같은 종류 하나는 다른 종류. 총 세 개의 커피가 담긴 컵 중 다른 한 컵을 찾아내는 것

페어링(Pairing)
두 개씩 짝을 이루어 무작위로 섞여 있는 여러 개의 커피컵 중 같은 두 개를 찾아내는 것

그러나 이러한 센서리의 중요성보다도 더 강조되는 것은 커피의 특성에 대한 전반적 지식이다. 민감한 센서리로 커피의 특성을 파악했다 하더라도 이를 표현하고 전달할 수 있는 능력이 없거나, 이를 해석할 수 없다면 관능평가의 의의 자체가 없어지게 된다.

평가된 커피의 특성은 자신만의 자료가 아닌 공유와 교환을 통해 객관성을 더욱 부여 받고, 상품의 가치척도로 사용되는 것이다. 또한 소비자에게 정보의 전달 이외에도 자료 의 축적을 통해 시계열 분석도 가능해지고 또한 정보로서의 가치도 가지게 된다.

그 밖에도 생산지로의 피드백(Feedback)이 가능해져 생산지 커피품질의 향상에 이바 지할뿐더러 커피농부의 생산에 대한 의욕고취로 부의 증대효과까지 가져오게 된다.

2. 관능평가 용어

커피를 관능평가하는 과정에서 평가되는 주요 항목들에 대한 용어는 다음과 같다.

1) 프레그런스(Fragrance)

건조한 상태에서의 분쇄된 커피 향기이다. 주로 에스테르(Ester) 화합물들로서 유기산 또는 무기산들이 물을 잃고 생기는 구조의 화합물들이다.

복숭아, 자몽, 포도, 살구, 딸기 등의 향기로운 향이나 페놀과 같은 불쾌한 향 등을 모두 포함하나 주로 꽃향들로 설명된다.

엔자이메틱(Enzymatic) 계열의 향이 주로 올라오는데, 커피가 로스팅되어 분해되면서 조직 내의 탄산가스가 향기를 가진 유기물질과 함께 방출되면서 나는 향이다.

아카시아향, 장미향, 카더몬향신료, 재스민향, 레몬향, 사과향, 살구향, 블랙베리향, 양파향, 마늘향, 오이향, 완두콩향, 감자향, 감귤향, 풀향, 오렌지향, 수박향, 딸기향, 자몽향, 망고향, 파인애플향, 잔디향, 목질향, 페놀향, 고무향 등의 커핑노트(Cupping Note)로 표현된다. 일명 드라이 아로마(Dry Aroma)라고도 한다.

2) 아로마(Aroma)

커피가 물에 용해되었을 때의 향기이다. 에스테르(Ester), 케톤(Ketone)이나 알데하이드(Aldehyde) 등 주로 분자구조가 큰 휘발성 가스물질들이다.

뜨거운 물을 붓게 되면 과일향, 견과류의 향, 초콜릿향, 캐러멜향 등 엔자이메틱(Enzymetic) 계열의 향 이외에도 슈거브라우닝(Sugar Browning) 계열의 향이 같이 올라오게 된다. 이것은 뜨거운 물이 분쇄된 커피 내부에 있는 유기물질들을 기화시키기 때문이다.

아카시아향, 장미향, 카더몬향신료, 재스민향, 레몬향, 사과향, 살구향, 블랙베리향, 양파향, 마늘향, 오이향, 완두콩향, 감자향, 감귤향, 풀향, 오렌지향, 수박향, 딸기향, 자몽향, 망고향, 파인애플향, 잔디향, 목질향, 페놀향, 고무향 이외에도 구운 땅콩향, 호두향, 태국쌀향, 헤이즐넛향, 구운 아몬드향, 꿀향, 메이플시럽향, 다크초콜릿향, 밀크초콜릿향, 버터향, 바닐라향, 캐러멜향, 건과향 등의 커핑노트(Cupping Note)로 표현된다.

3) 플레이버(Flavor)

자연에 존재하는 무기물질과 유기물질의 합성물로서 커피나무가 광합성작용을 통해 물과 탄산가스를 당으로 전환시키며 생성되는 커피의 맛이다.

당의 케톤(Ketone)이나 알데하이드(Aldehyde) 등의 카보닐(Carbonyl)성분은 향을 구성하며 비휘발성 액체상태의 유기물질은 맛을 구성한다.

커피를 흡입했을 때 맛과 향이 결합하여 느껴지는 강도와 질로 다분히 복합적이다.

주로 아프리카계의 커피는 가벼운 과일류(Fruity)의 맛이 강조되고, 중남미지역의 커피는 초콜리티(Chocolaty)함이나 견과류(Nutty)의 맛이 강조되고, 아시아지역은 우디(Woody)함이나 너티(Nutty)함이 강조된다. 어느 특정의 맛이 두드러지기보다도 다양한 맛이 복합적으로 표출될 때 더 좋은 평을 받게 된다.

레몬, 사과, 살구, 블랙베리, 감자, 감귤, 오렌지, 수박, 딸기, 자몽, 망고, 파인애플, 흙향, 목질(Woody), 페놀, 고무, 너티(Nutty), 초콜리티(Chocolaty), 다크초콜릿, 밀크초콜릿, 버터, 캐러멜리(Caramelly), 워터리(Watery), 와이니(Winey) 등 다양한 커핑노트(Cupping Note)로 표현할 수 있다.

4) 바디(Body)

커피가 입안 전체에 남아 무겁게 느껴지는 맛으로 엄밀하게 이야기하면 맛이라기보다는 묵직하게 느껴지는 질감이다. 커피액의 불용성물질에 대해 입안의 말단신경이 점도를 반응하여 느끼는 질감으로 촉감에 가깝다고도 하겠다.

이는 커피의 중후한 맛이나 향기와는 다르며 강한 농도나 쓰고 진한 맛과는 다르다. 커피의 수용성물질이 물에 많이 녹아 나온 진한 맛이나 로스팅배전이 강하게 되어 쓰고 강하게 추출된 맛하고도 엄연히 다르다.

커피에 들어 있는 지질성분들이 추출 시에 나와 마우스필(Mouth Feel)로 표출되는데, 이는 혀를 구강에 댔을 때 미끈거리는 느낌으로 알 수 있다.

지질성분 이외에도 물에 녹지 않는 고분자 단백질이나 섬유질 등이 바디감을 느끼게 하는 주요 요소들이다.

바디감은 식었을 때는 감지가 어려우며 뜨거울 때 가장 감지가 용이하다.

헤비(Heavy), 씬(Thin), 워터리(Watery), 스무드(Smooth), 크리미(Creamy), 버터리(Buttery), 오일리(Oily) 등의 커핑노트(Cupping Note)로 표현된다.

5) 산미(Acidity)

애씨디티(Acidity), 즉 산미는 질과 함께 강도를 평가한다.

커피의 비휘발성인 유기산 성분이 당분과 결합하며 나오는 기분 좋은 맛으로 스페셜티 커피의 주요 평가요소이기도 하다.

저지대나 저밀도의 커피에서는 구연산(Citric Acid)이 많이 느껴지고, 고지대에서 자라난 고품질의 커피에서는 사과산(Malic Acid)이 많이 느껴진다.

자몽이나 청포도와 같이 단맛과 함께 올라오는 산미는 Acidity로 표현하고 식초나 저급한 레몬처럼 자극적이며 쓴맛이 함께 올라오는 산미는 Sour로 표현한다.

레몬류의 산미는 강도는 강하지만 질이 다소 떨어지는 산미이며, 자몽류의 산미는 비록 강도가 떨어지더라도 달콤, 새콤, 쌉싸름이 공존하는 높은 질의 산미이다.

산미는 온도의 영향을 받지 않아 뜨겁거나 식었거나 기본적으로 같은 느낌으로 다가온다. 단지 강도에 있어서만은 뜨거울 때 느끼지 못했던 강도를 식었을 때 느낄 수는 있다.

컵노트로는 날카로운(Sharp), 시큼한(Sour), 높은 산도(High Acidity), 낮은 산도(Low Acidity), 레몬, 포도, 자몽, 와인, 식초, 귤맛(Tangerine 또는 Mandarine) 등으로 표현된다.

6) 애프터 테이스트(After Taste)

커피를 흡입하고 난 후에 휘발성 기체가 목 위로 넘어오며 입안 혀 뒤쪽 등에서 느껴지는 향미를 말한다. 커피를 마시고 난 뒤의 여운이라기보다는 뒷맛에 더 가깝다.

입과 식도 등에 남아 있는 커피의 잔류성분이 증기로 바뀌면서 느끼는 향미를 이르며 주로 향에 의존하므로 뜨거울 때 잘 느껴진다.

그러나 프레그런스나 아로마에서 느껴지는 과일향, 꽃향, 풀향 등의 가벼운 향이 아니라 비수용성 물질과 수용성 물질이 모두 뒤섞인 무거운 고분자 물질들로 로스팅과정 중에서 생성된 향미들이 많다.

기본적으로 여운이 많이 지속되고 애프터 테이스트가 긴 커피가 좋은 커피로 평가받으나, 기분 나쁜 플레이버가 발현될 때에는 오히려 애프터 테이스트가 긴 것이 더 나쁘게 평가받는 요인이 된다.

페놀맛(Phenolic), 초콜리티(Chocolaty), 곡물맛(Granule), 매운맛(Spicy), 탄맛(Carbony), 흙향(Earthy), 목질(Woody), 고무, 너티(Nutty), 버터, 캐러멜리(Caramelly), 와이니(Winey), 솔향기(Piney), 삼목(Cedar), 후추(Pepper), 금속향(Metalic) 등의 컵노트로 표현된다.

7) 밸런스(Balance)

밸런스는 플레이버(Flavor), 바디(Body), 산미(Acidity), 애프터 테이스트(After Taste), 이 네 개 항목의 전체적인 균형감을 이른다.

이 중에서 한 항목이 특별하게 강조된다거나 특별히 모자란다면 좋은 점수를 받을 수 없다. 치우침 없는 균형감이야말로 좋은 커피를 설명하는 가장 대표적인 단어이다.

실제로 고급커피로 일컬어지는 티피카(Typica)종의 자메이카 블루마운틴 등의 가장 큰 특징은 특별한 향미보다도 적절한 균형감을 첫손가락으로 꼽는다.

8) 단맛(Sweetness)

커피를 평가함에 있어서 단맛도 중요한 요소이다.

커피에 들어 있는 당질(Glucide)의 일종인 포도당(Glucose), 과당(Fructose), 자당(Sucrose) 등 아주 소량의 단당류나 이당류에서 우선 단맛이 발현된다. 그러나 기본적으로 식물체에서는 광합성으로 탄수화물이 만들어지므로 다당류도 단맛을 이끌어낸다. 또한 단맛은 탄수화물뿐만 아니라 아미노산 복합물인 단백질에서도 발현되고 유기산도 복합작용을 통해 단맛을 발현하기도 한다.

SCAA 기준으로는 단맛의 강도를 측정하지는 않는다.

단맛을 나타내는 물질 자체는 미비하고, 이 단맛을 나타내는 물질이 유기산이나 향미 물질 등과의 복합작용으로 구현되는 플레이버(Flavor) 등이 중시된다.

3. 커피 향미의 종류

1) 유기반응(Enzymatic)

가장 가볍게 느껴지며 로스팅 초기단계에서 발현되며 주로 아로마나 프레그런스로 표출된다.

생두가 유기생물로 살아 있을 때 내부에서 일어나는 효소에 의한 반응(유기반응)의 결과로 주로 에스테르(Ester), 케톤(Ketone), 알데하이드(Aldehyde) 화합물이다.

대표적으로 꽃향, 과일향, 풀향 등이 이에 포함된다.

1. Coffee Blossom : 아카시아꽃과 닮은 커피꽃의 향기

2. Tea Rose : 장미향

3. Cardamon : 카더몬향신료, 시나몬 같은 화한 느낌

4. Lemon : 레몬 향기, 조금은 강하고 저급한 느낌

5. Apple : 사과 향기, 신선

6. Apricot : 살구 향기, 은은하지만 활기차고 고급진 느낌

7. Blackberry : 블랙베리, 복분자향

8. Onion : 양파 향기

9. Garlic : 마늘 향기

10. Cucumber : 오이, 시원한 향기

11. Garden Peas : 신선하고 어린 완두콩 향기, 약간의 풀내

12. Potato : 감자향기, 날감자의 약간 아린 향기, 결점으로 보기도 함

13. Fruity : 감귤류나 베리류(berry-like)의 단향과 함께 느껴지는 신향

14. Citrus : 감귤류의 오렌지나 사과 같은 달면서 가볍게 느껴지는 신향

15. Berry-like : 블랙베리류의 달면서 약간 무겁게 느껴지는 신향

16. Herbal : 풀향, 풋내

17. Floral : 꽃향

18. Jasmin : 재스민향

19. Tangerin : 오렌지, 귤 등의 밝은 향미

20. Watermelon : 수박에서 오는 신선한 향

21. Strawberry : 딸기향

22. Grapefruit : 자몽향, 시지만 단 가장 좋은 고급스런 느낌

23. Mango : 망고향

24. Pineapple : 파인애플향

25. Grass : 잔디향, 풋내보다는 약간 긍정적

26. Woody : 목질향, 약간 부정적

27. Winey : 와인 같은 향미

2) 갈변반응(Sugar Browning)

로스팅과정 중 캐러멜라이징(Caramelizing)반응에서 오는 향미로 포도당, 과당, 맥아당 등의 환원당이 갈변화를 거치며 오는 결과물로 생성되는 향미이다.

휘발성 향미분자들과 함께 비휘발성 향미분자도 다수 포함한다.

대표적으로 견과류(Nutty), 초콜릿(Chocolaty), 캐러멜(Caramelly)류의 향미가 포함된다.

1. Roasted Peanuts : 구운 땅콩향, 다소 부정적 이미지로 땅콩과 땅콩껍질을 같이

구운 듯한 느낌

2. Walnuts : 호두향

3. Basmati Rice : 태국쌀의 일종으로 쌀밥에서 오는 약간 단내

4. Toast : 구운내, 누룽지향 비슷

5. Hazelnut : 헤이즐넛향

6. Roasted Almond : 구운 아몬드향, 긍정적인 이미지, 초코캐러멜향과 비슷

7. Honey : 꿀향기

8. Maple Syrup : 메이플시럽향

9. Bakers : 군내

10. Dark Chocolate : 다크초콜릿향, 위스키향 비슷

11. Swiss : 밀크초콜릿향

12. Butter : 버터향, 약간 발효된 듯한 버터향

13. Vanilla : 바닐라빈향

14. Caramel : 캐러멜향, 아주 강렬한 단 향

15. Nutty : 견과향

3) 건열반응(Dry Distillation)

로스팅 중기 이후의 강배전단계에서 나오는 향기성분이다.

생두 내의 탄수화물 중 당질보다는 섬유질이 로스팅에 의해 변화되며 생겨나거나 유기물이 산화되며 생겨난다. 가장 무겁게 느껴지는 향미로 주로 뒷맛에서 잘 느껴진다.

1. Piney : 솔향기

2. Blackcurrant-like : 포도품종인 블랙커런트, 와이니(Winey)하지만 건조한 향미

3. Camphoric : 녹나무의 장뇌, 신선하고 산뜻하며 약초향, 유기산의 느낌

4. Cineolic : 유칼립톨의 향, 청량하며 Camphor 비슷

5. Cedar : 삼목향, 연필 깎을 때 나는 나무향 비슷, 사우나 나무냄새

6. Pepper : 후추향, 메탈릭한 느낌

7. Clove : 살균제 냄새, 치과 냄새, 정향목향

8. Thyme : 타임, 백리향초의 향미, 소나무가 타는 듯한 독특한 향

9. Tarry : 타르향, 불쾌한 탄내, 오래된 단백질의 변화향

10. Piped Tobacco : 말아 피는 담배냄새, 축축한 잎냄새

11. Burnt : 탄 향

12. Charred : 숯

13. Malt : 맥아, 엿기름 등 곡물에서 나는 향, 달콤하나 단맛이 뭉개짐. 막걸리향

14. Ashy : 재

15. Spicy : 매운 향

16. Carbony : 강배전에서 오는 탄 맛

17. Coriandrer Seeds : 고수풀향, 베트남쌀국수 등에서 나는 풀의 향

18. Roasted Coffee : 실제 로스팅된 커피향이라기보다는 변질된 단백질(햄 등) 내

4) 결점향(Aromatic Taints)

1. Earthy : 비올 때 축축한 흙냄새, 인도네시아커피의 특징

2. Starw : 짚향, 건초향, 오래된 콩, 단맛으로 연결되기도 함

3. Coffee Pulp : 과일 발효향

4. Leather : 가죽향, 좀약과 같이 오는 가죽내 느낌

5. Cooked Beef : 구운 소고기향

6. Smoke : 송진 타는 냄새, 강한 Ash(재) 냄새

7. Rubber : 고무 탄내, 로부스타의 특징

8. Phenolic : 화공약품내

9. Medicinal : 오래된 생두 또는 장시간 로스팅에서 나는 의약품내, 재떨이내

10. Metalic : 금속성의 아린 맛

5) 커피 플레이버 휠(Coffee Flavor Wheel)

커피가 가진 다양한 향미를 특성별로 연관지어 휠로 만든 것으로 일반적인 식품의 향미를 설명하기 위해 사용되는 것에서 출발하였다. 1950년대에 처음 만들어진 플레이버

휠은 와인을 설명하는 플레이버 휠을 거쳐 1995년에 커피 플레이버 휠이 등장하기 시작하였다.

커피의 맛을 보고 떠오르는 느낌을 설명할 때 도움이 되는 실용적인 도구의 일환으로 고안되어 지금은 커피 향미를 표현할 때 가장 널리 쓰이는 도구이자 커피산업의 표준 아이콘으로까지 발전하였다.

SCAA에 의해 만들어져 20년 이상이 쓰이던 플레이버 휠은 2016년 초에 개정된 안이 발표되어 많은 관심을 받았다.

주요한 향미나 큰 부류의 향미는 원의 안쪽에 위치하고 해당 파트에서 파생되는 향미는 바깥쪽에 위치하고 있다.

과거에는 전통적으로 향(Aroma)과 맛(Taste)을 구분하여 휠을 만들었다. 맛은 다시 신맛(Sour), 단맛(Sweet), 짠맛(Salt), 쓴맛(Bitter)으로 구분하고, 향은 다시 Enzymatic(유기반응), Sugar Browning(갈변반응), Dry Distillation(건열반응)으로 구분하여 여러 가지 디테일한 향미들을 부속향미로 나열하였다.

그러나 개선안에는 인간의 머리에 떠오르는 감각들을 유기적으로 연결하고자 많은 통계적 자료를 통해 향과 맛을 구분하는 대신 향미를 복합적으로 표현하면서 향미들의 위치와 갭(Gap)으로 구분하였다.

다음은 가장 많이 쓰이는 SCAA의 커피 플레이버 휠의 2016년형이다.

SCAA

Coffee Taster's Flavor Wheel

COFFEE TASTER'S FLAVOR WHEEL CREATED USING THE SENSORY
LEXICON DEVELOPED BY WORLD COFFEE RESEARCH
ALL RIGHTS RESERVED SCAA AND WCR

SPECIALTY COFFEE ASSOCIATION OF AMERICA

WORLD COFFEE RESEARCH

4. 커핑(Cupping) 방법

관능평가방법인 커핑은 커피평가에 있어서 객관적이며 체계적이어야만 한다.

그리고 다른 이해관계자와 정보의 공유나 교류가 가능하기 위해서는 많은 시장 참여자들이 인정하는 기준이 정립되어 있어야 한다. 가장 보편적인 기준과 절차는 SCA에 의하며 다음과 같은 조건에서 커핑하는 것을 원칙으로 한다.

1) 커핑조건

1. 추출수율

평가하는 커피의 농도로 물 1ml당 커피 0.055g을 사용한다. 이른바 골든컵 수율로 수용성 성분의 농도는 1.2% 내외이다.

2. 용기

세라믹 용기나 유리컵 용기만을 사용한다. 컵 상부의 지름은 3 내지 3.5인치로 76~89mm 이내여야 하며 전체 용량은 7 내지 9온스로 207~266ml 이내여야 한다.

3. 물 온도

커피에 물을 붓는 순간의 물 온도는 화씨 200도에서 2도의 오차범위를 둔다. 즉 섭씨 92.2~94.4도의 물을 사용한다.

4. 분쇄도

전체 원두를 갈았을 때 70~75%가 미국의 메쉬 시브(Mesh Sieve) 사이즈 20에 통과 되어야만 한다.

메쉬 시브 20은 0.9mm 정도의 직경이다. 에스프레소보다는 굵고 드립추출용보다는 가는 정도의 굵기이다.

5. 로스팅

커핑을 위한 로스팅은 8분에서 12분 이내에 마무리되어야 한다. 배전도는 2차펍 이전에 끝내는 시티(City) 정도의 로스팅으로 액츠런(Agtron)수치 기준으로 60 전후가 되어야만 한다. 로스팅 후에는 8~24시간 이내에 커핑이 수행되어야만 한다.

6. 커핑룸 크기

커핑룸은 평가에 불편함이 없도록 하나의 커핑 테이블이 차지하는 공간이 여유면적을 합쳐 최소한 110스퀘어피트(10.22제곱미터) 이상 되어야 한다.

커핑 테이블 주변으로는 최소 36인치 이상의 공간이 필요하다. 만일 커핑 테이블 두 개가 인접해 있다면 커핑 테이블 사이에는 60인치의 최소공간이 필요하다.

7. 커핑 테이블

6명이 사용하는 커핑 테이블을 기준하여 테이블 크기가 최소한 10스퀘어피트(0.93제곱미터) 이상 되어야만 한다.

8. 커핑 스푼

커핑에 사용하는 스푼은 4~5ml의 용량을 담을 수 있어야 하며, 화학반응을 하지 않는 금속성 재질이어야만 한다.

2) 커핑 순서

1. 커핑컵과 샘플 원두 준비

커핑컵은 다른 용도로 사용되어서는 안 되고 오로지 커핑 용도로만 사용되어야 하며 늘 건조한 상태로 보관되어 있어야 한다.

커핑에 사용되는 컵은 샘플 원두 한 종류당 5개의 컵을 사용한다.

5개의 컵을 사용하지 못할 상황이라도 반드시 홀수개의 컵을 사용한다.

한 종류의 샘플원두에 짝수개의 컵을 사용하면 어느 것이 기준의 향미이고 어느 것이 깨진 향미인지 기준이 안 설 수 있다.

샘플원두는 로스팅한 지 8시간 이상을 실온에 두어 충분히 가스가 방출되도록 하지만, 하루(24시간)가 지나지 않도록 한다.

2. 샘플 원두 분쇄

원두의 분쇄는 커핑하기 직전에 이루어져야 하며, 분쇄된 커피의 모서리들이 날카롭지 않고 미분이 발생되지 않는 그라인더로 분쇄한다. 주로 디팅이나 말코닉의 브랜드를 사용한다.

분쇄도는 0.9mm의 입자로 비교적 균일하게 나올 수 있도록 한다.

선계량 후분쇄가 원칙으로 각각의 컵에 들어갈 원두를 먼저 계량한 후 한 컵 한 컵 분쇄하도록 한다. 분쇄된 원두는 커핑컵에 바로 받는다.

분쇄 후에는 향미가 날아가지 않도록 유리뚜껑 등을 덮어두었다가 커핑이 시작됨과 동시에 오픈을 한다.

3. 프레그런스(Fragrance) 평가

코를 컵에 가까이 대고 분쇄된 원두에서 발산하는 휘발성 향미를 맡는다. 이때 마른 향기를 맡는 행위를 스니핑(Sniffing : 킁킁거림)이라 한다. 심호흡을 깊게 하며 향미를 음미하는 것이 아니고 킁킁거리면서 짧게 코로 들이마셔 감각수용체가 몰려 있는 코와 구강부분에만 향미가 맴돌며 반응할 수 있도록 한다. 마른 향의 평가는 분쇄 후 최대 15분 이내에 완료되도록 해야만 한다.

4. 물 붓기

92.2~94.4도의 물을 분쇄된 커피입자가 골고루 젖을 수 있도록 굵은 물줄기로 부어준다. 컵에 가득 부어 부유된 커피분쇄 입자들이 컵의 맨 위까지 올라오도록 한다. 이 물붓기를 푸어링(Pouring)이라 한다. 물을 부으면 신선한 커피원두는 가스를 방출하며 컵의 윗부분에서 두터운 층(Crust)을 형성한다.

5. 아로마(Aroma) 평가

물을 부으면 커피의 수용성 성분들이 녹아 물속의 고형물질이 1.2% 정도에 이르게 된다.

코를 최대한 컵에 가까이 대고 스니핑(Sniffing)으로 킁킁거리며 컵에서 올라오는 향미를 맡는다. 이때 주의할 점은 절대로 커핑컵을 건드려서는 안 된다는 것이다. 특정 컵만을 건드리게 되면 타 컵들과의 균형이 깨져 기준이 잡히지 않을 수 있다.

6. 브레이킹(Breaking)

물을 부은 후 4분이 경과되면 커핑 스푼으로 컵 표면에 만들어진 원두층(Crust)을 안에서 바깥으로 밀면서 브레이킹을 한다.

이때 원두층에 막혀 아래쪽에 갇혀 있었던 향미들이 올라오는데 브레이킹을 하면서 동시에 스니핑(Sniffing)을 하여 놓치지 않고 평가하도록 한다. 커핑 스푼은 너무 깊숙이 담그지 말고 표면을 걷어내는 정도로 가볍게 밀며 2~3번 반복한다. 한 번 사용한 스푼은 다른 컵에 사용하기 전에 반드시 물로 린스를 하도록 한다.

7. 스키밍(Skimming)

브레이킹을 하고 난 후 컵 표면의 원두와 거품층을 걷어낸다. 이를 스키밍이라 한다.

보통 스푼 2개를 이용하여 걷어내는데, 브레이킹을 안에서 바깥쪽으로 하면 원두들이 바깥쪽으로 밀려나가 있어서 스키밍 역시 안쪽에서 바깥쪽으로 하면 좀 더 편리하다.

8. 슬러핑(Slurping)

컵에 떠 있는 부유물들이 모두 걷히면 지체없이 스푼을 이용해 커피의 맛을 보도록 한다. 이때 과장된 몸짓으로 스푼 안에 있는 커피용액을 "후루룩" 소리를 내며 강하고도 짧게 들이키는데 이 행위를 슬러핑(Slurping)이라 한다.

슬러핑에는 두 가지 이유가 있다.

첫째로 인간의 혀 안에는 짠맛, 쓴맛, 단맛, 신맛 등 각각의 맛을 느낄 수 있는 미각세포의 분포가 균일하게 되어

있지 않다. 따라서 혀의 특정부분에 닿는 커피의 맛은 그 특정부위에 많이 분포되어 있는 미각세포에 영향을 받을 수밖에 없다. 이때 강하게 흡입하며 스프레이처럼 혀 전체에 분사시킨나면 좀 너 색관석인 측성이 가능한 것이다.

둘째로 인간 역시 다른 동물처럼 조건반사를 하게 되는데 이러한 과장된 행위는 커핑

시의 긴장감으로 기억되어 다음번 유사한 과장행위 시에 같은 긴장감으로 미각세포들이 좀 더 민감하게 작용하게 된다.

9. 플레이버(Flavor)와 애프터 테이스트(After Taste) 평가

처음 맛을 보기 시작할 때에는 뜨거울 때 평가해야만 하는 항목에 집중하도록 한다.

물온도 70도 정도에서는 휘발성 향미물질들이 잘 올라오기 때문에 향과 맛이 같이 복합적으로 작용하는 플레이버와 애프터 테이스트를 먼저 평가하도록 한다.

10. 산미(Acidity), 바디(Body), 밸런스(Balance) 등 평가

물이 조금 더 식어 60도 정도에 이르게 되면 산미와 바디, 밸런스 항목을 평가한다.

산미는 물온도에 영향을 비교적 안 받는 편이지만 너무 뜨거울 때나 너무 식었을 때는 산미의 느낌이 사라질 수도 있다.

바디는 맛의 느낌 중 식었을 때는 가장 파악이 어려운 항목이다.

밸런스는 위의 플레이버와 애프터 테이스트, 산미, 바디의 균형감이므로 4개가 모두 평가되는 시점에서 같이 평가토록 한다.

11. 단맛(Sweetness) 및 기타 평가

물이 더 식어 40도에 이르게 되면 단맛과 그 외 여러 가지 맛에 관한 항목들을 평가한다.

좋지 않은 원두는 식었을 때 결점의 맛이 더 두드러진다. 전체적으로 클린한지 여부(Clean Cup), 맛이 깨진 컵이 없는지의 여부(Uniformity), 결점의 맛(Fault), 결점의 향(Taint) 등도 빠짐없이 평가하고 마무리하도록 한다.

▲ 실제 커핑하는 모습

5. 커핑시트(Cupping Sheet)의 작성

커핑의 결과물은 특정한 커핑폼(Cupping Form)을 가진 시트지에 작성하여 체계적이면서 객관적인 설명과 공유가 가능하도록 한다.

가장 많이 쓰이는 커핑시트로는 SCA기준 양식이며 다음으로는 COE기준 양식이 쓰인다.

1) SCA 기준 커핑시트 작성

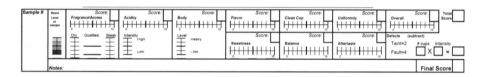

① Sample#에 샘플들을 구분할 수 있도록 번호나 기호를 기입한다.

② Roast Level에 샘플들의 로스팅 강도를 알 수 있도록 로스팅된 샘플 원두의 색을 체크한다.

위쪽으로 갈수록 약배전이며 아래쪽으로 갈수록 강배전이다.

③ Fragrance/Aroma난에 마른 향인 프레그런스를 맡고 그 점수를 체크한다.

하단의 Dry난에는 프레그런스의 질과는 상관없이 강도를 체크한다.

④ 물을 붓고 나서는 Fragrance/Aroma난에 젖은 향인 아로마를 맡고 그 점수를 체크한다.

하단의 Break난에는 브레이킹을 하는 순간 올라오는 아로마를 맡고 질과는 상관없이 강도를 체크한다.

⑤ 하단의 Qualties난에 향미를 맡으며 특별히 느꼈던 점을 간략히 메모하고, 프레그런스와 아로마를 평가한 점수의 평균값을 Fragrance/Aroma난의 Score칸에 기입한다.

⑥ 슬러핑(Slurping)을 시작한다.

플레이버와 애프터 테이스트를 동시에 평가하며 Flavor난과 After Taste난에 점수를 체크한다.

뜨거울 때와 조금 식었을 때 두 번에 걸쳐 평가하고 그 평균값을 Score난에 기입한다.

⑦ 산미와 바디를 평가하며 Acidity와 Body난에 점수를 체크한다.

Acidity난의 하단부에 있는 Intensity에는 산미의 질과 상관없이 강도를 표기한다.

산미와 바디평가 역시 뜨거울 때와 식었을 때 두 번에 걸쳐 하고 그 평균값을 Score난에 기입한다.

⑧ 위 네 개의 평가항목인 플레이버, 애프터 테이스트, 산미, 바디의 조화와 균형감을 두 번에 걸쳐 평가해서 체크하고 평균값을 Score난에 기입한다.

⑨ 5개의 컵에서 올라오는 향미가 동일하지 않고 깨지는 컵이 있을 경우 해당컵을 Uniformity난의 5개의 네모칸 중에 체크를 하고 Score난에 점수를 기입한다.

1개의 향미가 깨지는 컵당 2점씩을 감점하며 5개 컵이 모두 균일할 시에는 10점 만점을 기입한다.

⑩ 5개의 컵 중에서 부정적인 향미가 올라오는 컵이 있을 경우 해당컵을 Clean Cup난의 5개의 네모칸 중에 체크를 하고 Score난에 점수를 기입한다.

1개의 부정적인 향미가 올라오는 컵당 2점씩을 감점하며 5개 컵이 모두 부정적 향미가 없을 경우 10점 만점을 기입한다.

⑪ 5개의 컵 중에서 단맛이 올라오지 않는 컵이 있을 경우 해당컵을 Sweetness난의 5개의 네모칸 중에 체크하고 Score난에 점수를 기입한다.

1개의 단맛이 올라오지 않는 컵당 2점씩을 감점하며 5개 컵이 모두 단맛이 느껴질 경우 10점 만점을 기입한다.

이때 주의할 점은 단맛의 강도를 측정하는 것이 아니라, 단맛이 느껴지는지의 여부만을 체크하는 것이다.

⑫ 해당 샘플을 평가하는 커퍼(Cupper)의 주관적 기준으로 본인의 선호도에 맞추어 점수를 매겨 Overall난에 체크한 후 Score난에 점수를 기입한다.

기본적으로 전체적인 총점이나 밸런스(Balance) 등의 점수와 큰 차이가 나서는 안 되고 다른 평가항목 중 가장 높은 점수보다 높거나 가장 낮은 점수보다 낮을 수는 없다.

⑬ 이상 10개 항목을 각각 10점 만점으로 평가하여 총스코어 만점을 100으로 한다.

각기 항목의 점수는 10점 만점에 2.5점 단위로 평가된다.

이 10개 항목의 총합을 Total Score난에 기입한다.

⑭ Defects(결점 향미)에는 Taint와 Fault가 있다.

Taint는 경미한 향미상의 결점으로 주로 향의 결점이며 Fault는 중대한 맛의 결점이다.

Taint는 Total Score에서 2점을 차감하고, Fault는 4점을 차감한다.

이 Taint나 Fault가 느껴졌다면 Defects난의 #Cups에 문제가 있었던 컵의 개수를 기재하고 Intensity에 −2점에 해당하는지 −4점에 해당하는지를 기재한 후 두 숫자를 곱하여 Defects 차감점수를 기재한다.

⑮ 최종적으로 Total Score에서 Defects 차감점수를 뺀 최종점수를 Final Score에 기재한다.

⑯ 커핑의 매순간마다 Notes난에 향미의 특성을 잡아내어 여러 가지 표현 단어들로 간단명료하게 기재한다.

때로는 점수보다도 이 컵노트(Cup Note)가 해당 샘플의 특성을 잘 설명해 주기에 컵노트의 기재 또한 점수만큼이나 중요한 사항이다.

2) COE 기준 커핑폼 작성

① Sample난에 샘플들을 구분할 수 있도록 번호나 기호를 기입한다.

② Roast난에 샘플들의 로스팅 강도를 알 수 있도록 로스팅된 색을 체크한다.

왼쪽으로 갈수록 약배전이며 오른쪽으로 갈수록 강배전이다.

③ Aroma난에 마른 향인 프레그런스와 물을 부은 후의 아로마, 그리고 브레이킹을 한 후의 아로마를 맡고 그 강도를 체크한다.

Dry난에는 프레그런스(Fragrance)를 체크하고, Curst난에는 물을 부은 후의 아로마(Aroma)향을 체크하고, Break난에는 브레이킹을 하는 순간 올라오는 아로마(Aroma)를 맡고 이를 체크한다. 여기서 주목할 점은 Aroma난에는 기록만 할 뿐이고 점수에는 포함시키지 않는다. 커피의 향미는 플레이버(Flavor)에 이미 포함되어 있기 때문에 따로 구분하여 평가할 필요가 없다는 이유에서이다.

④ Clean Cup난에는 입에서 느껴지는 깔끔함을 평가하여 점수를 기재한다.

⑤ Sweet난에는 단맛이 올라오는 강도와 질을 평가하여 점수를 기재한다.

SCA의 평가와의 차이점은 SCAA는 단맛의 유무만을 평가하는데 반하여 COE에서는 단맛의 강도와 질을 평가하여 점수를 기재한다.

⑥ Acidity난에는 산미의 고급스러움과 질을 평가하여 점수를 기재한다.

그리고 하단에 산미의 강도를 측정하여 H(High), M(Medium), L(Low) 중 하나에 체크한다.

⑦ Mouth Feel난에는 입에서 느껴지는 마우스필(Mouth Feel)을 평가하여 점수를 기재한다.

그리고 하단에 마우스필의 강도를 측정하여 H(High), M(Medium), L(Low) 중 하나에 체크한다. 주로 강한 바디감이 느껴지는 컵의 경우 마우스필의 강도가 강해진다.

⑧ Flavor난에는 향미의 질이나 다양성을 평가하여 점수를 기재한다.

⑨ After Taste난에는 슬러핑(Slurping)을 한 후 후미에 느껴지는 향미를 평가하여 점수를 기재한다.

⑩ 위 여섯 개의 평가항목인 클린컵, 단맛, 산미, 마우스필, 플레이버, 애프터 테이스트의 조화와 균형감을 평가해 Balance난에 점수를 기재한다.

⑪ 해당 샘플을 평가하는 커퍼(Cupper)의 주관적 기준으로 본인의 선호도에 맞추어 Overall난에 점수를 기입한다.

기본적으로 전체적인 총점이나 밸런스(Balance) 등의 점수와 큰 차이가 나서는 안 되고, 다른 평가항목 중 가장 높은 점수보다 높거나 가장 낮은 점수보다 낮을 수는 없다.

⑫ Taint가 되었건 Fault가 되었건 결점향미(Defects)에 대하여는 모두 Defects난에 기입한다. 그 결점의 중요성과 강도에 따라 1점은 경미한 결점, 2점은 보통의 결점, 3점은 중대한 결점으로 가중치를 준다.

결점의 향미가 나온 컵의 개수에 해당점수(1 또는 2또는 3)를 곱한다. 그리고 이 값에 다시 곱하기 4를 하여 총 디펙트점수(Defects Score)를 계산한다.

즉 1개의 중대한 결점이 발견되었다면 $1 \times 3 \times 4 = 12$점의 감점을 받게 되는 것이다.

⑬ 8개 항목인 클린컵(Clean Cup), 단맛(Sweetness), 산미(Acidity), 마우스필(Mouth feel), 플레이버(Flavor), 애프터 테이스트(After Taste), 밸런스(Balance), 주관적 평점(Overall)의 총합인 64점 만점에 결점의 점수(Defects Score)를 뺀 후 다시 36점을 더한다. 36점을 더하는 이유는 인위적으로 100점 만점으로 만들어 SCA기준 등과 비교하기 용이하고 측정값이 대중에게 보다 쉽게 받아들여지게 하기 위해서이다.

⑭ 커핑의 매순간마다 하단에 향미의 특성을 잡아내어 여러 가지 표현 단어들로 간단 명료하게 기재한다.

때로는 점수보다도 이 컵노트(Cup Note)가 해당 샘플의 특성을 잘 설명해 주기에 컵노트의 기재 또한 점수만큼이나 중요한 사항이다.

6. 스페셜티 커피

1) 스페셜티 커피(Specialty Coffee)란

　기본적으로 스페셜티 커피라 함은 그 커피의 이력과 생산과정이 분명하여 추적이 가능하고, 재배로부터 수확, 펄핑, 선별의 전 과정이 투명하며, 산지 오리진의 개성과 풍미가 도드라지며 또한 우수하여 한 잔의 컵으로 놓였을 때 스페셜해야 한다.

　위와 같은 정의에 따르다 보면 당연히 우수한 향미와 검증된 품질을 가지게 되는 것은 당연하다. 농장에서 재배 시부터 한 잔의 컵으로 전달될 때까지 커머셜과 구별하기 위하여 특별한 정성을 담는다. 현재는 전체 커피생산량의 10%가량을 차지한다.

　스페셜티 커피는 생산지의 재배조건이나 토양에 따라 특유의 향미를 갖는다. 정성들여 잘 재배하고 가공

〈 르완다 NAEB의 스페셜티 인증서 〉
(National Agriculture Export
Development Board)

한 커피일수록 그러한 재배지의 향미적 특성을 잘 지니게 된다. 때문에 보통 스페셜티 커피라고 칭하는 커핑점수 80점 이상의 커피들은 다음과 같은 특징을 가진다.

80~84점의 경우는 향미에 결점이 없고, 생산국의 자연환경에 대한 기본적 특성들을 내포하고 있다.

85~90점의 경우는 역시 향미에 결점이 없고, 생산국의 자연환경과 재배가 이루어진 특정지역의 재배환경에 대한 기본적 특성들을 내포하고 있다.

90점 이상의 경우는 역시 향미에 결점이 없고, 생산국의 자연환경과 재배가 이루어진 특정지역의 재배환경에 대한 기본적 특성은 물론 재배와 가공이 된 특정농장의 가공 방식에 대한 특성까지 잘 내포하여야 한다. 이러한 스페셜티 커피들을 재배한 농장들은 C.O.E.(Cup of Excellence)라는 커피품질대회를 통해 더욱 우수한 커피를 평가받는다.

2) C.O.E.(Cup of Excellence)란

씨오이(C.O.E) 또는 컵 오브 엑설런스(Cup of Excellence)라 불리는 우수커피품질 평가대회로 2017년 현재 10개국이 가입되어 있다.

브라질을 시작으로 콜롬비아, 과테말라, 코스타리카, 온두라스, 엘살바도르, 니카라과, 멕시코, 페루 이상의 중남미국가와 아프리카에서는 부룬디가 가입되어 있다. 르완다는 가입과 탈퇴가 번복되고 있으며 2017년 6월 현재는 탈퇴한 상태이다. 각국이 각각 개별적으로 개최하는 것으로 자국의 스페셜티 커피를 생산하는 농장들이 우수한 커피를 출품하면 5단계의 커핑을 통해 결점(Defects)이 없고 84점 이상인 커피만을 선별해 결선을 열어 순위를 매기고 경매에 임해 판매가 이루어진다. 즉 해당국 각각은 그해 최고의 커피를 '콜롬비아 2017 C.O.E. 1위' 등의 방식으로 선정하여 국가명과 특정연도와 함께 등수가 매겨진다. 1위뿐만 아니라 결선에 올라 등위를 받은 커피들은 모두 경매(Auction)에서 좋은 값에 팔려나가 농가 수익에도 일익을 담당한다. 판매 수익금의 일부는 COE에서 가져가는데 이는 행사를 위해 쓰이기도 하고, 각 농장들의 커피 품질향상을 위한 교육 등에도 쓰인다.

1999년에 수지 스핀들러(Susie Spindler) 여사가 주축이 되어 브라질에서 처음 1회 대회를 열었으며 지금은 각 나라별로 수백 개의 농장들이 참여하는 명실공히 최고의 커피

품질대회로 자리매김하였다. 현재 전체적인 커피 품질의 향상이라는 긍정적인 영향력을 미치고 있다. 수상한 커피들은 수주 후에 옥션 경매장에 올라가 세계 각국의 로스터들에게 판매된다. 직접 경매에 참여하지 못할 시에는 샘플을 배송받아 보고 온라인으로도 입찰이 가능하며, 현지의 대행인(Broker)을 통할 수도 있다. 가장 높은 가격을 제시한 매수자에게 낙찰되기에 때로는 품질대비 과도한 가격을 지불하는 경우도 많이 발생한다. 농부들의 사기 충전 및 품질 향상을 위한 노력과 시설 투자의 의욕을 고취시키는 긍정적 목소리와 함께 과열과 상업성으로 흐른다는 비난도 함께 공존한다. 현재는 수지 스핀들러 여사가 이사장으로 있는 비영리조직인 A.C.E.(Alliance for Coffee Excellence)에 의해 운영되고 있다. 심사에 임하는 커피의 로스팅 배전도도 조금 더 상업적인 평가가 가능하게끔 SCA커핑 기준보다는 약간 더 강배전으로 심사한다.

우리나라에도 많은 로스터들이 경매에 참여하여 고가에 낙찰을 받으나, 가격이 반드시 품질이나 우리의 기호성을 설명해 주는 건 아니다.

3) 스페셜티 커피에 대한 SCA 기준

SCA에서는 스페셜티 커피의 기준을 다음과 같이 규정하고 있다.
① 스페셜티 커피를 평가할 수 있는 교육과 훈련을 받은 자로부터의 평가점수가 80점 이상일 것

 Tip

큐그레이더(Q-Grader)
스페셜티 커피를 평가할 수 있는 교육과 훈련을 받은 자라 함은 큐그레이더(Q-Grader)를 말한다. SCA로부터 독립한 CQI(Coffee Quality Institute)가 주관하고 있는 커피감정사 자격으로 전 세계에 약 5,000명이 있다.
미국인 테드링글이 1984년 콜롬비아 코케인 재배지역에서 커피교육을 시킨 것이 시초로 최초의 큐그레이더는 콜롬비아인이다. 중미에서의 성공을 바탕으로 USID의 지원을 받으며 성장해 현재는 유력한 커피감정사 자격으로 자리를 잡았다.
2017년 현재 8분류 20과목의 시험을 치른다.

② 생두상태의 냄새가 클린(Clean)할 것

③ 생두의 함수율이 워시드커피는 10~12%, 내추럴커피는 10~13%일 것

④ 생두 350g당 결점두 점수가 5점 이하일 것

Primary Defects (주요한 결점두)	Defect (점수)	비고
Full Black	1개가 1점	생두 전체가 흑두
Full Sour	1개가 1점	전체가 갈색으로 변질된 생두
Dried Cherry/Pod	1개가 1점	말라서 체리째 붙어 있는 생두
Fungus Damaged Bean	1개가 1점	곰팡이균에 오염된 생두
Foreign Matter	1개가 1점	돌 등의 이물질
Severe Insect Damaged Bean	5개가 1점	0.3~1.5mm의 벌레 먹은 구멍이 3개 이상이거나 생두 일부가 벌레에 의해서 유실된 생두

Secondary Defects (부차적인 결점두)	Defect (점수)	비고
Partial Black	3개가 1점	생두 일부가 흑두
Partial Sour	3개가 1점	일부가 갈색으로 변질된 생두
Parchment	5개가 1점	파치먼트 조각
Floater	5개가 1점	물에 뜨는 생두
Immature	5개가 1점	미성숙두
Withered Bean	5개가 1점	쭈글쭈글한 생두

Shell	5개가 1점	쉘
Broken Chip/Cut	5개가 1점	깨지거나 쪼개진 생두
Husk	5개가 1점	마른 체리 껍질 조각
Slight Insect Damaged Bean	10개가 1점	0.3~1.5mm의 벌레 먹은 구멍이 3개 미만인 생두

– 한 개의 생두에 결점이 2개 이상 공존할 시에는 상위등급의 결점으로만 평가한다.

⑤ 위 결점두표상의 주요한 결점두(Primary Defect)가 한 개도 없을 것

⑥ 원두 100g당 퀘이커가 1개 미만일 것

⑦ 플레이버(Flavor), 산미(Acidity), 애프터 테이스트(After Taste), 바디(Body) 평가항목 중 하나 이상의 특성을 가졌을 것

〈 2016년도부터 변경된 새로운 C.Q.I. Q-Grader 인증서 〉

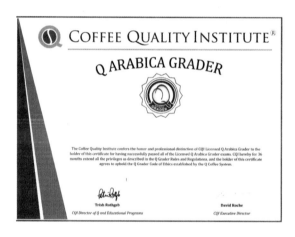

IX. 커피 비즈니스

1. 커피가격 결정 모형

1) 아라비카 커피 선물 지수

Coffee C Index 또는 Coffee C Futures라 하며 증권의 KOSPI종합주가지수처럼 중남미를 위시한 나라들의 아라비카 평균거래가격이다. 뉴욕의 상업거래소에서 매일 지수거래 시장참여자들의 매매로 등락을 반복하고 있어 국제유가를 비롯한 다른 모든 원자재가격처럼 기준지수가 형성되고 있다.

거래는 지수거래만 되고 있으며 그날그날 커피를 두고 거래하는 현물거래가 아니라 커피수확이 몰려 있는 3월, 5월, 7월, 9월, 12월에 수확 생산되는 커피를 두고 거래를 하는 선물(先物)거래 형식이다.

지수가 150이라 하면 아라비카 커피생두 1pound(lb)의 평균가격이 150센트라는 의미이다.

이를 kg과 달러로 환산하면 1kg에 약 3.3불이라는 뜻이다.

브라질 커피가격보다는 조금 높게 형성되고 내닥 골롬미아 아라비카 가석 성노의 흐름추세로 이해하면 되겠다.

자세한 내용과 매일 변화하는 커피가격 지수는 세계적 상품거래소인 ICE 홈페이지 (https://www.theice.com/products/15/Coffee-C-Futures)에서 확인할 수 있다.

국제 아라비카커피 거래에서는 이 Coffee C Index를 유용하게 활용한다.

즉 품질이 좋으니 인덱스 플러스 얼마 또는 품질이 떨어지니 인덱스 마이너스 얼마라는 식으로 시시각각 유동적으로 변화하는 곡물상품시장에 대응하며 기준가격을 삼고 매매가격을 결정한다.

이렇게 결정된 커피가격지수는 전 세계 대부분의 커피헌터나 커피프로듀서들의 가격지표가 된다. 이는 곧 한국으로 수입되는 커피생두에도 그대로 적용되어 최종소비자에게까지 반영되는 것이다.

2) 체리에서 원두까지의 가격변화 구조

가끔 매스컴에서 커피산지에서 거래되는 커피값의 100배 심지어는 1000배에 이르는 가격을 지불하고 커피숍에서 커피 한 잔을 마신다는 기사를 접하곤 한다.

커피 한 잔 가격을 5천 원으로 가정할 시 물과 함께 이 커피에 들어가는 커피 1shot의 원두는 약 10g이고, 커피산지에서의 커피체리 10g의 가격이 대략 6원 정도 하니 천 배라는 계산식은 얼핏 들어맞는 것도 같다.

커피 한 잔 가격이 아닌 원두 10g의 보편적 가격 약 300원(1kg 3만 원 기준)과 비교해 보았을 시에도 산지가격(10g당 6원)의 100배는 몰라도 50배는 족히 되는 듯하다.

이러한 수익구조에 대한 가십성 기사는 커피생산 상황에 대한 이해 없이 오로지 책상 앞에서 컴퓨터 단말을 통한 정보의 수집을 통해 쓰이는 허황된 스토리이기 쉽다. 커피비즈니스를 위한 커피의 수익성을 논하기 위해 이 커피 가격 결정 모형(Simulation)을 이해하도록 하자.

기준은 향미나 균형감이 뛰어나고 개별수요가 있어 국제 아라비카 기준시세보다 약 50%의 할증가격에 시세가 형성되어 거래되는 하이 커머셜(High Commercial)급의 커피로 한다.

이러한 커피의 체리 수매가격은 뉴욕 아라비카 선물 평균지수(Coffee C)를 150이라 가정할 시 대략 평균 1kg당 50센트 정도이며 매년 작황이나 국제시세 등에 따라 조금씩 달리한다.

50센트에 수매된 커피체리는 붉은 겉껍질과 푸른 과육이 펄핑에 의해 제거되고 잘 건조되어 노란 파치먼트만 남게 된다.

이 과정에서 과실의 과육과 수분이 제거되며 무게는 무려 1/4 이하로 줄어들게 된다. 따라서 파치먼트 1kg당의 가격은 커피체리 가격의 4배인 200센트 즉 2.0불로 늘어나며 외피제거나 펄핑 건조에 필요한 시간과 노동을 감안할 시의 원가는 2.5불이 된다.

농장을 직접 운영하거나 워싱 스테이션(Washing Station : 수세식 펄핑 가공처리시설)을 갖추고 커피체리부터 수매해 나간다면 가공비 0.5불조차도 절감할 수 있을 것이다. 그러나 파치먼트상태로 수매를 한다면 원가 2.5불 이외에도 워싱 스테이션 운영자의 수익을 고려하여 수매가는 그보다 더 높아질 것이다.

파치먼트상태의 커피는 훌링(Hulling : 탈각)과 소팅(Sorting : 분류와 결점두 선별)의 과정을 거치면서 외피가 제거되고 결점두들이 추출되면서 다시 중량이 30%가량 줄어들게 된다.

따라서 약 2.5불이었던 순수 커피콩의 원가는 대략 3.3불로 올라가게 되며 공장가동에 필요한 순수경비를 감안하면 약 3.8불 정도가 될 것이며, 각 단계의 운송과 무역 송출에 필요한 부자재, 현지에서 지불하는 세금까지 감안한다면 대략 4.0불 정도가 생두 1kg의 순수 산지 원가가 되는 것이다.

송출에 필요한 부자재라 하면 쥬트백(Jute Bag : 마대), 필요시 그레인프로백(Grain Pro Bag) 또는 에코텍백(Eco Tech Bag), 마대인쇄, 컨테이너 내부 래핑용 카드보드, 수분관리용 드라이백 등이다. 또한 해외 송출 시 산지의 정부에 지출하여야 하는 세금과 비용도 충분히 원가에 계상하여야 할 것이다.

이 순수 콩값에 해당되는 원가 4.0불은 펄핑이나 건조, 공장 프로세싱과정 중에 창출되는 부가가치에 대한 비용을 산정하지 않은 것으로 커피산지 내의 건강한 소득구조를 고려한다면 최소 20%는 이 과정에서 발생하는 그들의 노고와 비즈니스에 대한 수익구간으로 인정해야 할 것이다.

그렇다면 이 5불이 바로 커피산지에서 소비국으로 나오는 적정가격의 커피생두 원가인 것이다.

커피산지의 가격구조와 커피소비국인 우리나라의 가격을 단순비교하기에는 구조적 차이가 있다.

우선 5불에 헌팅된 커피는 해상운송절차를 거쳐야 수입지로 들어온다.

생산지의 항구에서 인천항까지 해상운송비용과 항구에서 내륙의 창고로 옮기는 육상운송비용은 컨테이너 하나당 약 3,000불가량이다. 이에 수입항에서의 검역비용 등까지 감안할 시 한 컨테이너(19.2톤)당 약 4,000불로 1kg당 단위 원가를 5.2불로 끌어올린다.

수입되는 생두의 경우는 부가세(10%)와 관세(2%)를 지급해야만 한다.

단 UN협정에 의해 규정된 세계 최빈국은 2%의 생두수입관세를 면제받는다. 라오스, 에티오피아, 르완다, 동티모르 등이 면제 대상국이다. 그렇다 하더라도 부가세 10%는 지급해야만 세관을 통과하게 된다.

수입된 생두가 국내유통 시에는 농산물로 분류되면서 면세품인지라 부가세대상 품목이 아니다.

따라서 커피헌터가 수입해 온 생두는 세관에 부가세를 내고 통관을 진행했으나 이를 그대로 생두판매라는 국내매출로 연결시킬 때에는 부가세를 부과할 수 없기 때문에 통관과 동시에 원가는 10%(0.5불) 상승의 효과가 나타난다. (단 커피 관련품목 제조 원료로 사용될 시에는 제조 후 판매로 부가세환급의 대상이 된다.)

5.7불이라는 원가에 창고로 들어온 커피생두는 항온과 항습 등 적절한 보관과 관리를 필요로 하며 이는 또 필연적으로 비용을 수반한다.

이를 총괄적으로 미루어보았을 때 커피산지에서 5불이었던 생두원가가 소비지에서는 6불에 이르는 생두원가로 재탄생한다고 볼 수 있다.

이 커피생두를 로스팅하여 커피숍에서 쓸 수 있는 볶은 원두(Roasted Beans) 1kg으로 만들어내기 위해서는 약 1.3kg가량의 생두가 필요하다.

이유는 로스팅 중에 커피생두에 함유되어 있는 12%가량의 수분과 함께 많은 종류의 휘발성 산화물질이 증발하여 20% 정도의 중량감소를 가져오기 때문이다.

따라서 1kg의 좋은 원두커피를 만들기 위한 순수한 원재료인 생두의 원가만도 한화 약 1만 원에 이른다.

여기에서 푸른빛의 생두를 검은빛의 원두로 변화해 나가는 과정에 이르는 많은 손길들은 자신들이 창출해 내는 부가가치만큼을 원가로 더해나갈 것이다.

즉 커피헌터는 머나먼 산지의 작열하는 태양볕 아래에서 수고로움을 마다하지 않고 움직인 것에 대한 수익을 가져가야 할 것이며, 생두를 로스팅하는 로스터는 콩과 함께 숨 쉬고 대화하며 최선의 맛을 이끌어내기 위해 노력하는 대가를 가져가야 할 것이며, 품질을 관리하는 커퍼도 자신의 능력을 십분 발휘해 좋은 맛의 커피를 사용자에게 내놓음으로써 그 가치를 인정받고 수익을 가져가야 할 것이다.

커피를 추출할 바리스타에게 전해지는 원두커피 한 봉의 가격은 이렇듯 수많은 보이지 않는 손들의 조화로운 협업이다.

이 합리적인 민주적 시장 원리에 입각한 시장참여자들에 의해 비로소 적정한 가격구조가 형성되는 것이다. 각 과정마다 최종소비자를 만족시키기 위한 전문성은 빛을 발하고 또 그에 상응하는 합리적 수익이 각기 돌아가며 현실적인 가격이 만들어지고 있다.

〈 각 단계별 중량 및 원가변화 도식표 〉

	커피체리	파치먼트	생두 (생산지)	생두 (소비지)	로스팅 된 원두
중량의 변화	100	25	17		14
단위당 원가의 변화	50	250	500	600	780
각 단계별 발생되는 부가가치		50	150	30	α

· 커피중량이 1/4로 줄어듦
· 커피중량이 다시 7/10로 줄어듦
· 해상운송비, 육상운송비, 검역비, 통관비, 관세, 부가세, 물류비 발생
· 커피중량이 다시 4/5로 줄어듦. 로스팅 후 원두로 상품화되면서 부가가치 증가

2. 현대의 커피시장

　지속적인 성장을 해온 커피시장은 근래에 들어 성장에 더욱 가속도가 붙고 있다.

　2014년 4조 9천억원이었던 커피 시장이 2016년에는 6조 4천억원의 시장으로 2017년에는 11조 7천억원의 시장으로, 그리고 2018년 10조를 넘어서더니 2020년은 약 13조의 시장으로 추정되며 확장세는 커져만 가고 있다. 이미 2010년대 초반부터 국내 커피시장의 포화에 대한 우려의 목소리가 커지고 있었으나 이와는 별개로 소비시장은 더욱 커져가고만 있다.

　가장 공신력 있는 통계로 식품의약품안전처의 커피류 생산실적은 꾸준히 늘어 2019년에 생산량 2조 6천억원을 기록하였다.

　지속된 세계 경제 불황의 여파로 전 세계 커피시장의 규모가 2011년 1400억 달러(약 155조) 시장에서 2018년 1449억 달러(약 160조) 시장으로 그다지 상승분이 없는 것을 감안하면 주목할 만한 부분이다. 커피시장은 기호식품이라는 특수성에 기인하여 생산중심의 시장이라기보다는 유통 및 소비중심의 시장이다. 국내시장의 커피에 대한 관심의 증가가 지속적인 시장의 성장세로 이어졌다고 볼 수 있을 것이다. 실제적으로 커피시장 이외에도 커피 문화산업 시장에 대한 괄목할 만한 성장 역시 누구도 부인할 수는 없을 것이다.

　SCAA(미국 스페셜티 커피 협회)와 SCAE(유럽 스페셜티 커피 협회)가 통합된 SCA에서도 가장 시장성 있는 커피교육시장으로 한국을 주목하고 있다.

　한국의 커피시장은 과거 인스턴트커피나 RTD(Ready to Drink : 커피첨가음료)시장에서 벗어나 본격적으로 원두커피를 소비하는 시장의 성숙기에 들어섰다고 본다.

　2019년 전 세계 1006만 톤의 커피원두 소비량 중 한국이 15만 톤을 소비하여 전 세계 소비량의 1.49%를 차지하였다. 전 세계 인구 79억의 0.65%(5천 2백만 명)를 차지하는 한국이니 만큼 전 세계 평균소비량의 2배 이상을 소비하였다고 볼 수 있다. 1인당 원두 소비량으로 환산하면 약 2.9kg 정도이다. 물론 커피원두의 많은 부분은 인스턴트나 RTD음료시장에서 사용되었을 것이다. 그렇지만 한국 소비시장의 특색이 과거 인스턴트커피에서 원두커피로 시장의 중심이 옮겨가고 있는 것은 분명한 사실이다.

〈 커피류 생산 실적 〉

(단위 : 톤)

연도	볶은 커피	인스턴트커피	조제커피	액상커피	합계
2011	10,811	25,898	267,918	256,303	560,931
2013	16,819	62,865	257,174	319,909	656,767
2015	26,423	43,670	181,207	261,706	513,005
2017	38,081	20,709	173,535	427,985	660,310
2019	48,675	21,709	133,924	623,487	827,795

참고 : 조제커피와 액상커피는 실제 커피의 무게가 아닌 음료의 무게임
출처 : 식품의약품안전처

　위의 표에서 보이는 것처럼 볶은 커피로 대변되는 원두커피의 성장세는 괄목할 만 하다. 다른 유의 커피보다 매년 눈에 띄게 큰 폭으로 성장하는 것이 보인다. 이미 소비시장

에서 개별 시장규모로는 커피전문점의 원두커피 시장이 커피 제조기업의 완성음료시장을 넘어선 지 오래되었다. 2019년 현재 커피전문점 : 커피제조기업의 마켓쉐어 (Market Share)는 62.5% : 37.5%로 다양한 브랜드와 음료로 무장한 커피전문점들의 원두커피 시장이 훨씬 커져버린 것이다.(KB금융지주 경영연구소 자료)

실제 약 5만 톤의 원두커피는 50억 shot으로 대한민국의 모든 경제활동 인구가 연간 200shot씩을 소비하였다는 계산이다. 즉, 이틀에 한 번 정도는 평균적으로 커피전문점이나 집에서 원두커피를 음용하였다고 보는 것이다.

커피 원재료인 커피생두를 우리나라는 2019년 15만 톤을 소비하였다. 우리나라보다 일찍이 커피문화를 즐겨온 서구국가들에 비교하였을 때 우리나라 커피시장의 성장은 여전히 지속될 것으로 보인다.

전 세계 가장 많은 양을 소비하는 미국의 경우 2019년 165만 톤을 소비하였고, 이웃나라 일본도 2019년 우리나라의 거의 3배에 이르는 45만 톤을 소비하였다.

일본의 경우 1인당 소비량이 우리나라보다도 훨씬 많은 3.6kg이고, 미국의 경우는 5kg 가까이에 이른다. 북유럽의 경우는 커피가 일상생활의 일부분으로 자리 잡으면서 1인당 연간 5~7kg의 소비량을 보이고 있어 우리나라의 2~3배에 이른다.

우리나라의 식음료 형태가 점차로 서구화되어가고 있고 국민소득의 지속적 향상을 점쳐 볼 때 아직도 커피시장은 성장의 여분이 남아 있다고 볼 수 있다.

원두커피산업은 2011년 12월에 중소기업 적합업종으로 지정된 후 2015년 재지정을 통해 2017년 11월까지는 중소기업 적합업종으로 남아 있었다.

그 내용은 대기업의 B2C시장 확장을 자제하고 신규 대기업의 진입을 자제시키는 데 있었다. 그러나 고부가가치, 고급기술 제품 생산을 위한 설비확장은 예외로 두고 있어 실제적으로 대량생산 저가형 제품을 출시하는 대기업의 진입 자체를 막지는 못했다.

국내에 등록된 커피가공업체수는 2010년 139개소에서 2014년 529개소, 2016년 711개소로 지속적인 증가를 해왔으며, 2018년에 이미 일천 개가 넘어가는 군소 로스팅공장이 허가를 낸 상태이며 현재는 정식 식품제조업 허가업체 이외에도 많은 수의 즉석판매 제조가공업자가 커피로스팅을 하고 있어 그 수는 헤아릴 수도 없는 정도이다. 물론 대규모의 시설장비를 필요로 하지 않아 영세 사업장의 규모가 많은 것도 사실이지만 이는 소품종 대량생산의 대기업 정서보다도 다품종 소량생산의 커스터마이징(Customizing)이

주효한 산업인 데서 이유를 찾을 수 있다.

커피에 대한 다양한 요구와 기호는 다시 이를 최적화할 수 있는 방안을 찾아가고 있다.

다양한 메뉴의 발전과 다양한 산지의 개척, 그리고 여러 가지 부가가치를 내세우며 소비자를 유혹하고 있다.

최근의 트렌드인 유기농커피, 공정무역인증커피, 스페셜티 커피 등도 그중 하나이다.

유기농커피라 함은 3년 이상 농약, 화학비료를 사용하지 않고 재배한 커피생두를 유기농 생두만을 전용으로 프로세싱하는 기기(탈각기, 로스터기 등)만으로 처리한 커피를 말하며, 친환경농업 육성법에 의해 지정한 기관으로부터 반드시 인증을 받아야만 하는 인증제이다. 인증 없이 유기OOO라는 단어를 썼을 시에는 3년 이하 징역 또는 3천만 원 이하 벌금형에 처해지기에 각별한 유의가 필요하다.

따라서 본인의 텃밭에서 길러낸 채소도 유관기관의 인증시스템을 충족시키지 못했다면, 유기농이라 지칭함은 법에 저촉되는 것이다.

실제로 중남미의 대규모 농장 생산지가 아닌 국가에서는 생산 자체가 유기농인 곳이 많다. 오히려 너무 기반환경이 열악하여 유기농 인증을 받지 못하는 경우에는 더욱 친환경적인 천연야생커피인 경우도 있다. 여러 가지 인증시스템의 도입은 소비자의 안심을 보장할 수는 있으나 이러한 인증은 오히려 원가의 상승으로 이어져 품질의 상승을 보장하는 것과는 거리가 멀어지게 된다.

공정무역에 대하여는 국제적으로 FLO(Fair Trade Labeling Organizations International)나 IMO(Institute for Market ecology Organization), WFTO(World Fair Trade Organization) 등의 인증기관과 이 인증기관으로부터 수여하는 인증마크가 있다. FLO는 독일에 본사를 두고 있으며, 스위스 기관인 IMO 등 주로 해외에서 시작된 기관들이 주를 이룬다. 이 인증마크를 부여받기 위해서는 절차적 비용과 지불되는 대가가 있어 최근에는 공정무역과는 다른 양상인 대안무역(Alternative Trade), 또는 수요를 촉발시켜 시장원리에 의해 산지공급가격을 높이는 방안 등이 주목받고 있다.

실제로 위 기관의 인증마크를 쓰지만 않는다면 공정무역이라 지칭하는 데 제한은 없다. 호혜성 공정무역은 오히려 산지의 불균형을 초래하고, 경쟁의 기회를 빼앗아, 시장경제를 흐리고 전체 품질을 떨어뜨린다는 견해도 있다. '선진국 소비자들이 마음 편하자고 비싸게 재화를 구입하면, 특정농장들은 품질개선의 노력 없이 불로소득을 얻게 된다.

이들은 품질개선에 재투자할 수도 있지만, 주변의 다른 농장들은 경쟁력이 떨어지기 때문에 오히려 가격을 더 낮추게 되고, 그만큼 재투자 기회를 잃어버리게 된다. 결국 공정무역은 현지에서 불공정거래가 되고, 빈국의 자립을 망칠 수도 있다'는 견해도 어느 정도 설득력을 갖는다.

한국으로 들어오는 커피 중 공정무역커피라는 용어와는 달리 실제로 공정무역 국제단체로부터 인증받지 않은 커피도 많이 있다. 거래에 있어서 공정하다는 것은 생산자와 소비자 모두에게 공정함에 있다고 할 때 현재 공정무역커피의 시장이 시장경제의 기본인 좋은 품질의 저렴한 가격으로 어필하지 못함은 큰 한계라 하겠다.

스페셜티 커피 시장에 대하여도 절대적 우위라고는 말하기 힘들다.

커피는 기호식품이니만큼 스페셜티 커피가 개인의 기호를 충족시켜 준다는 것을 보장해 주지는 못하기 때문이다. 이력이 확인되는 산지 고유의 특성을 가지고 있는 좋은 품질의 커피를 공급한다는 것에 대하여는 반길 만하지만 반대로 가격인상의 마케팅 수단으로 활용될 수 있는 소지도 다분한 것이다. 또한 자신의 기호에 맞추어 선택하는 것이 아니라, 전문가가 스페셜티로 지칭하는 것을 그대로 받아들여야 하는 다분히 피동적인 시장이다. 커피는 음료인 동시에 문화상품이기에 '나를 위한 작은 사치'로 가격을 불문하고 원하는 브랜드의 원하는 커피를 선호하는 경향도 뚜렷하다. 세계 최대의 커피브랜드인 스타벅스는 경기불황 속에서 2016년 한국에서만 매출액 1조 원을 넘겼다. 수많은 카페들이 문을 닫는 상황에서도 자신만의 특화된 브랜드로 무장한 신설 점포들이 끊임없이 문을 열고 있다.

사람들은 메이커(Maker)에서 제공하는 블렌딩(Blending)된 커피에서 탈피하기 시작하였으며 자신의 기호와 취향에 맞추어 특정 산지(Single Origin)의 커피를 찾고 있다.

인스턴트커피 또한 시장점유율은 줄어들지만 지속적으로 새로운 상품의 개발을 통해 매출을 꾸준히 유지하고 있다. 홈카페족이 증가하며 집에서 직접 원두를 소비하는 애호가들도 부쩍 늘어나고 있다. 다양한 유통채널의 등장으로 소비자들은 언제 어디서나 손쉽게 원두커피를 즐길 수 있게 되었다.

커피 생산기술의 발전과 함께 다양한 커피들이 출시되고 있으며, 커피 소비의 패턴 또한 매우 다양해지고 있다. 그 사이에서 진보된 마케팅 기술은 끊임없이 양쪽의 정보를 서로에게 퍼나르고 있다. 이른바 커피산업의 다가치시대에서 현대의 커피산업을 이해하는 눈이 절대로 편협해져서는 안 되겠다. 발은 시장을 딛고 서서 눈은 세계를 보는 이른바 글로컬리제이션(Glocalization)전략이 필요하다. 범문화적인 커피이지만 지역적 특성과 소비지의 특성을 정확히 파악하고 트렌드를 읽어나가면 시장의 가능성은 무한히 열려 있다고 하겠다.

3. 바리스타 자격시험 안내

1) 응시자격

1. 카페바리스타 2급

① 필기시험

- 국적, 성별, 연령, 학력, 경력 제한 없음

② 필기시험 면제자

- 커피관련 타 자격증 및 인증서 소지자
- 자격검정위원회가 인정하는 교육장 연수 이수자
- 장애인 및 다문화가정
- 커피관련 학과목 6학점 이상 이수한 자

③ 실기시험

- 필기시험 합격자에 한하여 1년 이내 수시로 응시 가능
- 필기시험 면제자는 증명서 제출

2. 카페바리스타 1급

① 필기시험

- 카페바리스타 2급 자격증을 소지한 자로 실기시험 조리시간에 구술시험으로 실시
- 구술시험 : 20문항 중 2문항에 대한 질의 답변

② 실기시험

- 카페바리스타 2급 합격자에 한하여 각 지역 시험장에서 수시로 응시 가능
- 필기시험 면제자는 증명서 제출

2) 준비물

1. 카페바리스타 2급

① 필기시험

- 신분증, 수험표, 컴퓨터용 사인펜

② 실기시험(응시자 1명 기준)

- 응시자 준비물 : 행주 4~5장, 린넨 2장, 앞치마, 신분증, 수험표
- 시험장 준비물 : 에스프레소머신 2Group 이상 2대, 그라인더 2개, 트레이(쟁반), 에스프레소 잔 2세트, 카푸치노 잔 2세트, 물잔 2개, 물주전자 1개, 스팀피처 2개, 티스푼 2개씩, 초시계, 심사 테이블

〈 2급 시험 부자재 〉
- 에스프레소 잔 세트 2개
- 카푸치노 잔 세트 2개
- 스팀피처 2개
- 물잔 2개
- 행주 4장, 린넨 2장

2. 카페바리스타 1급

① 실기시험(응시자 1명 기준)

- 응시자 준비물 : 행주 4~6장, 린넨 2장, 앞치마, 신분증, 수험표
- 시험장 준비물 : 에스프레소머신 2Group 이상 2대, 그라인더 2개, 트레이(쟁반), 에스프레소 잔 4세트, 카푸치노 잔 4세트, 물잔 2개, 물주전자 1개, 스팀피처 4개, 티스푼 4개씩, 초시계, 심사 테이블

〈 1급 시험 부자재 〉
- 에스프레소 잔 세트 4개
- 카푸치노 잔 세트 4개
- 스팀피처 4개
- 물잔 2개
- 행주 5장, 린넨 2장

3) 전형방법

1. 카페바리스타 2급

① 필기시험 : 60문항(60분)
② 실기시험 : Caffè Espresso×2잔
              Caffè Cappuccino×2잔(준비, 조리, 정리 각 5~10~5분)

2. 카페바리스타 1급

① 실기시험 : Caffè Espresso×4잔
              Caffè Cappuccino×4잔(준비, 조리, 정리 각 10분)
              구술시험 : 조리 중 2문항의 구술문제에 대한 답변

카페바리스타 1급 구술 예상문제

1. 커피 블렌딩에 있어 선블렌딩과 후블렌딩의 각 장단점에 대하여 말하세요.

선블렌딩은 맛과 색도의 균일성이 확보되고 노동력이 절감되며 재고 예측이 용이하지만, 각각의 원두에 대한 프로파일링과 상호관계에 대한 이해가 필요하며 특성의 차이가 큰 생두끼리 블렌딩했을 때에는 로스팅이 난해해질 수 있다.

후블렌딩은 단일 생두의 프로파일링만 활용하므로 손쉽게 로스팅이 가능하며 각각의 생두의 특성을 최대한 살릴 수 있으나, 맛과 색도의 균일성 확보가 어려우며 노동력 증가와 재고 예측이 어렵다.

2. 커피생두가 로스팅을 통해 원두로 진행되면서 생기는 변화를 열거하세요.

① 원두의 조직이 부풀어 허니콤 구조가 되면서 부피가 60~90%가량 증가한다.
② 수분이 증발하고 휘발성 물질이 빠져나가면서 무게가 15~20%가량 감소한다.
③ 부피나 늘어나고 무게가 줄어들어 밀도가 낮아진다.
④ 함수율이 10% 이상에서 1~2%대로 떨어진다.
⑤ 지방성분이 10%에서 16%로 늘어난다.
⑥ 클로로제닉산이 분해되면서 절반 이하로 줄어든다.
⑦ 기타 유기산은 두 배가량 증가한다.
⑧ 캐러멜라이징 반응에 의해 색상이 진한 갈색으로 변화한다.

3. 커피생두의 로스팅 중에 발현되는 향기를 시간적 순서대로 나열하세요.

비린 풀향 → 단 향 → 신 향 → 탄 향

4. 커피생두의 로스팅이 진행될 때 연한 녹색에서 진한 갈색으로 변화하는 이유를 설명하세요.

곡물에 포함된 탄수화물 중 환원당(포도당(Glucose), 과당(Fructose), 자당(Sucrose), 맥아당(Maltose))과 녹말 등의 다당류가 단백질의 구성분자인 아미노산과 반응하여 갈색의 멜라노이딘(Melanoidine)을 만드는 메일라드반응(Maillard Reaction)과 설탕성분인 자당(Sucrose)이 열을 흡수하면서 점점 어두워지는 캐러멜당으로 변하는 갈변화 현상인 캐러멜라이징(Caramelizing) 반응에 의한 것으로 설명될 수 있다.

5. 워시드(Washed) 커피 가공의 장점과 단점을 설명하세요.

장점으로는 섬세하고도 깔끔한 향미를 살리고, 좋은 산미와 복합적인 플레이버

(Flavor)가 나오는 결과물을 얻을 수 있으며 균일한 가공이 가능하다.

단점으로는 물을 많이 사용하여 환경오염의 우려가 있으며 시설 설비나 가공과정에 비용이 들어간다.

6. 내추럴(Natural) 커피 가공의 장점과 단점을 설명하세요.

장점으로는 물을 사용하지 않아 환경오염의 우려가 적으며, 설비 투자나 가공과정에 비용이 적게 든다. 단맛과 바디가 좋은 결과물을 얻을 수 있다.

단점으로는 거친 향미나 발효취가 발현되는 것과 함께 균일한 가공이 어렵다.

7. 커핑(Cupping) 시 스니핑(Sniffing)을 하는 이유는 무엇인가요?

심호흡을 깊게 하여 향미를 음미하지 않고, 킁킁거리면서 짧게 코로 들이마셔 감각 수용체가 몰려 있는 코와 구강부분을 최대한 활용해 객관적 평가를 하기 위함이다.

8. 커핑(Cupping) 시 슬러핑(Slurping)을 하는 이유는 무엇인가요?

첫째로, 인간의 혀 안에는 짠맛, 쓴맛, 단맛, 신맛 등 각각의 맛을 느낄 수 있는 미각 세포가 균일하게 분포되어 있지 않기 때문에, 혀의 특정부분에 닿는 커피의 맛이 그 특정 부위에 많이 분포되어 있는 미각세포에 영향을 받지 않도록 하기 위해서이다. 둘째로, 이러한 과장된 행위는 커핑 시의 긴장감으로 기억되어 다음번 유사한 과장행위 시에 같은 긴장감으로 미각세포들을 좀 더 민감하게 작용시키기 위해서이다 .

9. 커피의 관능평가 시 가장 뜨거울 때 입안에서 평가를 해야 하는 요소와 그 이유는 무엇인가요?

플레이버(Flavor)와 애프터 테이스트(After Taste)
휘발성 향미를 평가하여야 하는데 이는 뜨거울 때 잘 발현되기 때문이다.

10. SCAA 평가기준으로 커피맛을 평가할 때 밸런스(Balance)라 하면 어떠한 항목에 대한 밸런스를 의미하는가요?

밸런스는 플레이버(Flavor), 바디(Body), 산미(Acidity), 애프터 테이스트(After Taste) 이 네 개 항목의 전체적인 균형감을 이른다.

11. 에스프레소의 추출 시 추출시간대별로 두드러지는 맛의 순서와 이유를 말하세요.

신맛 → 단맛 → 쓴맛 → 잡맛
각각의 맛을 나타내는 분자구조의 활동성에 있어 빠르기의 차이 때문이다.

12. 에스프레소 추출 시 크레마의 원인과 역할은 무엇인가요?

　신선한 커피에서 나오는 지방성분이 휘발성 향미성분들과 결합하여 만들어내는 미세한 거품층으로 추출 후 에스프레소 상단에 층을 이루면서 뜨는 지질성분이다.

　황금색 또는 적갈색으로 표현되는 이 크레마는 에스프레소가 추출되어 음용되기까지 온기와 향미가 날아가지 않도록 보존하는 역할도 한다.

13. 에스프레소 커피 추출 진행 시 맛에 영향을 미칠 수 있는 여러 요소를 나열하세요.

　추출수의 온도, 추출시간, 원두의 양, 분쇄도, 추출량, 탬핑의 강도, 추출수의 성분, 추출압력

14. 카푸치노 조리 시 적정 우유의 온도와 이유를 설명하세요.

　65℃의 온도가 가장 적합하다.

　60℃ 이하의 낮은 온도는 고객에게 제공하기에 적절하지 않으며, 70℃ 이상의 고온에서는 우유의 세포벽이 파괴되어 단백질의 응고가 시작되기 때문이다.

15. 커피에서 쓴맛을 표출하는 구성인자에는 어떠한 것이 있나요?

　트리고넬린(Trigonelline), 클로로제닉산(Clorogenic acid), 카페인(Caffeine), 퀴닉산(Quinic acid), 피리딘(Pyridine)

16. SCAA에서 제시하는 가장 이상적인 커피의 추출수율과 농도는 얼마인가요?

　커피의 추출수율 8~22%
　커피의 농도 1.15~1.35%

17. 핸드드립 추출 시 융필터와 종이필터의 차이점에 대하여 설명하세요.

　종이필터는 커피의 지방성분을 흡수하면서 잡미도 같이 잡아주어 깔끔하고도 밝은 느낌의 커피가 추출되지만 융필터는 그와 반대로 많은 복합적인 맛이 같이 어우러지는 풍성한 맛과 밀도 높은 바디감을 느낄 수 있다.

　융필터는 반복적으로 사용이 어려우며 사용 시마다 세척을 해야 하나 종이필터는 단가가 저렴하고 처리가 간편하다.

18. 콜드브루 커피(더치커피)의 두 가지 추출방법을 설명하세요.

　분쇄한 커피원두에 추출수를 한 방울 한 방울 장시간 떨어뜨리며 내리는 드립식 방법과 물 탱크에 커피를 분쇄하여 찬물과 함께 넣고 오랜 시간 두었다가 정제해 물과

분쇄된 원두를 분리해 내는 침출식 방법이 있다.

19. 낮은 고도에서 형성되는 커피의 유기산과 높은 고도에서 형성되는 커피의 유기산, 그리고 토양을 통해서 형성되는 커피의 유기산을 순서대로 말하시오.

구연산(Citric Acid), 사과산(Malic Acid), 인산(Phosphoric Acid)

20. 아라비카와 로부스타에 함유되어 있는 카페인의 양은 어느 정도인가요?

아라비카는 생두 내에 1~1.5%가량 함유되어 있으며 로부스타의 경우는 2~2.5%가량 함유되어 있어 거의 두 배 가까운 양이다.

4) 합격기준

1. 카페바리스타 2급

① 필기시험 : 100점 만점 중 60점 이상

(총 60문항 중 36문항 이상 합격)

② 실기시험 : 300점(60항목) 만점 중 180점 이상

(테크니컬 : 130점/센서리 : 85점 * 2명 = 170점)

2. 카페바리스타 1급

① 필기시험 : 구술시험(2문항)으로 대체

② 실기시험 : 300점(60항목) 만점 중 240점 이상

(테크니컬 : 130점/센서리 : 85점×2명 = 170점)

5) 시험장 설치기준

1. 기계 테이블

- 에스프레소 기계 및 그라인더 배치
- 규격 L : 180cm, W : 60~70cm, H : 70~80cm

2. 조리 테이블

- 쟁반, 조리부자재, 기타 기물 배치
- 규격 L : 150cm, W : 60~70cm, H : 70~80cm

3. 심사 테이블

- 심사위원 테이블
- 규격 L : 150~180cm, W : 60~70cm, H : 70cm

〈 장비 구성 〉
- 에스프레소머신 2대
  (2그룹 이상 반자동머신)
- 그라인더 2대(수동)
- 탬퍼 2개, 청소솔 2개, 넉박스 2개

6) 심사기준

1. 카페바리스타 2급

준비시간 (5분)	테크니컬 심사위원	올바른 행주세팅, 머신 점검상태, 잔 예열상태, 퍽 제거 및 포타필터 청결상태, 조리대/머신 청결상태, 행주 정리정돈
시연시간 (10분)	테크니컬 심사위원	카페 에스프레소 커피 잔받침 준비, 포타필터 청결, 스파우트 물기 제거, 도징 시 흘림 정도, 올바른 탬핑, 플래싱(물흘림) 작업, 추출시간과 추출량, 부자재 청결상태 카페 카푸치노 커피 에스프레소 작업과 동일. 스팀피처에 우유 준비, 거품내기 전/후 스팀 노즐 청결, 스티밍 작업의 기술적 숙련도, 메뉴 완성 후 우유의 남는 양

	센서리 심사위원	카페 에스프레소 커피 크레마의 색상, 밀도, 응집력, 맛의 균형
		카페 카푸치노 커피 시각적 평가(2 : 1 비율), 맛의 균형, 적절한 온도, 거품의 높이(1cm 이상)
		공통사항 신속함과 부자재의 청결상태, 잔의 조화, 서비스자세, 복장상태, 발표자세 및 목표의식, 자신감과 자부심
정리시간 (5분)	테크니컬 심사위원	그라인더의 도저 청결상태, 탬퍼 청결상태, 조리대 및 머신 청결상태, 포타필터 청결상태

2. 카페바리스타 1급

준비시간 (10분)	테크니컬 심사위원	올바른 행주세팅, 머신 점검상태, 잔 예열상태, 퍽 제거 및 포타필터 청결상태, 그라인더의 올바른 입자 조절 작업, 조리대/머신 청결상태, 행주 정리정돈
시연시간 (10분)	테크니컬 심사위원	카페 에스프레소 커피 잔 받침준비, 포타필터 청결, 스파우트 물기 제거, 도징 시 흘림 정도, 올바른 탬핑, 플래싱(물흘림)작업, 추출시간과 추출량, 부자재 청결상태
		카페 카푸치노 커피 에스프레소 작업과 동일. 스팀피처에 우유 준비, 거품내기 전/후 스팀 노즐 청결, 스티밍 작업의 기술적 숙련도, 메뉴 완성 후 우유의 남은 양
		구술문제 질의에 대한 올바른 답변(1문항)
	센서리 심사위원	카페 에스프레소 커피 크레마의 색상, 밀도, 응집력, 맛의 균형
		카페 카푸치노 커피 시각적 평가(2 : 1 비율), 맛의 균형, 거품모양의 통일성, 적절한 온도, 거품의 높이(1cm 이상)
		공통사항 신속함과 부자재의 청결상태, 잔의 조화, 서비스자세, 복장상태, 발표자세 및 목표의식, 자신감과 자부심, 원두에 대한 정확한 이해와 설명

| 정리시간
(10분) | 테크니컬
심사위원 | 그라인더의 도저 청결상태, 탬퍼 청결상태, 조리대 및 머신 청결상태, 포타필터 청결상태, 부자재 물기 제거 및 건조, 정리정돈 |
| | | 구술문제
질의에 대한 올바른 답변(1문항) |

7) 감점 및 실격 사항

1. 카페바리스타 2급/1급

① 1차/2차 샷 시간 오차범위 ±3초 초과 시 1초당 1점씩 감점

② 샷 시간이 20초 미만 또는 30초 이상 초과 시 1초당 1점씩 감점

③ 구술문제에 대한 답변 미흡 시 감점

④ 시연시간 10분 초과 시 1초당 1점씩 감점, 1분 초과 시 실격

⑤ 부자재 파손 시 실격

⑥ 지각자 및 결시자 실격

⑦ 응시자의 과실로 인한 장비 파손 시 실격처리 및 변상

8) 응시자의 복장

① 머리는 단정하게(어깨 아래의 머리길이는 올림머리)

② 상의는 목부분에 칼라(collar)가 있는 무채색의 셔츠나 남방

③ 블랙의 바지 또는 치마(미니스커트, 짧은 반바지는 감점요인)

④ 신발은 굽이 낮은 단화 또는 화려하지 않은 운동화

⑤ 향수, 팔찌, 시계, 반지 착용 금지

9) 실기시험 진행단계

1. 카페바리스타 2급

① 준비시간 : 5분

1단계: 발표

준비된 부자재 준비상태 확인 후 테크니컬의 시작 신호 구령과 함께 응시번호와 응시자 이름 발표

(응시번호 1번 홍길동 준비 시작하겠습니다.)

2단계: 행주세팅

① 린넨 한 장은 앞치마에 차고, 한 장은 머신 앞에 넓게 펴서 깔아준다.

② 행주 2장을 물에 적셔 머신 양 옆에 두어 스팀 노즐 청소용과 조리대 청소용으로 준비한다.

③ 마른행주 한 장은 워머 위에 두고, 다른 한 장은 개수대 옆 부자재 물기 제거용으로 사용한다.

3단계: 머신 점검

스팀 노즐 점검, 그룹헤드와 포타필터 점검, 온수 점검(준비된 스팀피처에 온수를 담아 잔 데우기)

4단계: 샷 테스트

잔이 데워지는 동안 샷 추출을 통해 분쇄입자 굵기 및 추출 줄기 확인(담는 양과 탬핑의 압력을 통해 조절)

5단계: 준비 마무리

① 데워진 잔을 마른행주를 이용해 물기 제거 후 워머 위에 준비

② 퍽 제거 후 포타필터 세척

③ 그라인더 도저에 남아 있는 가루 제거

④ 머신 및 조리대 주변 물기 제거 및 정리

⑤ 마무리 보고(준비 마치겠습니다.)

② 시연시간 : 10분

1단계: 발표(자기소개)

시작 신호 구령과 함께 응시번호와 응시자 이름, 시험 응시에 대한 동기 및 목표에 대한 발표, 서비스할 메뉴 설명

2단계: 물 서비스

발표가 끝나면 트레이에 물 두 잔을 담아 센서리 심사위원에게 서비스한다.

실례하겠습니다. → 물 서비스 → 잠시만 기다려 주세요

3단계: 카페 에스프레소 서비스

① 잔받침과 티스푼 준비
② 도징 후 에스프레소 추출(데미타스 잔)
③ 추출 시 도저 및 주변 청소
④ 추출 종료 후 잔 바닥 린넨에 닦은 후 준비된 잔받침에 올려 서비스

4단계: 카페 카푸치노 서비스

① 잔받침과 티스푼 준비, 피처에 우유 담기
② 도징 후 에스프레소 추출(카푸치노 잔)
③ 추출 시 도저 및 주변 청소
④ 추출 종료 후 린넨 위에 내려놓고 우유 스티밍
⑤ 메뉴 완성 후 준비된 잔받침에 올려 서비스

5단계: 시연 마무리

카페 카푸치노 메뉴 서비스 후 자리로 돌아와 "시연 마치겠습니다." 보고

③ 정리시간 : 5분

1단계: 발표

테크니컬 심사위원의 정리 시작 신호와 함께 정리 시작(정리 시작하겠습니다.)

2단계: 머신 및 그라인더 정리

① 퍽 제거 후 포타필터 세척
② 그라인더 도저 및 탬퍼 청소
③ 조리대 및 머신 물기 제거 및 청소

3단계: 행주 수거

① 사용 행주 모두 수거
② 마른행주 개수대 옆에 펼쳐 놓는다.

4단계: 서비스한 메뉴 수거

① 트레이를 가져가 서비스된 메뉴들 수거
② 개수대에서 세척
③ 준비된 린넨 위에서 물기 제거
④ 개수대 주변 물기 제거

5단계: 정리 마무리

처음 가지고 들어온 부자재 그대로 트레이에 담아 마무리 보고 후 들고 퇴장

2. 카페바리스타 1급

① 준비시간 : 10분

1단계: 발표

준비된 부자재 준비상태 확인 후 테크니컬의 시작 신호 구령과 함께 응시번호와 응시자 이름 발표

• 부자재는 조리대에 세팅되어 있음

(응시번호 1번 홍길동 준비 시작하겠습니다.)

2단계: 행주 세팅

① 린넨 한 장은 앞치마에 차고, 한 장은 머신 앞에 넓게 펴서 깔아준다.

② 행주 2장을 물에 적셔 머신 양 옆에 두어 스팀 노즐 청소용과 조리대 청소용으로 준비한다.

③ 마른행주 한 장은 워머 위에 두고, 다른 한 장은 개수대 옆 부자재 물기 제거용으로 사용한다.

3단계: 머신 점검

스팀 노즐 점검, 그룹헤드와 포타필터 점검, 온수 점검(준비된 스팀피처 2개와 에스프레소 잔 4개, 카푸치노 잔 4개에 온수를 담아 잔 데우기)

4단계: 샷 테스트

잔이 데워지는 동안 샷 추출을 통해 분쇄입자 굵기 조절 및 추출 줄기 확인

(입자 조절 나사를 통해 응시자가 직접 굵기 조절을 한다. 제한시간 내에 반복추출 가능)

5단계: 준비 마무리

① 데워진 잔을 마른행주를 이용해 물기 제거 후 워머 위에 준비

② 퍽 제거 후 포타필터 세척

③ 그라인더 도저에 남아 있는 가루 제거

④ 머신 및 조리대 주변 물기 제거 및 정리

⑤ 마무리 보고(준비 마치겠습니다.)

② 시연시간 : 10분

1단계: 발표(자기소개)

시작 신호 구령과 함께 응시번호와 응시자 이름, 1급시험 응시에 대한 동기 발표, 오늘 사용할 원두에 대한 설명, 서비스할 메뉴 설명

2단계: 물 서비스

발표가 끝나면 트레이에 물 두 잔을 담아 센서리 심사위원에게 서비스한다.

실례하겠습니다. → 물 서비스 → 잠시만 기다려 주세요.

3단계: 카페 에스프레소 서비스

① 잔받침과 티스푼 준비
② 도징 후 에스프레소 추출(데미타스 잔)
③ 1차 추출 시 2차 도징작업 후 추출
④ 추출 종료 후 잔바닥 린넨에 닦은 후 준비된 잔받침에 올려 서비스

4단계: 카페 카푸치노 서비스

① 잔받침과 티스푼 준비, 피처에 우유 담기
② 도징 후 에스프레소 추출(카푸치노 잔)
③ 1차 추출 시 2차 도징작업 후 추출
④ 2차 추출 시 우유 스티밍 작업, 2잔 마무리 후 바로 2차 스티밍 작업
⑤ 메뉴 완성 후 준비된 잔받침에 올려 서비스

5단계: 시연 마무리

① 시연 중 구술문제 1문제 출제, 테크니컬 심사위원이 질문하면 작업하면서 답변하면 된다.
② 카페 카푸치노 메뉴 서비스 후 자리로 돌아와 "시연 마치겠습니다." 보고

③ 정리시간 : 10분

1단계: 발표

테크니컬 심사위원의 정리 시작 신호와 함께 정리 시작(정리 시작하겠습니다.)

2단계: 머신 및 그라인더 정리

① 퍽 제거 후 포타필터 세척
② 그라인더 도저 및 탬퍼 청소
③ 조리대 및 머신 물기 제거 및 청소

3단계: 행주 수거

① 사용 행주 모두 수거
② 마른행주 개수대 옆에 펼쳐 놓는다.

4단계: 서비스한 메뉴 수거

① 트레이를 가져가 서비스된 메뉴들 수거
② 개수대에서 세척
③ 준비된 린넨 위에서 물기 제거
④ 개수대 주변 물기 제거

5단계: 정리 마무리

① 마른행주를 이용해 세척된 부자재 건조
② 처음 세팅되어 있던 부자재 그대로 조리대에 정리하고 "정리 마치겠습니다." 보고 후 가져온 행주 들고 퇴장

참고문헌

- Goverment of India Ministry of Commerce & Industry.
- India Coffee Board.
- United Nations Conference on Trade and Development(UNCTAD).
- Brazil Govern News.
- Alliance for Coffee Excellence(ACE)(http://www.allianceforcoffeeexcellence. org/en/cup-of-excellence/).
- Specialty Coffee Association of America(SCAA)(http://scaa.org/index. php?goto=home).
- Coffee Quality Institute(CQI)(https://www.coffeeinstitute.org/).
- Bialetti(www.bialetti.it).
- Wikipedia(www.wikipedia.org).
- Factors Affecting Caffeine Toxicity. Peters, Josef M. The Journal of Clinical Pharmacology and the Journal of New Drugs.
- History of the Cafetière. Grierson, James. Galla Coffee, retrieved 2009-12-23.
- Coffee Floats Tea Sinks: Through History and Technology to a Complete Understanding. Bersten, Ian. Helian Books.
- The History of China's National Drink. Evans. JC. Greenwood Press.
- The Global Coffee Economy in Africa, Asia and Latin America. Clarence-Smith, W. G. Cambridge University Press.
- Coffee: Growing, Processing, Sustainable Production. Jean Nicolas Wintgens. Wiley-VCH.
- International Coffee Organization(ICO)

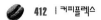

– 커피교과서, 호리구찌 토시히데, 달.

– Coffee & Caffe, 가브리엘라 바이구에라, 예경.

– 커피컬쳐, 최승일, 밥북.

– 손탁호텔, 이순우, 하늘재.

– 올 어바웃 에스프레소, 이승훈, 서울꼬뮨.

– 우리나라 커피의 역사, 황수진, 국가과학기술정보센터 유관기관 칼럼.

– 커피의 역사, 하인리히 에두아르트 야콥, 자연과 생태.

– 커피인사이드, 유대준, 해밀.

– 에티오피아의 커피, 허장, 리재웅, 한국농촌경제연구원.

– 과학으로 풀어본 커피향의 비밀, 최낙언, 서울꼬뮨.

– 화학대사전, 세화 편집부, 세화.

– 커피향이 가득한 The Coffee Book, 이현구, 지식과 감성.

박 창 선 (Sean Park)

건국대학교 부동산대학원 개발전공 석사

現) 커피산지내(TL) UNIPESSOAL, LDA 기술연구원
　　팔당커피농장 R&D 기술고문
　　커피전문회사 ㈜블루빅센 대표이사
　　국제커피감정사(Q-grader)
　　바리스타 1급, 2급
　　로스팅마스터즈 책임강사
　　(사)한국식음료외식조리교육협회 교육기술 최고위원
　　카페바리스타 자격증 실기 심사위원 Head 인스트럭터
　　카페바리스타 자격증 필기 시험 Head 출제위원
　　커피전문잡지 드립매거진, 쿡앤셰프 전문가 칼럼니스트
　　커피프로듀서 / 커피헌터 / 커퍼 / 로스터 / 바리스타

前) 교보증권 애널리스트
　　KIST(한국과학기술연구원) 내 LOHAS 연구기업 임원
　　지식경제부 승인 해외자원개발프로젝트(DUSON PROJECT) 대표
　　중구청 중림문화원 바리스타 책임강사
　　커피전문잡지 커피길드 전문가 칼럼니스트

(사)한국식음료외식조리교육협회

2019. 제9회 2019서울국제식음료외식조리경연대회 개최
2018. 라이스케이크전문가 민간자격 등록 및 검정시험 시행
2017. 전통주 지도사 민간자격 등록
2015. 아동요리지도사 민간자격 검정시험 시행
2015. 이태리요리전문가 민간자격 검정시험 시행
2015. 핸드드립, 라떼아트 전문가 민간자격 검정시험 시행
2012. 카페바리스타 민간자격 검정시험 시행
2012. "한국식음료외식조리교육협회"로 명칭 변경
2011. 민속폐백이바지사 민간자격 시행
2011. 출장요리연회사 민간자격 검정시험 시행
2011. 찬품조리전문가 민간자격 검정시험 시행
2002. "사단법인 전국요리학원연합회" 설립
1991. 전국요리학원연합회 설립

저자와의
합의하에
인지첨부
생략

커피플렉스

2017년 8월 15일 초 판 1쇄 발행
2023년 1월 10일 제3판 3쇄 발행

지은이 박창선/(사)한국식음료외식조리교육협회
펴낸이 진욱상
펴낸곳 백산출판사
교   정 편집부
본문디자인 신화정
표지디자인 오정은

등   록 1974년 1월 9일 제406-1974-000001호
주   소 경기도 파주시 회동길 370(백산빌딩 3층)
전   화 02-914-1621(代)
팩   스 031-955-9911
이메일 edit@ibaeksan.kr
홈페이지 www.ibaeksan.kr

ISBN 979-11-6639-139-2 13570
값 30,000원

● 파본은 구입하신 서점에서 교환해 드립니다.
● 저작권법에 의해 보호를 받는 저작물이므로 무단전재와 복제를 금합니다.
  이를 위반시 5년 이하의 징역 또는 5천만원 이하의 벌금에 처하거나 이를 병과할 수 있습니다.